达氏鳇的生物学及养殖技术

The Biology and Culture Technology in Kaluga, *Huso dauricus*

赵　文　石振广　郭长江　魏　杰　著

Zhao Wen　Shi Zhen-Guang　Guo Chang-Jiang　Wei Jie

科　学　出　版　社

北　京

内 容 简 介

达氏鳇(*Huso dauricus* Georgi)隶属脊索动物门脊椎动物亚门硬骨鱼纲辐鳍亚纲软骨硬鳞总目鲟形目鲟科鳇属,是一种营养价值、经济价值和科研价值都很高的大型淡水鱼类。本书介绍了达氏鳇的生物学及养殖技术。全书共分 8 章,重点介绍了达氏鳇的分类地位及自然分布、基础生物学研究、分子生物学研究、人工繁殖技术、营养与能量学、人工养殖技术、病害及防治技术、自然资源及保护策略等内容。

本书可供水产养殖、渔业资源、生物学等相关专业科研人员,大专院校学生和养殖业者参考。

图书在版编目(CIP)数据

达氏鳇的生物学及养殖技术 / 赵文等著. —北京:科学出版社,2018.8
ISBN 978-7-03-055800-8

Ⅰ. ①达… Ⅱ. ①赵… Ⅲ. ①长江鲟-生物学 ②长江鲟-淡水养殖
Ⅳ. ①Q959.46 ②S964.5

中国版本图书馆CIP数据核字(2017)第300394号

责任编辑:岳漫宇 / 责任校对:贾伟娟
责任印制:张 伟 / 封面设计:北京图阅盛世文化传媒有限公司

科 学 出 版 社 出版
北京东黄城根北街 16 号
邮政编码:100717
http://www.sciencep.com

北京虎彩文化传播有限公司 印刷
科学出版社发行 各地新华书店经销

*

2018 年 8 月第 一 版 开本:720×1000 1/16
2019 年 1 月第二次印刷 印张:13
字数:246 000

定价:128.00 元
(如有印装质量问题,我社负责调换)

本书由大连市人民政府资助出版

The published book is sponsored by
the Dalian Municipal Government

前　言

达氏鳇（*Huso dauricus* Georgi，1775）隶属脊索动物门脊椎动物亚门硬骨鱼纲辐鳍亚纲软骨硬鳞总目鲟形目鲟科鳇属，是世界上仅存的两种鳇鱼[另外一种为欧洲鳇 *Huso huso*（Linnaeus，1758）]之一。其自然种群主要分布在黑龙江中下游。以达氏鳇的卵为原料所生产的鱼子酱有"黑色黄金"的美誉。达氏鳇是一种营养价值、经济价值和科研价值都很高的大型淡水鱼类。由于环境污染和在利益驱动下渔民对鲟鳇捕捞强度的逐年加大等，达氏鳇自然水域种群已经成为濒危物种，种群的数量越来越少，捕捞个体规格越来越小，严重威胁其产业的健康持续发展。近年，达氏鳇人工养殖已逐渐形成规模，但达氏鳇的生物学及养殖技术需要深入研究。本书从实用角度出发，结合作者的科研实践和国内外文献资料，总结了达氏鳇的生物学研究、养殖技术及资源保护策略。

本书涉及的内容均为大连海洋大学水生生物学研究团队的成果，大多数的研究工作有文章发表，本书为上述工作的总结，旨在推动达氏鳇健康养殖生产、资源恢复和合理开发利用。

感谢刘焕亮教授、董双林教授的热忱指导。感谢刘建魁、刘立志、鲁宏申、方义、刘楠、彭国干、高峰英、吕绍巾、石婷婷、李春宇、王美儒等同志在本书编写和制图方面给予的帮助。对大连市学术专著资助出版评审委员会、科学出版社、云南阿穆尔鲟鱼集团有限公司等单位多年的支持表示衷心的感谢！

由于著者水平有限，书中存在不足之处在所难免，敬请广大读者指正。

赵　文

2017 年秋于大连海洋大学

目　　录

第1章 达氏鳇的分类地位及自然分布

达氏鳇(*Huso dauricus* Georgi，1775)是大型淡水经济鱼类，为珍稀种类。其肉味鲜美，营养丰富，其"鱼子酱"更是上等佳肴，有"黑色黄金"的美誉。近些年来，随着人类捕捞能力的增加，对野生达氏鳇的捕捞速度远远大于自然群体的补充速度，导致目前分布在自然河道的大型达氏鳇越来越罕见，早在20世纪50年代，达氏鳇就被《世界自然保护联盟濒危物种红色名录》(《IUCN红色名录》)列为濒危等级。近些年来我国在抚远鲟鳇繁殖江段设立了禁渔区，随着水温的逐年升高，当地政府延长了禁渔期，以保证鲟鳇顺利进入产卵场得到保护。同时开展人工繁殖与放流工作，降低捕捞强度。随着一系列保护措施的实施，达氏鳇物种资源正在得到恢复。

达氏鳇(*Huso dauricus* Georgi，1775)隶属于脊椎动物亚门(Vertebrata)硬骨鱼纲(Osteichthyes)辐鳍亚纲(Actinopterygii)硬鳞总目(Ganoidomorpha)鲟形目(Acipenseriformes)鲟科(Acipenseridae)鲟亚科(Acipenserinae)鳇属(*Huso*)。下面对鲟类的情况做一简要介绍。

1.1 鲟的名称及起源

鲟在我国古代有"鳣""鲔"等十多种叫法。公元前1104年把鲟称为"鲔"。巴蜀一带则把中华鲟称为"十腊子""九黄""腊子鱼"。如今四川渔民也会称鲟为"癞子鱼"。长江下游的渔民称鲟为"着甲鱼"。两广一带则称鲟为"鲟龙""鲟沙"。黑龙江流域渔民称史氏鲟为"七粒浮子"。

根据古生代的志留纪到二叠纪的地质年代中出现的古棘鱼化石，古生物学家和古鱼类学家推断古棘鱼是鱼类的共同祖先，而鲟是古棘鱼的一支后裔。古代的造山运动、海侵、海退等地质大变迁促使古棘鱼生态类群发生大分化，有的留在江河湖泊之中，形成淡水性的鱼类；有的迁移到海洋中，形成海洋性的鱼类；有的栖息在盐分较低的河口及附近，则形成河口溯河性的鱼类；还有的种类栖息在沼泽、水溪地带，则形成肺鱼和总鳍鱼类等。各种生态类群的鱼类，在不同的生态环境之中，又经过了多次交换、迁移，形成了现在世界上多种多样、千姿百态的种，已经定名的鱼类有22 396种和亚种，我国有3166种，鲟则是其中一类最古老的典型的河口性的鱼类类群。

1.2　世界鲟的分布概况

1.2.1　鲟的种类与分布

鲟科鱼类隶属于硬骨鱼纲(Osteichthyes)、辐鳍亚纲(Actinopterygii)、软骨硬鳞总目(Chondrostei)、鲟形目(Acipenseriformes)，属于软骨硬鳞类鱼。鲟形目鱼类起源于三叠纪晚期(距今 2.27 亿～2.06 亿年)，大部分种类在白垩纪末期生物大灭绝事件中灭绝，确切原因尚不清楚，存活下来的少数种类一直存活至今，鲟是地球上现存最古老的鱼类之一。按照地质年代划分，鲟分为两大类：古鲟类和近代鲟类。

1. 古鲟类

生活在白垩纪地质年代之前的鲟类称为古鲟类，包括 2 个科：软骨硬鳞科和北票鲟科。其中，软骨硬鳞科鱼类已经灭绝；北票鲟科鱼类仅发现潘氏北票鲟(*Peipiaosteus pani* Livetzhon)的化石，于 1965 年在我国辽宁省北票县侏罗系地层中发现。

2. 近代鲟类

生活在白垩纪地质年代之后至现代的鲟类称为近代鲟类。现在世界上鲟类仅存 2 科，分别是鲟科和白鲟科。鲟科(Acipenseridae)有 4 属，为鳇属(*Huso*) 2 种、鲟属(*Acipenser*) 17 种、铲鲟属(*Scaphirhynchus*) 3 种、拟铲鲟属(*Pseudoscaphirhynchus*) 3 种；白鲟科(匙吻鲟科)(Polyodontidae)包括 2 属，为匙吻鲟属(*Polyodon*)和白鲟属(*Psephurus*)，各 1 种。具体种类、分布和濒危状况详见表 1-1。

此外，白鲟科还有 2 个化石属，即美洲古鲟属(*Crossopholis*)和古白鲟属(*Palaeopsephurus*)。

美洲古鲟属：仅 1 种，即美洲古鲟(*C. magnicaudatus*)，在怀俄明州的始新统地层中发现。

古白鲟属：仅 1 种，即威氏古白鲟(*P. wilsoni*)，在蒙大拿州的白垩系地层中发现。

历史上我国鲟形目鱼类资源也较丰富，仅次于苏联。有 2 科 3 属 8 种，包括黑龙江流域水系分布的达氏鳇和史氏鲟 2 种，为我国二级保护珍稀水生野生濒危物种；长江流域水系分布的白鲟、达氏鲟和中华鲟 3 种(中华鲟同时分布在珠江水系)，1988 年中华鲟和达氏鲟被列为国家一级重点保护动物，实行禁捕。另外 3 种为西伯利亚鲟、小体鲟和裸腹鲟，均仅分布在我国新疆地区，数量稀少。其中，西伯利亚鲟主要栖息于额尔齐斯河、布伦托海和博斯腾湖；小体鲟栖息在新疆北部的布伦托海；裸腹鲟栖息在伊宁、绥定等地的水域中，这 3 种鲟在我国的种群数量稀少，目前已较难捕获。同时西伯利亚鲟、小体鲟和裸腹鲟均为我国二级保护珍稀水生野生濒危物种。我国目前养殖的很多种类，如匙吻鲟、俄罗斯鲟、欧洲鳇及西伯利亚鲟和小体鲟等，基本都是从国外(主要是俄罗斯)引种而来。

表 1-1　世界现存鲟形目鱼类的种类、分布和濒危状况

Tab. 1-1　The species, distribution and endangered status of existing Acipenserifomes fishes in the world

中文名 Chinese name	英文名 English name	拉丁学名 Latin name	分布和地理种群 Distribution and geographical population	IUCN 濒危等级 Endangered category of IUCN
鲟科 Acipenseridae 　鲟属 *Acipenser*				
1. 西伯利亚鲟	Siberian sturgeon	*A. baerii*	西伯利亚主要河流、东西伯利亚河流、叶尼塞河、莱纳河、因迪吉尔卡河、科雷马河、阿纳德尔河	VU EN
2. 短吻鲟	Shortnose sturgeon	*A. brevirostrum*	贝加尔湖、河口和海洋、北美东海岸从印第安河(佛罗里达州)到圣约翰河	VU
3. 达氏鲟	Dabry's sturgeon	*A. dabryanus*	长江水系	CR
4. 湖鲟	Lake sturgeon	*A. fulvescens*	大湖和加拿大南部湖泊	VU
5. 俄罗斯鲟	Russian sturgeon	*A. gueldenstaedti*	黑海、亚速海、里海附属河流、北太平洋；里海种群	EN
6. 中吻鲟	Green sturgeon	*A. medirostris*	美国阿留申群岛和阿拉斯加湾到墨西哥恩塞纳达港	VU
7. 库页岛鲟	Sakhalin sturgeon	*A. mikadoi*	太平洋、从黑龙江到日本北部、韩国、白令海、图姆宁(达塔)河	VU
8. 纳氏鲟	Adriatic Sturgeon	*A. naccarii*	亚得里亚海、蒲河和阿迪杰河	VU
9. 裸腹鲟	Ship Sturgeon	*A. nudiventris*	咸海、里海、黑海及其流入河流	EN VU CR EX
10. 海湾鲟	Gulf sturgeon	*A. oxyrinchus desotoi*	墨西哥湾南美洲北海岸	VU
11. 大西洋鲟	Atlantic sturgeon	*A. oxyrinchus*	北美洲东海岸河流、河口和海洋(从圣约翰河 Rloridao 到哈密尔顿湾拉布拉多省)	LR (NT)
12. 波斯鲟	Persian sturgeon	*A. persicus*	里海、黑海及其流入河流；里海种群和黑海种群	EN VU
13. 小体鲟	Sterlet	*A. ruthenus*	进入里海和黑海的主要河流支流(伏尔加河、多瑙河)	EN VU
14. 史氏鲟	Amur River sturgeon	*A. schrenckii*	黑龙江水系(西伯利亚)	EN

续表

中文名 Chinese name	英文名 English name	拉丁学名 Latin name	分布和地理种群 Distribution and geographical population	IUCN 濒危等级 Endangered category of IUCN
15. 中华鲟	Chinese sturgeon	*A. sinensis*	中国长江水系、中国沿海、珠江	EN
16. 闪光鲟	Stellate sturgeon 或 Sevruga	*A. stellatus*	里海、亚速海、黑海、爱琴海及其流入河流	EN
17. 欧洲大西洋鲟	Atlantic (Baltic) sturgeon	*A. sturio*	波罗的海、北大西洋东海岸、地中海和黑海	CR
18. 高首鲟	White sturgeon	*A. transmontanus*	北美洲河流和太平洋沿岸，从阿拉斯加湾到加利福尼亚州巴加县、爱达荷州库特奈河、库特奈湖，蒙大拿和蒙大拿州利比坝，大不列颠哥伦比亚河下游	LR EN
鳇属 *Huso*				
19. 达氏鳇	Kaluga sturgeon	*H. dauricus*	黑龙江水系	EN
20. 欧洲鳇	Giant sturgeon	*H. huso*	里海、黑海、亚得里亚海及其流入河流	EN CR EX
拟铲鲟属 *Pseudoscaphir-hynchus*				
21. 锡尔河拟铲鲟	Sry-Dar shovelnose sturgeon	*P. fedtschenkoi*	锡尔河(哈萨克斯坦)	CR
22. 阿姆河拟铲鲟	Amu-Dar shovelnose sturgeon	*P. hermanni*	阿姆河(哈萨克斯坦)	CR EX
23. 阿姆河大拟铲鲟	Large Amu-Dar shovelnose sturgeon	*P. kaufmanni*	阿姆河(土库曼斯坦、乌兹别克斯坦、塔吉克斯坦)	EN CR
铲鲟属 *Scaphirhynchus*				
24. 密苏里铲鲟	Pallid sturgeon	*S. albus*	密苏里河和密西西比河流域	EN
25. 密西西比铲鲟	Shovelnose sturgeon	*S. platorynchus*	密苏里河和密西西比河流域	VU
26. 阿拉巴马铲鲟	Alabama sturgeon	*S. suttkusi*	亚拉巴马州和密西西比流域	CR
白鲟科 Polyodontidae				
匙吻鲟属 *Polyodon*				
27. 匙吻鲟	(North American) Paddlefish	*P. spathula*	密西西比河水系,特别是密苏里河及其三角洲	VU
28. 白鲟	Chinese Paddlefish	*P. gladius*	长江水系	CR

注：濒危等级引自《IUCN 红色名录》(IUCN Red List Categories, 1996)：EX.灭绝(Extinct)；CR.极危(Critically endangered)；EN.濒危(Endangered)；VU.易危(Vulnerable)；LR.低危(Low risk)；NT.近危(Near threatened)

从鲟形目鱼类起源的地理分布看，所有已知的化石种和现生种均分布于北半球，除中华鲟的珠江种越过北回归线外，其他鲟种均分布在北回归线以北。总体来看，现生鲟形目鱼类有 3 个密集分布区：欧洲东部的里海、黑海、咸海地区，环太平洋两岸的亚洲东部，北美洲西部地区及东海岸地区。

1.2.2　达氏鳇的自然资源分布及状况

在 20 世纪初期，达氏鳇自然资源分布是比较广的，主要分布于黑龙江干流，在松花江下游、嫩江下游、乌苏里江及兴凯湖也有栖息，但数量较少，在俄罗斯的结雅河、石勒喀河、额尔古纳河、鄂毕河、音果达河、奥列列湖等也有分布。由于环境污染和水土流失等，达氏鳇的自然分布水域变得相当狭窄。

目前，达氏鳇在黑龙江的分布主要是在黑龙江中下游江段，黑龙江上游江段的资源量较少，达氏鳇在黑龙江的分布为上游的黑河、嘉荫江段，中游的萝北、绥滨江段，同江、抚远江段，以及下游的俄罗斯江段。幼鱼在夏季会进入鄂霍次克海、鞑靼海峡北部水域及自日本海至北海道北部的水域中生活。达氏鳇属于底层鱼类，喜欢分散活动，成体多在深水区，幼体在河道浅水区及其附属湖泊育肥、生长，平时栖息在大江的夹心子、江岔等水流缓慢、沙砾底质的地方。

具体来说，达氏鳇分为黑龙江河口种群、下游种群、中游种群和上游种群。河口种群又包括淡水和半咸水两种生态类型，其中淡水型占 75%～80%，该生态类型种类在河口淡水水域摄食。半咸水类型种类在河口淡水区越冬，6 月中下旬至 7 月初洄游至河口半咸水水域及鞑靼海峡、库页岛西南部水域摄食(盐度一般为12～16)，秋季河口盐度上升时又迁移至淡化水域越冬。

达氏鳇是淡水大型经济鱼类，最明显的生物学特点是个体大，性成熟晚(雌性性成熟年龄均在 14～17 龄)，寿命较长(目前有文献记载的达氏鳇最长年龄为 55龄)，群体年龄组成复杂，幼鱼成活率低，补充群体少，高龄鱼资源相对较为稳定。由其生物学特性所决定，一旦该资源遭到破坏，要想恢复需几十年以上。在人工捕捞方面，我国每年以抚远江段产量最高，其次是绥滨江段，俄罗斯的哈巴罗夫斯克江段达氏鳇的年产量较高，我国黑河、嘉荫江段较低。历史上年产量最高的一年为 1891 年，达 595t(其中 87% 来自于黑龙江中游)。

20 世纪 80 年代以来，由于对鲟鳇捕捞强度的加大，黑龙江中游上段资源量逐渐下降，自 1987 年以来，捕捞的重点区域已转移到中国境内黑龙江下游的抚远江段，捕捞江段缩短了 756km，在 1957～1977 年的 20 年间，黑龙江中国江段，年捕捞量为 13～100t，年均捕捞量为 43.3t。自 1978 年以后，特别是 1985 年以后，随着外商直接进入入产区参与或直接竞争收购鲟鳇鱼子，鲟鳇价格被抬高，极大地刺激了捕捞者，因此加大了捕捞强度，1987 年的捕捞量达到了历史最高水平，为452t。以后便逐年下降，1987～1991 年，年均捕捞量为 322.2t，1992～1997 年，年均捕捞量为 169.5t，1997 年下降为 136t，1998 年又降至 130t，仅为 1987 年我国历史最高年产量的 28.8%。总的来说，现今达氏鳇自然资源状况是种群数量越来越少，起捕个体规格越来越小。就自然水域种群的数量而言，达氏鳇已经成为濒危物种。

1.2.3　全球性鲟类资源的保护

全球性鲟类物种濒危状况，已受到了国际社会的广泛关注。1977 年在津巴布韦召开的《濒危野生动植物种国际贸易公约》（华盛顿公约，CITES）大会，接受了由德国和美国提交的关于世界鲟的保护方案，并形成了所谓的"10•12"决议，将鲟形目鱼类的所有种类都列为《濒危野生动植物种国际贸易公约》（以下简称《公约》）的保护物种，其中短吻鲟和波罗的海鲟（也称欧洲大西洋鲟）被列为《公约》附录 I 保护的物种，而其他鲟形目所有种类均被列入《公约》附录 II 的保护物种。《公约》把所有受到和可能受到贸易影响而有可能灭绝的物种，都列入《公约》的附录 I，并把那些目前虽然尚未处于濒临灭绝危险，但如果对其贸易不严加管理就有可能有灭绝危险的物种列入《公约》的附录 II，于 1998 年 4 月 1 日正式生效，我国为公约的缔约国。对于《公约》附录 I 和附录 II 中所列的物种，缔约国都必须采取有效的措施，进行严格管理。《公约》正式生效后的第一步是控制鲟鱼子酱进出口贸易，严格实行配额管理。

第2章 达氏鳇的基础生物学研究

达氏鳇是淡水名特优养殖鱼种，对外界环境适应能力较强，体内无硬骨和肌间刺，肌肉中含有各种人体必需氨基酸及不饱和脂肪酸，软骨食之可口并具有保健功能，鱼皮是上等的制革原料，剥制好的还可以制作成标本、工艺品展览，整个鱼体可利用比例高。鱼子酱营养价值极高，素有"黑色黄金"之称。目前，达氏鳇自然资源分布仅限于黑龙江中下游江段，资源十分稀缺。近年来，随着达氏鳇人工养殖工作的开展与增殖放流工作的进行，达氏鳇这一宝贵的资源逐渐得到可持续利用。本章介绍达氏鳇的基础生物学研究。

2.1 达氏鳇的外部形态和内部结构

2.1.1 外部形态

达氏鳇，又名黑龙江鳇、达乌尔鳇、大鳇鱼，英文名为 Kaluga sturgeon，是鲟科鱼类中个体最大的一种，也是产于我国的唯一一种鳇属鱼类，另一种是欧洲鳇。达氏鳇最大个体可达 560cm，体重达 1100kg。常见个体的体长和体重一般在 250cm 以内、100kg 以下。达氏鳇体延长，呈圆锥形，横切面呈圆形，腹面扁平。

1. 头部

口位于头的腹面，口大似半月形。吻呈三角形，较尖。口前吻的腹面有触须 2 对，中间的 1 对向前，须扁平，4 条触须不在一条直线上。左右鳃膜相连接于颊部，形成自由褶曲，这也是鳇与鲟主要的分类依据。达氏鳇成鱼没有牙齿，而仔鱼阶段尚具有颌齿和咽齿，随着成长消失退化。

2. 躯干部

鳇鱼体被 5 列菱形骨板，全身无鳞。稚鱼期骨板中间呈脊状突起，表面粗糙，骨板边缘呈不规则锯齿状。成鱼后骨板逐渐平缓，背骨板 11～17 片，前面的背骨板较大；侧骨板 31～46 片；腹骨板 8～13 片。背鳍条 33～35，臀鳍条 22～39，鳃耙数 16～24。性成熟个体全长为头长的 3.55～6.04 倍，为尾柄长的 13.9～23.1 倍，为体高的 6.05～10.60 倍。身体背部呈灰绿色或灰褐色，体两侧呈淡黄色，腹部白色。胸鳍 1 对，位于鳃盖骨后缘；腹鳍 1 对，位于生殖孔前缘两侧；臀鳍位于生殖孔后缘；背鳍位于臀鳍正上方。

3. 尾部

歪型尾，尾鳍上叶长于下叶，向后方延伸，上叶背前缘有一系列棘状的硬鳞且终生存在。肛门与泌尿生殖孔外翻，肛门位于生殖孔前，臀鳍恰位于生殖孔之后，雄性生殖孔呈"Y"形，雌性生殖孔呈"O"形。雄性的输精管经过中肾通尿殖管。雌性卵巢1对，位于腹腔两侧，呈细叶分支状，外覆卵巢膜，卵巢通过卵巢膜与肾相连；输卵管1对，位于腹腔侧壁内，斜形的喇叭口开口于腹腔中部，另一端以很短的游离端与其开口套叠并终止于尿殖管中。游离的这一段称为内输卵管，兼具输卵和输尿的功能，故名尿殖管。左右尿殖管在腹腔后端汇合成尿殖道，末端以尿殖孔与外界相通。成熟的卵经喇叭口、输卵管、内输卵管、尿殖管、尿殖道和尿殖孔排出体外。

与其他鲟科鱼类的外部形态进行比较，欧洲鳇和史氏鲟的形态与达氏鳇最为相似。欧洲鳇个体巨大，体呈纺锤形，向尾部延伸渐细；尾为歪尾型，上叶长，下叶短；口大，突出，呈半月形；口位于头部的腹面，下唇居中而断；吻柔软，突短而尖，呈锥形，为软骨；吻须4根，较长，侧扁状，左右鳃膜相连。与达氏鳇不同的是，欧洲鳇前面的背骨板最小，鳃耙数17～36，侧骨板37～53片；体色以青灰色为主，有时为黑色；体两侧向下渐转为白色，腹部为白色，吻为黄色。史氏鲟的体形很像鳇，最明显的区别是口裂小，唇具有皱褶、形似花瓣；左右鳃膜不相连接，这是鳇、鲟分类的依据；吻的腹面、须的前方生有若干疣状突起，平均为7粒，因此史氏鲟的地方名称为"七粒浮子"。

2.1.2 内部结构

达氏鳇的内部结构包括内骨骼、消化道、消化腺等，下面主要介绍这些器官的结构与功能。

1. 内骨骼

达氏鳇的内骨骼均为软骨，脑颅为整块的软骨骨箱。脊索发达，终生存在，其前端通过椎管进入脑颅，后端一直延伸到尾鳍上叶。肩带部由膜质的上匙骨、匙骨、乌喙部软骨组成。腰带退化。对于达氏鳇稚鱼期的骨骼系统特征，本书有详细介绍。

2. 消化道

消化道包括口咽腔、食道、胃、幽门盲囊、十二指肠、瓣肠和直肠。

卵黄囊 刚孵出的达氏鳇仔鱼体全长10～11mm，卵黄囊长径为3.0～3.8mm，占体长的27%～38%，卵黄囊容积为12.43mm³，形状近似椭圆形（图版Ⅰ-1）。1～

2 天卵黄囊空泡现象不明显，卵黄壁为单层立方上皮细胞，较薄。4 天体全长 14.9mm 时，随着卵黄物质逐渐被吸收，卵黄囊内开始形成较大的空泡(图版Ⅱ-1)。卵黄囊外壁从中间到两端逐渐增厚，由单层立方上皮细胞逐渐过渡为 3～4 层复层上皮细胞。5～6 天位于十二指肠内的卵黄物质被完全吸收。7 天时卵黄囊内空泡数目增多，体积增大，且均匀分布，消化道基本贯通但未观察到摄食。8 天大部分仔鱼的摄食栓从肛门排出。12 天体全长为 22.2mm，卵黄囊内仅剩残余的卵黄物质和为数不多的较大空泡，集中分布在腹面。卵黄囊的容积随着日龄增加逐渐减小，当仔鱼 13 天体全长为 22.4mm 时，卵黄囊全部被吸收(图版Ⅱ-2)，鱼体进入外源性营养阶段。

口咽腔　口位于头的腹面，口裂大、呈半月形。出膜 2～3 天，仔鱼的口咽腔就开始分化，口裂宽远大于口裂高(图版Ⅰ-2)。口腔前颌和下颌黏膜层为 2～3 层扁平上皮细胞，基层为单层柱状细胞，口腔上颌表层细胞较薄，为 2 层扁平上皮细胞，细胞呈椭圆形，交错排列(图版Ⅱ-3)，固有膜明显，深层结缔组织不发达，肌层出现较晚。口由上颌、下颌围成，能伸出呈圆筒状，口缘有厚黏膜而无齿(达氏鳇仔鱼期具颌齿)。4 天时舌组织结构分化开始明显，黏膜层为复层扁平上皮细胞，黏液细胞和乳突数量较少，未发现味蕾，下层为柱状上皮细胞，肌层发生不明显(图版Ⅱ-4)。出膜后 8～9 天先在下颌发生下颌齿，齿冠尖细，未见明显的齿髓腔，齿根部包埋于下颌骨的黏膜层上(图版Ⅱ-5)。10 天前颌齿和上颌齿相继发生，舌中有舌齿，并相继从组织中露出。18 天体全长为 23.7mm 时，下颌齿齿本质层增厚，齿冠变长变粗，呈圆锥状(图版Ⅱ-6)。黏膜在口角和下颌两侧形成唇褶。口腔腔顶是上颚。上颚有龟纹状黏膜褶，腔底有 3 对左右对称、半月形的黏膜褶。腔的腹面有不发达的舌，舌前端不游离。腔内无齿。鳃耙是鳃弓内缘前、后方着生的两排软骨质突起，外被黏膜。达氏鳇的鳃耙不发达，不仅数量较少，而且每个鳃耙均较小，呈短刺状，基部较粗，后端部逐渐变细，尖端钝圆。咽位于口腔后方，仔鱼出膜 5 天左右咽部肌层发生，为环形横纹肌，前端平滑，后端多皱褶。12 天左右纵行肌发生且不发达。成鱼咽壁黏膜层形成许多的皱褶，无味蕾分布，内环肌增厚，纵行肌依然不发达，在第一鳃弓的前面有喷水孔，与咽部相通，孔内尚有残余的鳃丝存在。

食道　被肝左右叶包围，发育完善的食道短粗而直(图版Ⅰ-4)，前段接咽部，后段贲门部与胃相接。1 天的仔鱼口裂尚未形成，食道并未分化，可见紧密排列的细胞团(图版Ⅱ-7)。3～4 天可见食道内壁稍有隆起，其黏膜层由未角质化的复层上皮细胞组成，可见两种类型的细胞，表层为柱状细胞，下层为扁平上皮细胞，其中分布有黏液细胞，此时肌层并未形成。6 天食道黏膜层致密的结缔组织形成固有膜，食道肌层形成，有少许环形平滑肌，未见纵行肌。7～8 天黏膜层出现大量黏液细胞，黏膜下层结缔组织疏松，具有 4～5 条纵褶。10 天黏膜层上皮细胞大部分为黏液细胞，固有膜颜色加深，黏膜下层增厚，环形肌层增厚。12 天黏膜下层和肌层继续分化，纵行褶增加到 8 个，食道宽度增加。17～18 天食道前端黏膜层上皮细胞均为杯状黏液细胞且排列整齐(图版Ⅱ-8)，食道与胃连接的贲门处，黏膜层逐渐变厚形成皱褶，向内延伸出 9～10 条纵褶(图版Ⅱ-9)。上皮细胞由复层逐渐变为单层柱状细胞；内肌层有纵行肌发生，数量较少且不集中、不发达；外肌层可见少量环形肌。至此仔鱼食道分化基本完成，由内向外依次为黏膜层、黏膜下层、肌层、浆膜层。成鱼的食道大致可分 3 段，前段紧接咽，其背壁有肌层与体壁相连，内壁有 5～6 条粗大的黏膜纵行皱褶，纵行皱褶上有若干栉状横行皱褶结构；中段有横行皱褶；后段肌层薄，黏膜层变厚，腔宽阔，无横行皱褶，褶壁间隙较宽阔，有许多腺窝。外环肌非常发达，纵行肌层不发达，不形成一个完全的层，只在若干处可见少许纵肌束；食道后段背方有鳔的开口。从显微结构上观察，食道前端黏膜上皮多为黏液细胞；中段黏膜层细胞为柱状细胞，没有黏液细胞；后段黏膜表面是单层柱状上皮细胞，固有层中分布有大量的单管状腺体，腺细胞胞质内含有大量嗜伊红颗粒。靠近鳔开口的食道壁的浆膜与环行肌间有较厚的致密结缔组织，其间分布有少量的脂肪细胞。

胃 位于食道贲门部后方，在与食道相连的鳔管处开口，鳔大、乳白色、不透明、一室。整个胃体从前至后分为贲门部、胃体部和幽门部 3 部分。贲门部连接食道与胃，胃与十二指肠连接处为幽门，贲门和幽门之间为胃体。仔鱼 2 天出现胃与十二指肠的分化(图版Ⅱ-10)。4 天胃后端与十二指肠以一狭小的管腔相连接(图版Ⅱ-11)。7 天时胃呈膨大的"U"形(图版Ⅰ-5)。8～10 天靠近幽门部的胃壁黏膜层可见纤毛状的柱状细胞，排列紧密，胃体部可观察到由单层立方上皮细胞组成的胃腺泡(图版Ⅱ-12)。9 天黏膜层的固有膜明显，其下为致密的结缔组织，黏膜下层结缔组织较为疏松，在高倍镜下，固有膜结缔组织与黏膜下层结缔组织相连，无明显界限。16～17 天可见胃体呈明显的"U"形，肌层较为发达，由平滑肌构成，胃壁较厚，内肌层为环形肌，肌纤维 3～4 层，且靠近贲门部的肌层较幽门部厚(图版Ⅱ-13)，外肌层为纵行肌，较薄。18～22 天全长为 24.3～27.0mm时，黏膜层细胞拉长，呈柱状，排列有序，黏膜下层结缔组织发育进一步完善，胃壁肌层明显增厚，"U"形回旋处外纵肌增多。18 天时可以在贲门处见到 9 条纵褶，而幽门处纵褶仅有 3～4 条，且不明显。20 天时胃壁层次分明，环肌层增厚，胃的分化基本完成。观察 1 龄鱼胃体，贲门胃少有环肌出现(图版Ⅱ-14)，幽门胃则有较多环肌，浆膜层较厚(图版Ⅱ-15)。成鱼的胃体长，管状胃盘绕包围着一部分肝。胃在背骨板第 2、3 片至第 5、6 片之间，由贲门部从背的左下侧下行至第 5、6 片之间，后向右转再上行至第 2、3 片之间，再左转至贲门部。胃体膨大，黏膜皱褶较少。胃内有发达的黏膜褶壁。贲门部管腔较食道宽阔，有发达的黏膜褶，皱褶深且排列紧密，向后皱褶逐渐减少，至幽门部皱褶变浅变宽。幽门部椭圆形，后段肌肉特别发达，几乎呈球形，与十二指肠的交界处内壁有幽门括约肌，末端缢缩为幽门。胃肠浆膜色素丰富，有的呈小米粒大的黑色斑块。从显微结构上观察，黏膜层的固有膜非常发达，有大量的腺体分布其中；黏膜下层由疏松的结缔组织构成，含有血管和淋巴管；胃体中部的肌层较发达；浆膜层较薄，含有少量的脂肪细胞；靠近幽门部的胃体肌层非常发达。

幽门盲囊　位于胃与十二指肠交界的外腹侧，外观呈半肾状，腹面平坦，背面呈半椭圆形。7~8 天发生于十二指肠与胃的交界腹面（图版Ⅰ-6）。9 天幽门垂开口于十二指肠起始处（图版Ⅱ-16），黏膜层由排列紧密的柱状细胞构成，具纹状缘，肌层由少量的外环肌构成，靠近幽门盲囊椭圆边缘的部分为较薄的浆膜层。9~10 天黏膜层柱状细胞增长，幽门盲囊壁形成皱褶，向囊腔内延长，形成 5~6 个皱褶，逐渐将幽门盲囊隔成几个小盲囊。16 天幽门盲囊内壁形成 13 个皱褶，柱状细胞继续增长，黏膜层上皮下固有膜的结缔组织明显增厚，靠近幽门盲囊边缘的部位可见疏松的结缔组织，它们构成黏膜下层，该部位未见肌层，浆膜层增厚；靠近幽门胃体的部位可见到明显的肌肉分层，内层为较厚的环形肌，外层为纵行肌（图版Ⅱ-17）。1 龄的达氏鳇幽门盲囊外观呈半肾形，表面光滑无突起。盲囊内皱褶交错，黏膜层突起和肌层向腔内伸入，将盲囊分隔成数个大小不等的盲囊（图版Ⅱ-18）。成鱼的幽门盲囊表面较为光滑，边缘呈圆弧形，指状突起不明显。盲囊壁肌层非常厚，切面可见数个囊腔，腔内含有灰白色胶冻状物质，这些小囊腔集合开口于十二指肠起始处。幽门盲囊黏膜上皮由单层柱状细胞构成，其他组织几乎与十二指肠相同，不同的是无黏膜下层。

十二指肠　紧接胃幽门部下行。起始端有幽门盲囊和胆囊的开口。后段紧贴于胃体"U"形弯下部，呈乙状弯曲。2 天可见胃与十二指肠的分化（图版Ⅰ-7），靠近卵黄囊腹侧，十二指肠前端开一小孔与胃后下方相连（图版Ⅱ-19）。3 天左右十二指肠与瓣肠贯通，黏膜层由单层柱状细胞紧密排列构成，并具纹状缘。6~7 天肠管逐渐膨大，小肠绒毛开始增多（图版Ⅱ-20），单层柱状细胞拉长，固有膜由致密的结缔组织构成，黏膜下层不发达，浆膜层由一层较薄的结缔组织组成。16 天十二指肠中段从右向左有少许弯曲，腔内绒毛逐渐增多，固有膜致密结缔组织增厚，肌层仍不发达，可见内环肌，少部分可见到外层的纵行肌。至 20 天十二指肠形态未发生变化。成鱼十二指肠内壁皱褶少而扁平，发达，呈网状。上皮细胞间有许多杯状黏液细胞，而且多集中于十二指肠后段。肌层分为内环肌和外纵肌两层，其中内环肌较为发达。胰腺紧贴肠壁外侧，腺体毛细管由肠背侧壁通入。观察 1 龄幼鱼十二指肠横切面，能看到黏膜层排列紧密的柱状细胞，并有很长肠绒毛，而且有很多黏液细胞位于上皮细胞之间；固有膜下层的结缔组织疏松；肌层的内环肌较发达，外层为纵肌（图版Ⅱ-21）。

瓣肠　位于十二指肠后，比十二指肠粗大。仔鱼瓣肠的发育较早。在体视显微镜下，1 天的仔鱼即可见到螺旋瓣状的瓣肠，肠管内充满黑色的摄食栓(图版 I -8)。瓣肠具有十二指肠的基本结构。2 天可清晰见到完整的螺旋瓣肠，黏膜层由单层柱状上皮细胞组成，未形成肌层，整个瓣肠短小、狭窄，黏膜上皮向肠腔内突出盘旋，形成 2~3 个螺旋瓣(图版 II -22)。8~9 天形成 5~6 个完整的螺旋瓣，瓣状尖端均朝向头部，瓣宽大于肠管半径(图版 II -23)，黑色的摄食栓已到达肛门或已排出。随着仔鱼的生长发育，完整的螺旋瓣结构逐渐增多，15 天左右形成 6~7 个完整的螺旋瓣结构，柱状细胞继续拉长，纹状缘清晰可见，黏膜下层仍不发达，肌层可见少许内环肌，纵肌的发育较晚，至此瓣肠的分化基本完成。观察 1 龄幼鱼瓣肠的横切面，黏膜上皮细胞由单层柱状细胞和杯状黏液细胞构成，疏松的结缔组织构成黏膜下层，很多腺体分布于此；从前向后，瓣肠的螺旋瓣逐渐变小(图版 II -24)，盘旋下行。成鱼约有 7 个柱形的螺旋瓣，瓣肠内被消化的物质从左向右随瓣肠柱盘旋下行。观察其黏膜层上皮柱状细胞有丰富的杯状黏液细胞。固有膜不发达。结缔组织含有较多的腺体和血管。肌层为平滑肌，内层为环行肌，较厚外层为纵行肌，较薄。整个瓣肠从上到下逐渐变细。

直肠　位于瓣肠之后较细短的一段结构，末端与生殖孔相连，以肛门与外界相通。仔鱼 3 天即出现直肠的分化，直肠内存有大量黑色的摄食栓，靠近肛门的部位有数条纵褶(图版 II -25)。8~10 天靠近肛门端的直肠上皮具有大量的空泡状细胞，柱状细胞具纹状缘，黏膜下层不发达，肌层为平滑肌。16~18 天黏膜层的空泡状黏液细胞逐渐减少，柱状细胞排列更加紧密，纹状缘较发达，深层结缔组织增厚，肠腔内纵行皱褶增高，数量有所增加(图版 II -26)。观察 1 龄幼鱼的直肠横切面，肠腔扩大增厚，纵行皱褶增多，并出现次级肠黏膜褶(图版 II -27)。成鱼的黏膜层几乎看不到空泡状细胞，柱状细胞紧密组成的上皮具有明显的纹状缘。固有膜不发达，其中含有血管和淋巴组织。黏膜下层的结缔组织较发达，毛细血管及静脉、动脉含量丰富。肌层以内环肌层为主，外纵肌层较薄。

3. 消化腺

肝　是达氏鳇体内最大的消化腺。分为左右两大叶，位于腹腔前端，肉眼观察，肝叶将大部分胃体包裹其中。两片肝叶在胃体前端的腹部通过肝悬韧带相连，在胃体中后部的背侧分开。仔鱼出膜 1 天，在体视显微镜下可见肝位于心脏后方、卵黄囊腹面，呈白色的细胞团(图版 I -9)。两叶肝延伸至胃背面。右叶面积大于左叶，幼鱼的肝右叶前有胆囊，通过输胆管与十二指肠前端相连。出膜 2~3 天肝未分叶，肝细胞被染成深蓝色，呈多角形，散乱分布。发育至第 4 天肝分为两叶(图版 II -28)，浆膜下结缔组织将进入肝实质，将肝组织分隔成许多肝小叶，肝小叶中央有一深色的中央静脉。5 天时可见以中央静脉为中心向外呈放射状排列的肝细胞索，呈网状交织，出现窦状腔。8 天肝体积明显增大，但由于肝结缔组织较少,肝小叶界限不十分明显。10~14 天可见肝细胞周围围绕着胆小管,胆小管开口于十二指肠前端。肝细胞之间的窦状隙增大,结缔组织逐渐增多,脂泡逐渐增多(图版 II-29)。出膜 16 天仔鱼,出现分泌黑色素的黑色素细胞,在肝中,有部分胰腺分布,至此肝的分化基本完成。以后随着鱼体生长,肝体积进一步增大。成鱼的肝实质主要由肝细胞索及窦状隙构成。肝细胞彼此相连,排列成索状,以中央静脉为中心向外呈放射状排列。肝细胞索之间为与中央静脉相通的窦状隙,窦状隙壁由内皮细胞和星形的库普弗细胞组成。达氏鳇的肝小叶间结缔组织较少,因而肝小叶的轮廓不甚清楚。肝细胞体积较大,呈多角形,胞质丰富,胞核大而圆,位于细胞中心附近。胞质内有丰富的嗜伊红的糖原颗粒。有的肝细胞胞质内可见到较大的脂泡。汇管区内结缔组织较丰富,在结缔组织中分布有多量淋巴细胞,胆管内层由单层的上皮细胞组成,附着在基膜上,其外层为较厚的弹性纤维层。上皮细胞的形态依胆管的大小不同,胆管由小到大,上皮细胞依次为扁平、立方和柱状。在肝中,还有数量较多的黑色素细胞及其分泌的黑色素颗粒分布,它们常集中分布在汇管区。还有部分胰腺分布在肝中。胆囊位于肝右叶内,位置与肝左叶下缘平齐。

　　胰　发育比肝晚。仔鱼出膜 5 天左右分化出胰。胰位于胃和十二指肠交界处,贴附于十二指肠向下延长,在石蜡切片上观察到细胞被染成深红色,形状不规则,细胞核呈球形。随着仔鱼生长,胰逐渐增大。观察 1 龄的幼鱼,胰呈紫红色,长条形,从左右肝叶的下部伸出,贴附于十二指肠向后移行,通过肠、胃、脾系膜与其相连。成鱼胰部分弥散分布在肝中,也有一小部分透入脾,胰末端游离(图版 I-10)。可见胰岛呈团状分布在胰腺里,细胞呈柱状、梭形,无规则排布(图版 II-30)。胰分为外分泌和内分泌两部分,外分泌部分为胰的主要部分,分泌消化酶,通过胰管输入前肠;内分泌部分称为胰岛,它多散布在外分泌部分的组织间,分泌胰岛素。胰腺分许多小叶,每小叶包括许多腺泡,腺泡为圆形或椭圆形。H-E 染色的胰细胞呈深蓝色,柱状或多角形,突向腔内的游离端具染成红色的胰液,核圆形,多位于细胞基部。胰岛成小团分布在胰腺里,其细胞排列无规则,有极薄的结缔组织围绕。除胰细胞 H-E 染色着色特殊外,达氏鳇的胰与其他鱼类大体相似。

2.2　达氏鳇的生态习性

2.2.1　食性

　　达氏鳇性情凶猛,为大型淡水肉食性鱼类。它的幼体主要以底栖无脊椎动物、甲壳类及小鱼、小虾和昆虫幼体为食;1 龄鱼转食鱼类;野生成鱼完全以鮈亚科鱼类、鲤、鲫、雅罗鱼、大麻哈鱼、八目鳗等鱼类为食。对于生活在黑龙江下游的达氏鳇来说,当其处于育肥期,正值大麻哈鱼溯河而上,因此大麻哈鱼成了达氏鳇主要的摄食对象。其夏季的摄食强度较大,冬季的摄食强度较小。在达氏鳇繁殖期间,虽然摄食量有所减弱,但仍不会停止摄食,这点不同于史氏鲟。史氏鲟在繁殖期摄食强度极低,几乎处于停食状态。人工饲养状态下的达氏鳇,经过驯化,可以摄食人工配合饵料,摄食强度大,生长快,捕食方式为吞咽式。

2.2.2　生长

达氏鳇个体大,生长速度快,寿命长,是淡水中最大型的鱼类之一。俄罗斯相关文献记载,捕捞的最大个体长达 560cm,体重达到 1000kg 以上。但是达氏鳇的生长速度要慢于欧洲鳇。对于达氏鳇来说,黑龙江河口的个体要比黑龙江中游的个体生长快。一般个体长为 70~230cm,体重达 80~150kg。捕捞的个体长为 120~240cm。

1979 年 5~10 月,中国水产科学研究院黑龙江水产研究所(以下简称黑龙江水产研究所)等调查肇兴、勤得利两地,测定 191 尾,最小个体长 28.2cm,最大个体长 390cm,平均个体长 238.05cm±70.08cm。其中肇兴江段比勤得利江段平均个体长,肇兴江段平均个体长 250.28cm±69.40cm,而勤得利江段平均个体长 217.38cm±66.27cm。黑龙江肇兴-勤得利江段的达氏鳇,以全长 180~230cm、平均个体长 253.1cm 为主体的个体占 79.18%;体长在 320cm 以上的个体占 6.77%;而个体在 180cm 以下的占 14.05%。

在俄罗斯境内的黑龙江河口地区,达氏鳇的个体较大,平均全长为 220cm,而在我国境内黑龙江肇兴江段,个体平均长最大,达到 250.28cm。

1979 年 5~6 月在肇兴、勤得利两地测量达氏鳇 154 尾,平均尾重为 139.32kg±97.86kg,群体体重范围为 0.05~501kg。其中,1.1~56.5kg 组 33 尾,占 21.4%;79.3~155.6kg 组为 32 尾,占 20.8%;257.2~413.8kg 组为 17 尾,占 11.0%。从性别来看,雄性达氏鳇以平均体重为 56.5~158.7kg 的个体最多,占 67.8%;雌性达氏鳇以平均体重为 103.4~149.4kg 的个体最多,占 52.9%。据测定,2~5 龄全长 67~72cm,平均为 69cm,个体重 2.7~3.7kg,平均为 2.8kg;5~10 龄全长 72~148cm,平均为 104cm,个体重 6~9.5kg,平均为 8kg;36 龄以上的个体占群体数的 2.3%,其中体长为 200~260cm 的个体占群体数的 48%,重 40~115kg 的个体占群体数的 54%。

2.2.3　繁殖

达氏鳇性成熟年龄较晚。天然水域的雄性成熟年龄一般为 14~21 龄,成熟间期为 3~4 年;雌性为 17~23 龄,产卵间期为 4~5 年。每年的 5~7 月,在水温为 15~19℃时,达氏鳇在黑龙江下游深水区域的江段开始产卵。其卵为沉性、黏性卵,卵产在水流平稳,水深 2~3m,底质为沙砾、石砾的江段上。成熟卵为椭圆形或圆形，呈黑褐色或黑灰色。卵径为 2.5～3.5mm，平均为 3.4mm。

16～30 龄的雌性个体怀卵量为 18.6 万～203.2 万粒，平均为 81.9 万粒。卵径为 3.5～4.5mm，产卵水温为 12～14℃。欧洲鳇雌性性成熟个体长 230～270cm，雄性长 180～220cm，怀卵量较大，性腺成熟系数在 3.9%～17.7%，一般个体绝对怀卵量为 50 万～80 万粒，最高可达 280 多万粒。

受精卵在水温 15～18℃条件下，经过约 130h 孵出仔鱼。刚孵出的仔鱼具有较大的卵黄囊，并在水中做垂直游动。野生种类的仔鱼在卵黄囊尚未完全被吸收之前即开始沿江顺流而下，卵黄囊吸收完毕才转为底栖生活。

达氏鳇的寿命较长，一般可活 40 龄以上。黑龙江水产研究所在 1979 年调查，捕获到的达氏鳇为 1 尾 54 龄、1 尾 47 龄、6 尾 42～44 龄、7 尾 38～40 龄、18 尾 32～34 龄、26 尾 29～31 龄、23 尾 26～28 龄、20 尾 23～25 龄、10 尾 20～22 龄、9 尾 14～19 龄、15 尾 3～13 龄。由此可见，20～40 龄为青壮年组，计 104 尾，占总捕捞数的 76.47%；3～19 龄为青少年组，计 24 尾，占 17.64%；40 龄以上为高龄组，有 8 尾，占 5.88%。

2.3　达氏鳇稚鱼期的骨骼系统特征

达氏鳇是我国鲟科鱼类中最大的一种，为淡水中凶猛的肉食性鱼类，幼鱼主要以无脊椎动物为食，主要分布在黑龙江、松花江流域。目前，有学者对达氏鳇成鱼的生物学做了较为详细的研究(西南师范学院生物系动物教研组，1960)。1960 年，西南师范学院生物系动物教研组的学者对白鲟做了较为系统的解剖研究，而后孟庆闻等(1987)在编著《鱼类比较解剖》一书骨骼系统部分时，对白鲟的脑颅和咽颅做过相关的介绍，但与前者的研究有出入，而后李云(1997)等综合前人的研究又对白鲟骨骼系统的咽颅部、肩带部、腰带部骨骼进行了详细的补充修正，这 3 次研究也是迄今为止有关鲟科鱼类骨骼系统解剖较为完善系统的参考资料。但是目前尚未见到有关达氏鳇骨骼系统研究的报道，达氏鳇的骨骼系统比较复杂，由软骨和硬骨共同组成。故本实验将达氏鳇幼鱼分两组，一组采取常规方法(苏怀栋等，2012)将鱼体浸置开水中烫 1～3min 取出剥制，将分离得到的骨骼用 H_2O_2 漂白 6h 左右，保存在 5%甲醛溶液中或自封袋内。另一组采用阿尔新蓝-茜素红染色的方法将鱼体制作成完整的透明骨骼标本，保存在纯甘油溶液中，以便与分离骨片进行参照比对。

2.3.1　脑颅

达氏鳇的脑颅较为宽长，整个身体呈纺锤形。脑颅的内层由整块的软骨构成，外覆硬骨质的膜片。可将脑颅分为嗅区、眶区、耳区及枕区 4 个部分(图版Ⅲ)。

　　嗅区　达氏鲟幼鱼的筛骨为软骨，其前筛骨、中筛骨和侧筛骨愈合为一体，共同构成吻部(图版Ⅲ-1k)，其上覆盖着许多菱形的吻部小骨片，大部分骨片界限不清晰(图版Ⅲ-1a)。靠近鼻窝前缘有 1 对呈不规则菱形的鼻骨骨片，内侧缘与额骨相接。犁骨 1 对，位于吻部腹面、中筛骨腹面正下方、侧筛骨腹面中央，呈长三角形突起状(图版Ⅲ-2g)，与吻部愈合为一体。

　　眶区　额骨 1 对，呈不规则长方形(图版Ⅲ-1b)，位于脑颅背面、吻部后端，后缘中部与顶骨相接，后外侧与翼耳骨前缘相接。两片额骨间夹有 1 片菱形的中额骨(图版Ⅲ-1g)，后缘与顶骨相接。副蝶骨位于脑颅腹面正中，为 1 块细长的膜骨，呈"十"字形(图版Ⅲ-2h)，后端分叉处与基枕骨软骨相接。眼窝的上方为 1 对眶上骨(图版Ⅲ-1e)，前后围有一些小的围眶骨。

　　耳区　顶骨 1 对，位于脑颅背顶部、额骨后方，呈长条状，前端尖细，后端分叉(图版Ⅲ-1c)。外侧缘与翼耳骨相接，内侧后方与上枕骨相接。在耳囊侧，有三叉神经孔。翼耳骨 1 对，位于脑颅后方外缘，内侧缘紧接顶骨，呈翼状，后端分多叉(图版Ⅲ-1h)。鳞片骨(squama)是 1 对位于翼耳骨后方的膜骨，呈"V"形(图版Ⅲ-1i)，紧贴在翼耳骨后缘，覆盖在后颞骨上。后颞骨 1 对，前端分叉部覆盖翼耳骨后缘(图版Ⅲ-1j)，后端覆盖在上匙骨前端，是连接脑颅和肩带的关节。蝶耳骨 1 对，位于额骨背外侧，后端呈尖细的长角形突起(图版Ⅲ-1d)，与翼耳骨前端外侧缘相接。

　　枕区　上枕骨位于枕骨区正上方，是 1 块三角形的膜骨(图版Ⅲ-1f)，两侧是外枕骨。外枕骨是 1 对软骨，与整个脑颅软骨愈合为一体，左右外枕骨在上枕骨后端正中相接，表面形成两个枕骨小孔，是脑神经通孔。在内侧，前方突起部分为前叶，其上有 1 排椭圆形孔，为舌咽神经与迷走神经的通孔。基枕骨软骨区位于脑颅腹面，前缘与副蝶骨相接，后缘与脊椎椎体相连。左右外枕骨软骨与基枕骨软骨共同构成枕骨大孔，脑神经和脊髓由此通过。

2.3.2　咽颅

　　幼鱼的咽颅部骨骼骨化程度很小，大部分为软骨质，也有个别部分开始骨化，为软硬混合骨质。整个咽颅可分为颌弓、舌弓和鳃弓 3 个区域(图版Ⅳ)。

　　颌弓　颌弓的上颌由上颌骨、方轭骨、辅上颌骨、颚方骨和颚方软骨组成(图版Ⅳ-1a，图版Ⅳ-2a)。上颌骨 1 对，呈弧形长条状，后缘扁平呈叉状(图版Ⅳ-2d)，与颚方骨后端突起处相关节，左右上颌骨前端相接，共同组成口裂前缘。上颌骨内侧边缘着生 1 对辅上颌骨，呈长矛状(图版Ⅳ-2f)，紧贴上颌骨内侧缘，与颚方叉状前下缘相贴，连接上颌骨和颚方骨，与方轭骨在空间上相平行。方轭骨 1 对，呈"L"形(图版Ⅳ-2e)，前端和后端分别紧贴上颌骨和颚方骨口角处，突起处与上颌骨相关节。颚方骨包围着颚方软骨(图版Ⅳ-2b，图版Ⅳ-2c)。

　　下颌由齿骨、前关节骨和米克尔氏软骨组成(图版IV-1n)，齿骨 1 对(图版IV-1g，图版IV-2i)，位于下颌前端正中，由结缔组织相连，骨上无齿，米克尔氏软骨嵌藏于齿骨内侧(图版IV-1h，图版IV-2h)，前关节骨覆盖在米克尔氏软骨内后侧(图版IV-2g)，末端紧密地连接在关节骨上。下颌收缩肌和鳃盖肌十分发达。

　　舌弓　舌弓的舌颌骨 1 对，呈哑铃形(图版IV-1d)，两端为软骨(图版IV-1m)，中间部分已开始骨化(图版IV-1l)，位于颅骨侧面，其背缘前端软骨部分与脑颅相关节，后端软骨部与关节骨相关节。关节骨亦称续骨，呈棒状的软骨化骨(图版IV-1e)，其较粗一端的外缘靠后有一小窝，与上舌骨相连接，上舌骨是软骨化骨，呈短柱状(图版IV-1f)。角舌骨位于上舌骨前端，呈哑铃状(图版IV-1i)，中间为硬骨部(图版IV-1o)，两端为软骨部，前端与下舌骨相关节。下舌骨位于齿骨内侧面，是 1 块三角形的软骨化骨(图版IV-1k)，外侧与角舌骨相关节，背侧中央后缘与基舌骨相关节。基舌骨亦称咽舌骨，是 1 片三角形软骨化骨片(图版IV-1b，图版IV-3a)，位于舌弓腹面中央，两侧的后缘与左右的下舌骨相关节，后缘与基鳃骨相关节。

　　鳃盖骨由主鳃盖骨和下鳃盖骨组成。主鳃盖骨位于脑颅后方外侧面，是 1 对近似方形的膜骨，前上缘凹陷处与舌颌骨突起相关节，后腹缘覆盖着下鳃盖骨后端。下鳃盖骨 1 对，紧贴舌颌骨硬骨部分(图版IV-1c)，后端嵌插在主鳃盖骨腹面。鳃条骨 1 对，呈长条扇形(图版IV-1j)，紧贴角舌骨硬骨部分。

　　鳃弓　鳃弓共有 5 对，4 节基鳃软骨位于腹部正中，纵向相接，前端与基舌骨相接，后端与咽鳃软骨相接。下鳃软骨位于腹面前方，第 1 对鳃弓的下鳃软骨较宽大，呈梯形(图版IV-3b)。角鳃软骨位于鳃弓腹面，呈弧形(图版IV-3c)，是鳃弓中最长、最大的鳃骨，前端与下鳃软骨相接，后端与上鳃软骨相接。上鳃软骨呈三角形(图版IV-3d)，前端通过结缔组织与咽鳃软骨相接，末端分叉，与角鳃软骨末端突起相吻合。咽鳃软骨位于鳃弓背方(图版IV-3e)，后缘与上鳃软骨相接。前 3 对鳃弓由咽鳃软骨、上鳃软骨、角鳃软骨和下鳃软骨组成。第 3 对鳃弓咽鳃软骨呈方形，前端和末端分叉。第 4 对鳃弓没有下鳃软骨，其角鳃软骨末端呈倒钩形，彼此相互勾连，咽鳃软骨末端扁平呈扇叶状并稍稍上钩。第 5 对鳃弓没有上鳃软骨和咽鳃软骨。第 1 对鳃弓咽鳃软骨和第 5 对鳃弓角鳃软骨外面已有部分开始骨化。

2.3.3　脊柱

　　达氏鳇属于软骨硬鳞鱼类，脊索终生存在(图版V-1b)，不形成真正的椎体，加厚的脊索鞘保护脊索，支撑着整个身体。脊索的髓弓由一系列基背片(图版V-1e)和间背片组成，基背片的上半部已骨化并且连接一长而骨化的髓棘。脊索的脉弓由一系列基腹片(图版V-1c)和间腹片(图版V-1d)交错排列而成，尾部末端左右两基腹片末端愈合成脉棘。整条椎骨完全愈合在一起，脊索通过椎管进入脑颅(图版III)。

2.3.4　肋骨

达氏鳇幼鱼有 31 对腹肋。前 2～3 对腹肋骨已完全骨化，其余肋骨两端均保留软骨化。每根肋骨一端与椎体横突相连，另一端游离在肌肉里。逐尾解剖发现，前 8 对肋骨游离端变化有相似规律，即游离端均膨大并有分叉，其余各对肋骨均呈细长棍形。

2.3.5　肩带及胸鳍支鳍骨

肩带支持胸鳍，由膜质的上匙骨、匙骨、乌喙骨、乌喙部软骨和肩胛部软骨(图版Ⅲ-3a)组成。上匙骨呈羽毛状，后端尖细，前端分叉，位于脑颅的后颞骨后缘、外枕骨侧缘，并与后颞骨后端相关节，后端覆盖在匙骨前缘。匙骨是肩带中最大的带形骨(图版Ⅲ-3d)。背缘上方呈尖细突起，外侧面被上匙骨(图版Ⅲ-3e)覆盖。乌喙骨呈菜刀形，紧贴匙骨腹缘(图版Ⅲ-3c)，腹面的乌喙部软骨(图版Ⅲ-3b)与背两侧的肩胛部软骨愈合成一块软骨，嵌贴于乌喙骨内壁。软骨区后缘与前鳍基软骨、后鳍基软骨和辐状软骨相关节。前、后辐状软骨较粗大，辐状软骨呈细棒状，分为内外两列，内列 4 块，外列 5 块。

2.3.6　腰带及腹鳍支鳍骨

腰带退化。支鳍骨由 8 块鳍基软骨组成，软骨末端有向背上方弯曲的髂骨突、辐状软骨。

2.3.7　奇鳍支鳍骨

奇鳍包括背鳍、臀鳍及尾鳍。背鳍鳍式为 D. I，25-29，共 3 列辐状软骨，其中第一列部分鳍条末端已经钙化为支鳍骨。臀鳍鳍式为 V. 10-13，1～3 条辐状鳍条末端膨大愈合成钙化的球状支鳍骨，其余辐状鳍条末端也均钙化成支鳍骨。达氏鳇尾鳍为歪尾型，鳍式为 C. 22-30，尾部椎骨向上弯曲，将尾鳍分为上下两叶，基部分叉，下叶较发达，上叶边缘有一排棘状硬鳞，其下为背辐状软骨。

2.3.8　外骨板

达氏鳇 1 龄幼鱼背骨板数 15～16 片(图版Ⅴ-2a)，其中尾鳍前端有 12～13 片骨板，全部发育完全，后端有 3 片骨板，2 片发育完全，1 片正在发育中，较小，位于最末端。发育完全的背骨板呈黑色心形，中间突起，表面粗糙。

左侧骨板数 39～40 片，右侧骨板数 39～41 片(图版Ⅴ-3a)，骨板呈蝶状，中间有脊状突起，从前至后依次减小，骨板边缘呈不规则锯齿状，中间脊部突起，经过对小样本鱼体解剖，发现第 4 片骨板较为规律地形成 2 个细而长的刺突(图版

V-3b)，以后各片骨板渐次平滑，末端 2 片骨板形状极不规则。

左侧腹骨板 10 片，右骨板 9 片(图版 V-4a)，骨板呈盾状，中间脊部呈尖针状，骨板外缘呈不规则星芒状突起，前 4 片星芒状刺突较为明显，以后各片依次平滑，臀鳍腹面正前方有 2 片骨板，前片呈椭圆刺突状，后片尾部分叉(图版 V)。

2.4　骨骼与食性的适应性

2.4.1　达氏鳇的骨骼特征

早在 4 亿年前的古生代志留纪，就出现了古棘鱼、盾皮鱼这样真正意义上的鱼类，而泥盆纪出现的古鳕被学者认为是硬骨鱼的祖先。白垩纪晚期，古鳕逐渐灭绝，这个时候鲟科鱼类出现，并作为硬骨鱼纲软骨硬鳞次亚纲的唯一一个目存在至今。达氏鳇属于软骨硬鳞类鱼，其最明显的特征是体表覆盖菱形骨板，内骨骼是软骨，并终生存在。

本研究中经过对小样本鱼体解剖发现，达氏鳇幼鱼侧骨板的第 4 片骨板均形成 2 个细而长的棘状突起，以后各片骨板渐次平滑，可作为其规律性特征。

达氏鳇的犁骨成对出现在脑颅中筛骨腹面，与大部分硬骨鱼仅有单一犁骨的情况不同。达氏鳇的 1 对额骨并不相接，而是由一片中额骨嵌插在两额骨间。这点与达氏鲟不同，达氏鲟左右额骨背中线也不相接，但两额骨中间并无中额骨，空缺出的间孔可见到下面的软骨。

上颌由上颌骨、方轭骨、辅上颌骨、颚方骨和颚方软骨组成。孟庆闻等(1987)描述白鲟的颌弓时，认为白鲟具有前颌骨，并混淆了方轭骨和上颌骨的概念。根据大部分学者对真骨鱼上颌骨和前颌骨形态位置的描述(刑莲莲等，1997；苏锦祥等，1989；陈刚等，2004)，笔者认为达氏鳇并没有前颌骨。陈星玉(1987)在对黑斑狗鱼颌弓研究时，描述了辅上颌骨的位置和形态，达氏鳇具有辅上颌骨，它连接在上颌骨内侧腹部，并紧贴颚方骨叉状骨下缘，在功能上起到辅助上颌骨的作用。达氏鳇下颌由齿骨、前关节骨和米克尔氏软骨组成。关节骨为 1 对膜骨骨片，位于米克尔氏软骨内侧，后接关节骨。对达氏鳇幼鱼的骨骼系统解剖时，发现其腰带骨退化消失。第 1 块鳍基软骨末端膨大呈叉状。第 4 对鳃弓没有下鳃软骨，其角鳃软骨末端呈倒钩形，彼此相互勾连，咽鳃软骨末端扁平呈扇叶状并稍稍上钩。

2.4.2　达氏鳇的骨骼与食性相适应的探讨

达氏鳇的野生种类 1 龄后主要捕食鲤、鲫、雅罗鱼等，其体呈纺锤形。野生达氏鳇常生活在水流湍急的河道，流线型的体形有助于鱼体运动，减少水流阻力，加快游泳速度，利于捕捉食物。脑颅外被坚硬的硬骨膜，能有效保护内部软骨，幼鱼期体被的 5 行菱形硬骨板均有向后突起的尖棘，能抵挡外界攻击。

达氏鳇脑颅宽长，筛骨、额骨、鳃弓和舌弓骨骼的延长也有利于减少水流阻力。另外，其颌弓的后颞窝和舌颌骨均比较发达，这均是与其凶猛食性相适应的表现。

颌弓是咽颅中受力最大的骨骼，维系着脑颅与咽颅，它与脑颅的连接程度影响着鱼的捕食能力和速度。对一般硬骨鱼来说，后颞窝和舌颌骨越发达，其食性越凶猛(李仲辉等，2008；赵海涛等，2012；武云飞和吴翠珍，1992；Moy-Thomas and Miles，1981)。达氏鳇舌颌骨十分发达，背面与脑颅的后颞窝(posttemporal fossa)相关节，后颞窝内有发达的侧肌，增加了颌弓与脑颅相结合的强度和韧性。舌颌骨腹面通过续骨软骨与颚方骨和下颌相关节。颚方骨完全游离，不与脑颅相接，在捕食时，上下颌具有较大的伸缩空间，与鲟科其他鱼类不同，达氏鳇的峡部左右鳃膜相互连接，结合活动自如的颌弓，达氏鳇可以有效地捕捉距离较远、游动迅速、个体较大的个体。值得一提的是，仔鱼期的达氏鳇，其上下颌均有圆锥形的齿，稚鱼期以后，齿就慢慢消失了。因此，幼鱼期的达氏鳇无颌齿，但是它的齿骨十分坚硬，捕食方式为吞咽式，其下颌收缩肌和鳃盖开肌也十分发达，这些特征有助于达氏鳇牢牢地捕获食物并防止其逃脱。陈星玉(1987)对黑斑狗鱼的骨骼系统进行研究时便指出，凶猛鱼类普遍具备的特征就是流线型的体形、发达的颌肌和尾鳍肌肉。这些结构特征都与其食性相适应。

尾鳍是鱼类重要的推进器。达氏鳇的尾鳍为歪尾型，和软骨鱼类尾鳍形态基本相似。椎骨末端向背上方弯曲，尾鳍上叶紧紧贴在脊柱后末端，发达的尾鳍下叶增强了幼鱼的游泳能力，较为特殊的是，在尾鳍上叶背前缘有一系列棘状的硬鳞，这在孟庆闻等(1987)对白鲟的报道中提到过。

通过研究发现达氏鳇幼鱼骨骼系统呈现一些较为"原始"的骨骼特征，因为鱼类进化是一个非常复杂的过程，没有固定的模式。目前，大多数学者认可的一种进化假说是，硬骨鱼和软骨鱼共同起源于古生代的盾皮鱼，后来进化成两个分支。同时根据平行进化理论，两个不同类群的动物生活于极为相似的环境中，可能出现一些共同的生活习性，相似的对等的器官、相似的性状和相似的行为等。因此，中生代时期的鲟科鱼类和其他软骨鱼类为了适应当时的生存环境，彼此进化出相似的形态特征是正常的。至于这些特征是否一定比如今的真骨鱼落后，还有待考证。但对于达氏鳇来说，在竞争异常残酷激烈的自然界，能在几轮的生物大灭绝中存活下来，一定有它自己的优势和生存法则，而这套生存法则或许就是我们未来需要进一步探索的。

2.5　达氏鳇的胚胎发育研究

达氏鳇成鱼个体硕大(体重可达 1000kg 以上)，性成熟晚(一般为 14～20 龄)，分布数量较少。其卵巢属于裸卵巢，排卵时其卵全部排入腹腔内，雌鱼的怀卵量通常在 25 万～400 万粒，人工繁殖期间，雌鱼对水温的要求比较苛刻，取卵时机较难把控。由于以上种种原因，进行达氏鳇的人工繁殖难度较大。早在 20 世纪 50 年代，苏联学者金兹堡和傑特拉弗(1957)便对闪光鲟(*Acipenser stellatus*)、史氏鲟(*Acipenser schrenckii*)、欧洲鳇(*Huso huso*)等鲟科鱼类胚胎发育进行了详细的研究和论述，为今后鲟科鱼类胚胎发育及养殖研究提供了重要的指导。

胚胎发育从受精作用开始，也就是从卵细胞与精子相融合开始。受精卵已是新的有机体，在适宜的条件下，它经过一系列连续的形成过程，变成仔鱼、稚鱼与成鱼。将达氏鳇受精卵置于水温(16±0.2)℃条件下，其胚胎发育分为 8 个阶段，共 36 个时期，其胚胎发育的特征如表 2-1 所示。

表 2-1　达氏鳇胚胎发育各时期特征

Tab. 2-1　The characteristics of embryonic development stage of Kaluga

序号 No.	发育时期 Embryonic development stage	关键特征 Key characteristics	受精后时间 Time after fertilization/h	图版Ⅵ、Ⅶ PlateⅥ、Ⅶ
1	精子入卵初期	受精卵侧卧于水底，动物极环绕 1～3 个同心环，中央出现明亮的极斑	0.25	1
2	两极转动期	受精卵出现极性；动物极向上，植物极向下	0.3	2
3	卵周隙形成期	卵膜膨胀，卵间隙明显，极性亮斑消失	0.6	3
4	胚盘隆起期	色素堆集在动物极，胚盘隆起不明显，形似新月带	2.5	4
5	第 1 次卵裂期	经裂：在动物极形成 2 个大小形态相似的分裂球	3.5	5
6	第 2 次卵裂期	经裂，并与第一次分裂沟垂直；动物极分裂成 4 个大小形态相似的分裂球；第一次卵裂的分裂沟到达卵细胞赤道	4.5	6
7	第 3 次卵裂期	受精卵分裂成 8 个大小不等的分裂球；第一次卵裂的分裂沟在植物极闭合	5.5	7
8	第 4 次卵裂期	纬裂；分裂沟的辐射方向具多样性；动物极分裂成 16 个大小不等的分裂球；第二次卵裂的分裂沟延伸到赤道的下方，部分在植物极闭合	6.5	8
9	第 5 次卵裂期	胚胎分裂成 32 个大小不等的分裂球；第二次卵裂的分裂沟在植物极闭合	7.5	9
10	第 6 次卵裂期	动物极分裂越来越小的不规则的细胞	8.5	10
11	多裂期	动物极继续分裂成更多、更小的分裂球，分裂沟已将植物极完全分裂开	9.5	11
12	囊胚早期	分裂球越来细小；动物极分裂球之间的界限开始模糊	11.5	12
13	囊胚中期	囊胚腔不大，动物极分裂球呈不规则圆球，细胞间靠拢不十分紧密	15	13
14	囊胚晚期	囊胚腔形成；动物极细胞细小模糊，出现边缘带	18	14
15	原肠初期	赤道附近出现一条深色色素带	21	15

续表

序号 No.	发育时期 Embryonic development stage	关键特征 Key characteristics	受精后时间 Time after fertilization/h	图版VI、VII PlateVI、VII
16	原肠早期	有暗色条纹的地方形成胚孔，细胞开始内卷、外包，囊胚腔扩大	23	16
17	原肠中期	动物极覆盖胚胎表面的 2/3，背唇、腹唇和侧唇闭合形成胚环	29	17
18	大卵黄栓期	原肠腔初步形成，囊胚腔缩小，形成大卵黄栓	33	18
19	小卵黄栓期	原肠腔显著增大，在胚孔处形成明显的腹唇和背唇，形成小卵黄栓	38	19
20	隙状胚孔期	卵黄栓消失，囊胚腔缩小至消失，胚孔两侧唇靠近呈隙状；原肠腔形成	43	20
21	神经胚早期	出现神经板，神经沟起始于胚孔延伸至神经板最宽处，神经板增厚，出现神经褶	46	21
22	宽神经板期	神经板增厚，呈马蹄状，神经褶增厚、清晰，并内外分化	47	22
23	神经褶靠拢期	头部神经褶靠近，神经板中部略陷，出现排泄系统原基	49	23
24	神经胚晚期	神经沟深陷；躯体部神经管逐渐闭合，排泄系统原基清晰、伸长	51	24
25	闭合神经管期	躯体神经管闭合，排泄系统原基增长，头尾开始分化	52	25
26	眼泡形成期	眼的原基形成；中脑泡两侧可见上突弧形的颌弧原基	54	26
27	尾芽形成期	胚胎稍微隆起；孵化腺原基清晰可见，侧板在头前端靠近；尾芽原基逐渐增厚呈扁平状	60	27
28	尾芽分离期	在侧板联合处形成心脏原基，3 对新月形咽弧原基形成；尾芽呈棒状突出	67	28
29	短心管期	心脏呈短管状，尾芽与卵黄囊略分离	73	29
30	长心管期	心管变长略有弯曲；眼晶体原基形成；输出管开口于泄殖腔；听板形成增厚	78	30
31	听板形成期	心脏呈小"c"形，眼泡内有黑色素沉着；开始有不明显的心跳，血液循环开始，胚体可在卵内转动	87	31
32	肌肉效应期	尾末端接近心脏，听板内陷形成听泡	93	32
33	心跳期	尾末端到达心脏；尾开始变得扁平；心脏开始强劲、有节律地搏动	101	33
34	尾到头部期	尾末端到达头部，肛门原基形成，尾鳍褶变宽，胚胎在卵膜内自由转动	114	34
35	出膜前期	尾的末端盖过眼部，胚胎弯向卵黄囊侧面，卵黄囊上可见明显的血管	127	35
36	出膜期	尾末端到达间脑或中脑，大量仔鱼出膜	136～160	36

1. 受精卵 (fertilized egg)

与其他大部分鲟科鱼类相比，达氏鳇的成熟卵相对较大，呈圆球形，卵子呈黄褐色或灰褐色，有光泽，具弹性。未受精的卵卵径为 3.00～3.38mm，受精 15min 之后的卵，最外面的胶膜开始膨胀，变得浑圆透亮，在体视显微镜（7×）下就能清楚地看到膜的成层结构。表面是比较厚的胶膜，具有黏着性，表面可附着池塘水中的泥沙，紧紧贴在卵上的是内卵膜，在内卵膜和胶膜之间的是外卵膜。但刚受精的卵依然侧卧水底，动物极有明亮的极性斑，动物极上环绕着 1～3 个暗色的同心环，这些特点与未受精的卵一致（图版Ⅵ-1）。

受精 15～20min 后，大部分受精卵在膜内开始转动，动物极转向上方，植物极富含卵黄，因而转到下方，转动缓慢进行（图版Ⅵ-2）。

受精 40min，随着受精的进行，原生质和卵膜吸水膨胀，细胞质从植物极流向动物极，使得动物极逐渐变成扁圆弧，与卵膜之间出现了间隙即卵周隙。同时，动物极明亮的极斑消失（图版Ⅵ-3）。

受精 2.5h，色素堆集在动物极，胚盘隆起不明显，形状像一个新月带（图版Ⅵ-4），此时卵径为 3.45～3.65mm。

2. 卵裂（cleavage）

受精后 3.5h 受精卵开始第 1 次卵裂。在动物极出现浅白色的狭窄分裂沟，分裂沟颜色逐渐加深，并沿着动物极与胚盘垂直向两侧扩展，直至扩展到卵细胞的赤道，细胞开始进入第 2 次卵裂，可见动物极被分裂成两个大小相等的细胞（图版Ⅵ-5）。

受精后 4.5h 第 2 次卵裂开始，仍为经裂，且垂直于第 1 次卵裂的分裂沟（图版Ⅵ-6）。俄罗斯学者金兹堡和傑特拉弗（1957）发现，第 2 次卵裂的分裂沟约在从受精卵到第 1 次出现卵裂时间的 1/3 时间内（本次实验出现第 2 次卵裂的分裂沟的时间与第 1 次卵裂的分裂沟出现相隔 1h）出现。然后，经过几乎同样的时间间隔（发育温度恒定的条件下），继续进行第 3 次、第 4 次和第 5 次卵裂。

受精后 5.5h 出现第 3 次卵裂，仍是经裂，分裂为 8 个相差不大的分裂球，分裂沟呈"Ж"形（图版Ⅵ-7-1），此时，第一次卵裂的分裂沟在植物极完全闭合（图版Ⅵ-7-2）。观察中发现，第 3 次卵裂的分裂沟位置因受精卵的形状、大小不同而不同。例如，一般的圆形卵，分裂沟通常经过圆心沿着半径辐射排列，大多数的长形卵与第一次分裂沟平行或者成一个小拐角，分割出长形或者圆形的小分裂球。

受精后 6.5h，开始第 4 次卵裂，第 4 次卵裂是纬裂，分裂沟的位置是水平或者辐射方向，在动物极形成 16 个大小不等、形状不规则的分裂球（图版Ⅵ-8）。此时，第 2 次卵裂的分裂沟均延伸到了赤道下方，有一部分在植物极已经闭合。

受精后 7.5h 进行第 5 次卵裂，胚胎被分成 32 个大小不等的分裂球，小分裂球彼此分离，随着卵裂继续进行，植物极卵细胞的分裂程度加深。第 2 次卵裂的分裂沟已在植物极闭合，植物极被分裂成 4 部分（图版Ⅵ-9）。

受精后 8.5h，开始第 6 次卵裂，本次卵裂形成的细胞呈细小不规则状，在高倍镜下观察其排列疏散，植物极也分裂出较小的分裂球，分裂沟嵌入植物极，已将其完全分开，在动物极中心出现较深的色素区，随着分裂加剧，色素区面积逐渐扩大(图版Ⅵ-10)。同其他鲟科鱼类一样，鳇受精卵卵裂在动物极和植物极均出现，属于完全卵裂。

受精后 9.5h，为多裂期，动物极继续分裂成更小的分裂球，植物极分裂球的体积也开始急剧减小，但总比动物极分裂球大得多(图版Ⅵ-11-1，图版Ⅵ-11-2)。动物极中心出现较深的色素区并逐渐向四周扩展。

3. 囊胚(blastula)

受精后 11.5h，胚胎进入囊胚早期。随着卵裂不断进行，卵裂细胞越来越小，随着受精卵代谢的进行，分裂球之间开始逐渐有组织液积蓄，胚胎中逐渐出现一个空隙，并逐渐扩大成囊胚腔。此时动物极中心色素越来越多，周围环绕着较浅亮的色素带，分裂球越来越细小，分裂球之间的界限开始模糊。但相比之下，植物极色素依然很多，其分裂球之间界限仍较明显(图版Ⅵ-12)。

受精后 15h，开始进入囊胚中期。分裂腔逐渐扩大，分裂球继续变小，并且动物极细胞核分裂不同步，使得整个受精卵分裂球之间有明显的间隙并明显表现出卵裂的不等性(图版Ⅵ-13)。

受精后 18h，进入囊胚晚期。动物极色素浅亮，细胞分裂球细小、模糊，已分不清界限，下延至赤道。植物极细胞进一步减小。在较小的动物极分裂球和较大的植物极分裂球之间，有一中等大小的分裂球区域，称为边缘带。动物极处的囊胚隆起，向下扩张，发挥下包作用，逐渐形成透亮的囊胚腔(图版Ⅵ-14)。

4. 原肠胚(gastrula)

受精后 21h，胚胎进入原肠初期。外胚层细胞开始向植物极外包，在胚胎未来的背面、靠近赤道的水平处出现一条暗色条纹(图版Ⅵ-15)。

受精后 23h，胚胎进入原肠早期。此时在出现暗色条纹的地方形成一个狭窄且较浅的缝隙，即胚孔，胚层从该处内卷，待暗色条带处的细胞卷入囊胚腔后，边缘带的细胞也开始内卷，形成胚孔的背唇，所有新形成的细胞依次靠近胚孔，随后从胚孔进入胚胎内部，胚孔裂隙也随之向两侧慢慢扩大。所有卷入内部的细胞向上(动物极)推进，以前处于囊胚外壁动物极的细胞明显地向植物极下包。在体视显微镜下观察到的现象就是：随着胚孔裂隙的逐渐加长，明亮细胞和暗色细胞的界限向植物极移动(图版Ⅵ-16)，此时的囊胚腔逐渐扩大，腔壁变薄，植物极顶端细胞随分裂进行越来越细小。

受精后 29h，胚胎进入原肠中期。动物极的细胞继续内卷、外包，在胚孔处形成侧唇和腹唇。外胚层细胞通过胚孔继续内陷上移，随着胚孔裂隙向两侧慢慢扩大，逐渐形成一环形带，闭合后形成胚环。此时胚环下移至胚胎的 2/3 处(图版Ⅵ-17)。

受精后 33h，胚胎发育至大卵黄栓期。动物极细胞继续向植物极扩展，胚胎内部分化出细窄的原肠腔；植物极细胞色素积累，两极界限明显。此时的胚环约覆盖了胚胎的 80%，相比之下，植物极暗色细胞好像一个栓，塞入了明亮的植物极，因此称它卵黄栓(图版Ⅵ-18)。

受精后 38h，胚胎到达小卵黄栓期，卵黄栓的体积越来越小，除了植物极仍有一个很小的卵黄栓，胚胎大部分都被动物极明亮的细胞覆盖，原肠腔基本形成(图版Ⅶ-19)，此时从植物极可以看到原肠腔。

5. 神经胚(neurula)

受精后 43h，该阶段为原肠胚形成末期。胚孔边缘侧唇彼此靠近，渐渐成为隙状；卵黄栓逐渐消失，直到完全没入胚胎内部。此时原肠腔形成，囊胚腔消失，原肠阶段结束，胚胎在膜内转动，背面朝上。此阶段称为隙状胚孔期(图版Ⅶ-20)。

受精后 46h，胚胎背部、原肠胚顶部外胚层加厚形成板状结构，起初板状结构扁平并不清晰，待轮廓清晰后可见神经板前端宽大，前脑、间脑和中脑的原基均位于此处；神经板中部外缘轮廓增厚，形成神经褶。神经沟起始于隙状胚孔，向前延伸，终止于神经板最宽处，中脑原基位于此处(图版Ⅶ-21)。

受精后 47h，进入宽神经板期。该时期最明显的特征是神经板和神经褶增厚，形似马蹄状，神经板结构上下伸长，形成内外两部分。神经沟清晰(图版Ⅶ-22)。

受精后 49h，神经沟逐渐深陷，神经褶边缘升高、增厚、逐渐靠拢(图版Ⅶ-23)。

受精后 51h，神经板下陷，变窄，躯体部神经管逐渐闭合。与此同时，顺着神经板两侧，离它不远的地方出现两条不十分清晰的浅色条纹，条纹逐渐加长，这是胚胎排泄系统原基(图版Ⅶ-24)。

受精后 52h，胚胎进入神经管闭合期。此时躯体部和头部左右的神经褶闭合，形成神经管(图版Ⅶ-25)。胚胎的外胚层形成了神经管和体被上皮。头部逐渐扩大、加长，形成前脑泡、中脑泡和后脑泡。脑的原基深陷在神经管头部。排泄系统原基显著增长，在躯体上可以看见横向平行排列的肌节。可以清晰地看见头和尾的分化。整个胚胎体仍是圆形。接下来，各种器官开始形成。

6. 器官形成(organogenesis)

受精后 54h，胚胎发育至眼泡形成期。胚胎头部继续发育，脑容积变大。前脑泡形成两个侧突起即眼的原基，不久之后随着黑色素的积累，发育成眼器官。接近脑的正前方，可依稀看见一个半月形结构，这是孵化腺原基。在中脑泡的两侧可见上突呈弧形的浅色弧，这是颌弧原基。体节明显(图版Ⅶ-26)。

受精后 60h，整个胚胎稍有隆起，高出球面。脑前端半月形的孵化腺明亮可见。位于孵化腺下缘的垂体原基凹陷，第 1 对咽弧原基基本形成，第 2 对咽弧原基从中脑泡两侧发出。侧板到达胚胎腹部的前端，并在头部前方慢慢接近、联合。从该时期切片观察，排泄系统原基位于神经褶两侧，前部上曲增厚，后部顺势延伸，在高倍镜下可见肾小管原基向外侧突起。胚体后端逐渐增大，形成扁平的尾原基。整个胚球逐渐变成椭圆形(图版Ⅶ-27-1，图版Ⅶ-27-2)。

受精后 67h，胚胎发育至尾芽分离期。胚体继续向上隆起。侧板在头部从接近到完全联合。在侧板联合的地方形成心脏的原基。可以沿着前脑泡两侧看见在上皮中形成的 1 对凹陷——嗅窝(图版Ⅶ-28-1)。同时在中脑泡两侧第 3 对新月形的弧开始形成，这是软骨性鳃弧的原基。后脑泡扩大为延脑室，沿着后脑泡两侧形成 1 对听泡，它们是体被上皮的 1 对囊状突起。排泄原基从身体中部一直延伸到尾端，前端迅速分节，形成肾管。收集管形成典型的弯曲，在心脏开始跳动之前，排泄系统的基本特征形成，即前面 6 条不大的肾管一端开口于体腔内，另一端开口于总的收集管，向胚体后延伸成输出管。中胚层继续分节，体节从躯干前部向后扩展至尾部，新生的体节在早生的体节后面。尾芽突出，呈棒状(图版Ⅶ-28-2)。

受精后 73h，位于头部前下方的心脏开始呈短管状，头部已开始稍有抬起，第 3 对鳃弧明显形成(图版Ⅶ-29-1)。尾芽变窄、变长，略与卵黄囊分离(图版Ⅶ-29-2)。

受精后 78h，心管变长略有弯曲。头部明显抬高，卵径明显增大。视泡变成视盘，眼泡接近体被上皮的地方形成晶体原基。收集管的输出管开口于泄殖腔(图版Ⅶ-30)。泄殖腔是体被上皮的一个囊状凹陷。在眼囊后方脑的第 3 膨大部分的两侧出现 1 对椭圆形听板。

受精后 87h，头部继续隆起。心脏从略有弯曲的长心管期过渡到小"c"形，心脏开始有不明显的搏动，30～36 次/min。尾部增大变弯曲，很容易地剥开卵胶膜，可以看见约有 3/5 的尾部离开卵黄囊。卵黄囊上开始分布有微血管网，血液循环开始，渐渐的胚胎可以在卵内扭动。眼的晶体明显，眼泡内可见少量的黑色素沉着。听板颜色加深、变大(图版Ⅶ-31)。

受精后约 93h，尾的末端接近心脏，胚胎进入肌肉效应期。胚胎扭动的频率增加。心跳 40～47 次/min，头尾均可在胚胎内做小幅度的摆动。嗅窝的颜色加深，听板内陷形成听泡，尾部继续伸长，出现鳍褶，尾尖部分依然呈棒状(图版Ⅶ-32-1，图版Ⅶ-32-2)。

7. 心跳(heartbeat)

受精后 101h，尾的末端到达心脏，胚胎进入心跳期。胚胎可以做大幅度的摆动。孵化腺原基转移到头部下表面，心脏位于它下方，呈波浪状由卵黄囊向头部有节律地搏动，逐渐从 60 次/min 加快到 100 次/min。听泡增大，壁变薄。可看到卵黄囊上血管内细胞流动。尾部继续增长，鳍褶明显变宽，尾的末端由棒状变得扁平（图版Ⅶ-33）。

8. 出膜（hatch）

受精后 114h，尾末端到达头部。尾动脉可见血液流动，卵黄囊背部和胚体之间有大量的黑色素颗粒出现，脊柱下可见黑色的肾，并可以看见黑色摄食栓下的肛门原基。尾部鳍褶变宽，覆盖住心脏（图版Ⅶ-34-1）。胚胎经常在卵膜内转动并弯向侧面，通过转动身体，胚胎可以搅动卵膜内液体冲撞卵膜，有助于顺利出膜。此时人工剥去卵膜，可观察到胚胎全长 9mm，卵黄囊约占 1/3 体长（图版Ⅷ-34-2），因为沉重的卵黄囊，胚胎只能像指针一样摆动，原地游泳，随着时间延长，胚胎可以摇晃着前行，但不能做到真正意义上的游动。

受精后 127h，尾的末端略超过头部，已有部分仔鱼的尾尖到达端脑。此时为出膜前期。胚胎和卵膜间隙明显扩大，鱼体侧盘在卵黄囊上。卵黄囊上血管明显，心脏移到孵化腺正下方（图版Ⅷ-35），心跳为 90～110 次/min。尾部鳍褶更宽，胚胎可在卵内自由转动。释放出来的胚胎可在水中自由游动。

受精后 136～160h 为仔鱼出膜期。通常把多于 30 尾仔鱼出膜看作出膜期的开始。即将出膜前，达氏鳇胚胎尾部末端到达间脑或中脑，黑色素颗粒分散在卵黄囊腹部下侧。大部分仔鱼是从头部破膜而出，然后尾部不断摇动，将胚体推出膜外。也有部分仔鱼是尾部先出膜，这样的仔鱼完全出膜不十分容易，它便带着包裹着头部的卵膜游泳一段时间，如果此时无法逐一为其破膜，则这段时间需要保持水体的清洁，因为套在仔鱼头上的卵膜能吸附积聚水中大量的杂尘，时间长了可以影响仔鱼在膜内的呼吸，使其窒息。从第一批仔鱼出膜，历经约 24h，仔鱼全部出膜。刚孵出的仔鱼全长 10～11mm（图版Ⅷ-36）。

2.6　达氏鳇胚胎发育的特征及比较

达氏鳇受精卵为沉性、黏性卵，在第 1 次卵裂之前卵径为 3.5～3.8mm。就现有的资料来看，该时期达氏鳇的受精卵卵径仅比中华鲟和匙吻鲟的小，相对鲟科其他鱼类较大（陈细华，2004；陈静等，2008；刘洪柏和贾世杰，2000）。其卵膜外层的胶膜较厚，具有很强的黏着性，推测这是因为达氏鳇野生种溯河洄游时，通常将受精卵产于水流湍急的河道中，受精卵外较厚的胶膜和黏性有助于受精卵在河道的沙石上固定，并且当河道中的杂物冲击时可起到保护作用。

达氏鳇和鲟科其他鱼类一样，受精卵的卵裂均为辐射状卵裂，属于完全卵裂，这与大部分冷水硬骨鱼类的盘状卵裂不同（施德亮，2012；许静，2011）。但是由于达氏鳇卵的大部分卵黄集中在植物极，植物极的分裂球比动物极的大很多，因此分裂不均等。达氏鳇受精卵前 3 次卵裂均为经裂，第 4 次为纬裂，这种卵裂方式和中国大鲵(*Andrias davidianus*)早期卵裂过程极其相似(骆剑等，2007)，追溯至 2 亿 3000 万年前的三叠纪，两栖动物继鱼类后出现在地球上，并占据了生物链的主要地位，而鲟鳇恰好也出现在这个时期，根据平行进化理论，推测出达氏鳇卵裂方式和两栖动物的卵裂方式十分相似，这样来看，达氏鳇卵裂的方式介于两栖类和鱼类之间，属于过渡态原始卵裂。

达氏鳇的受精卵以椭圆形甚至长圆形居多，与圆形的受精卵相比，其细胞质和卵黄的分布并不均匀，这也导致在卵裂的过程中，每个受精卵分裂沟的位置并不完全一致，但是前两次卵裂的分裂沟基本与卵长轴垂直，有学者研究表明(傑特拉弗和金兹堡，1958)，即便在卵长轴和短轴长度相差 10%的情况下，第 1 次卵裂的分裂沟仍垂直于卵长轴。本研究观察到的大部分受精卵都符合这种情况。然而第 3 次卵裂的分裂沟方向出现差异。本研究观察到大部分长圆形的受精卵在进行第 3 次卵裂的时候，第 3 次卵裂的分裂沟距离第 1 次卵裂的分裂沟很远，甚至与第 1 次卵裂的分裂沟相平行。本研究中还观察到第 3 次卵裂的 8 个分裂球体积相差不大，这与达氏鳇受精卵较大，卵黄和细胞质较多并在动物极分布较其他鲟丰富有关。在本研究中，存在这种分裂状态的受精卵均可以孵化出正常仔鱼。通过观察发现，在第 5 次卵裂时，若第 2 次分裂沟尚未在植物极出现，或卵裂分裂沟错乱，这种类型的受精卵往往不能发育到原肠胚期，即便能孵化出仔鱼，所产生的畸形胚胎百分率也较高，因此在实际孵化时应及时挑除这样的卵。

在原肠早期，达氏鳇的受精卵便形成胚孔，随着动物极的外胚层细胞卷入胚孔进行内陷上移，胚孔部位形成背唇、侧唇和腹唇(图版Ⅷ-37)，通常把胚环的形成作为受精卵进入原肠中期的显著特征之一。达氏鳇胚胎在原肠中期时，动物极细胞约覆盖住胚胎的 2/3，而处于同一时期的史氏鲟和中华鲟受精卵，其动物极细胞覆盖胚胎表面约 3/4，要快于达氏鳇。从胚环的形成时期来看，同为冷水鱼种的秦岭细鳞鲑(*Brachymystax lenok tsinlingensis*)在原肠早期就形成了胚环(施德亮，2012)，哲罗鱼(*Hucho taimen*)和细鳞鱼(*Brachymystax lenok*)的杂交种则是在囊胚晚期就已形成胚环(徐革锋等，2010)。胚环的形成意味着神经胚阶段即将到来，在神经胚期，胚胎进行组织器官的分化。通过比较可以看出，达氏鳇的胚胎发育速度和其他冷水鱼相比较慢。

神经胚阶段是胚胎剧烈进行分化的时期。大多数淡水鱼的胚胎在胚环下包胚胎的 80%时便进入了神经胚期(潘炯华和郑文彪，1982；常剑波等，1995)，而达氏鳇只有当胚环完全覆盖胚胎(即原肠腔形成)后才会进入神经胚期，这样大大减少了因原肠尚未健全或神经系统发育不完善而产生的畸形胚胎，说明了达氏鳇系统分化的完整性和完善性。

受精后 87h，达氏鳇眼泡内便可见少量黑色素沉积，此时尾部末端未接近心脏；与此同时，达氏鳇胚胎出现微弱心跳，此时发育的有效积温达到1392℃·h，心脏呈小"c"形。与之不同的是，小体鲟的眼泡内出现色素时其尾部末端已接近心脏(吴兴兵等，2012)，受精后68h出现微弱的心跳；西伯利亚鲟眼囊出现色素时，尾末端已越过心脏到达头部；闪光鲟在长心管期心脏就发生了微弱的搏动；而欧洲鳇要等到心脏呈明显的"S"形弯曲才产生搏动。以上这些差别不会随着温度的变化提前或者延后，是物种先天特征和本身的属性(傑特拉弗和金兹堡，1958)。

鲟科鱼类产卵水温为 6～25℃，产卵季节几乎覆盖了一年四季(陈细华，2007)。闪光鲟和西伯利亚鲟相对达氏鳇个体要小得多，喜温性，它们的孵化需要较高的积温，呼吸代谢强烈，因此它们的心跳出现搏动的时间较早；欧洲鳇与达氏鳇体形相似，甚至要大过达氏鳇，自然环境下产卵最适温度为 9～17℃(任华等，2013)，较达氏鳇最适孵化温度(14～18℃)偏低，代谢相对缓慢，故达氏鳇和欧洲鳇出现心跳的时间较晚，并且心律开始较慢。总体来看，经过长时间的进化，鲟科鱼类胚胎发育阶段保持着较高的相似性。

鲟科鱼类出膜期最明显的特征是尾末端到达头部的位置，甚至可以由此判断出鱼的种类。本研究观察发现，达氏鳇仔鱼即将出膜前，胚胎尾部末端已到达间脑或中脑，出膜后的体长为 10.0～11.2mm。通过整理数据得到表2-2，我们得到的结论是：鲟科鱼类在出膜期，胚胎仔鱼尾部末端所到达头部位置的程度与出膜仔鱼体长成正比。

表 2-2　鲟科鱼类出膜期仔鱼尾末端位置和平均体长的比较
Tab. 2-2　The comparison of larvae in hatching stage and the average length in Acipenseridae fishes

种类 Species	出膜期尾末端到达位置 The end of position fish tail in hatching stage	出膜仔鱼平均体长 The average length of newly hatched larva/mm
匙吻鲟 *Polyodon spathula*	略超过头尖	7.19
西伯利亚鲟 *Acipenser baerii*	间脑	9.20
史氏鲟 *Acipenser schrenckii*	间脑	10.20
达氏鳇 *Huso dauricus*	间脑或中脑	10.60
中华鲟 *Acipenser sinensis*	听泡	13.00

物种的发育会受到个体本身和生存环境的综合影响，刚孵出的达氏鳇个体较大，开口时间较晚，胚后发育的时间相对较长，在胚胎发育过程中表现出的种种

不同，从某种程度上反映了达氏鳇仔鱼对环境的适应性较强，占据生态位的能力较强，有成长为较大个体的潜力。

2.7 鲟科鱼类胚胎发育时间、积温与分期的比较

鲟科鱼类胚胎发育时间与积温的比较总结于表 2-3。可见，在鲟科鱼类中，比较来看达氏鳇胚胎发育时间最长，要求积温较高。关于胚胎发育的时期划分，各种鲟有很大的差异，本研究把达氏鳇胚胎发育分为 36 期。

表 2-3 鲟科鱼类胚胎发育情况的比较
Tab. 2-3 The comparison of embryo development in Acipenseridae fishes

种类 Species	孵化水温 Water temperature/℃	发育时间 Period of embryo Development/h	发育积温 Accumulative temperature/(℃·h)
达氏鳇 *H. dauricus*	15.8～16.2	136～160	2148～2592
史氏鲟 *A. schrenckii*	17.0～19.0	95～104	1710～1872
中华鲟 *A. sinensis*	16.5～18.0	113～130	1921～2210
达氏鲟 *A. dabryanus*	17.0～18.0	115～117	2012～2047
闪光鲟 *A. stellatus*	16.0～18.0	106～126	1802～2142
匙吻鲟 *P. spathula*	18.0～22.0	119～138	2266～2617
西伯利亚鲟 *A. baerii*	15.5～18.0	133～145	2173～2369
达氏鲟 *A. dabryanus*	18.0～20.0	129～146	2322～2920

在鱼类的胚胎发育过程中，适宜的水温是主要的生态条件之一。温度升高可使胚胎的代谢加快，呼吸作用增强，发育速度提高，但过高的温度也会导致水中溶解氧水平降低，引起胚胎死亡。鲟的正常孵化水温一般为 14～25℃。不同学者对鲟科不同鱼类的胚胎发育研究后发现，随着孵化温度的升高，胚胎正常孵化率逐渐增高，但在最高和最低温度之间，有一个温度为最适温度，胚胎在这个温度下的孵化率最高。

对达氏鳇胚胎发育进行研究，在平均水温为 15.9℃的流水中，正常孵化率为74.3%；而在平均水温为 19.2℃的静水中，正常孵化率高达 85.8%，出膜时间要比流水中早约 24h，而且仔鱼体质更加健康。同时，我们观察到在 10～12℃时，胚胎发育到原肠中期前就已停止，升高水温后，只有少部分能发育至器官形成期停止，继续发育下去胚胎心跳期会延迟，仔鱼不健康，几乎没有仔鱼能正常破膜而

出；当温度超过 25℃时，所有胚胎均无法形成胚孔，在小卵黄栓期全部死亡。推断是温度的改变使胚胎孵化酶受到抑制进而破坏了整个发育机制。

达氏鳇胚胎发育过程中所需积温略高于鲟科其他鱼类，故在养殖模式下，可适当地提升孵化水温，缩短孵化天数，短期内达到孵化总积温。

2.8　人工养殖和野生达氏鳇肠道内微生物群落结构的比较

众所周知，自然界的达氏鳇除了冬季停食后，大多数时间都在捕食，是大型主动捕食型鱼类，在幼鱼期主要以底栖动物为食，成年达氏鳇则以其他鱼类为食，驯化后的人工养殖达氏鳇可投喂人工配合饲料。肠道微生物在微生态系统中是非常复杂的，与生物体的多种生理功能包括免疫、营养和代谢等密切相关。与传统的分子生物学技术相比，能够采集与分析完整的肠道微生物群落信息的高通量技术及宏基因组学技术在肠道菌群研究中应用是十分重要的。随着高通量测序和计算工具的不断细化，肠道微生物的代谢作用备受关注。肠道菌群不是恒定不变的，它们可以通过不同的因素，如栖息地、饮食影响宿主的健康状况和基因型变化。因此，宿主不同，对应的微生物肠道菌群不同。肠道微生物对宿主的食物消化、营养吸收、免疫和生长等具有不可替代的作用，鱼类肠道微生物是鱼类肠道的重要组成部分，鱼类肠道微生物种类繁多，数量庞大，复杂的肠道微生物群落结构保障了鱼类的营养吸收、肠道免疫和肠道生理调节(Lee et al.，2015)。

研究鱼类肠道微生物，可以了解相关病原微生物的生理特性，对鱼类疾病的防治起到一定的指导作用。关于鱼类肠道微生物组成的研究早在 1953 年就有报道(Margolis，2011)。目前，已有很多的学者对不同环境、不同食性和不同鱼类的肠道微生物进行过大量研究。Han 等(2010)使用 16S rDNA 文库研究了养殖草鱼池塘水体、塘底沉积物和鱼体肠道内含物的微生物多样性，草鱼肠道内含物中微生物的 Shannon 多样性指数为 3.465，高于草鱼的栖息地和食物样品，草鱼的肠道微生物群落结构更加多样化，显示草鱼肠道微生物是通过草鱼摄食食物进入肠道的。

Rengpipat 等(1998，2000)的研究表明，微生态制剂能够调节养殖动物肠道的微生态平衡，促进宿主新陈代谢、生长发育，并通过抑制和降低鱼肠道中弧菌的数量起到预防细菌性病害作用。

本研究利用高通量测序技术，探究人工养殖和野生达氏鳇肠道微生物的差异，旨在弄清达氏鳇肠道微生物群落结构特征，并将其与养殖实践相结合，完善达氏鳇的养殖投喂模式。

2.8.1　材料与方法

1. 鱼类的采集与样本的处理

在黑龙江流域采集到 2 龄达氏鳇 2 尾,为野生型样本,在云南阿穆尔鲟鱼集团有限公司养殖基地养殖池塘中选取同样大小的 2 龄达氏鳇 2 尾,为养殖型样本。在实验前用 MS-222 进行过量麻醉,之后用无菌器械和酒精棉球对鱼体进行预处理,取出其肠道并进行清洗。每尾鱼均在其肠道的前中段取两个样本,分别装入冻存管中,存入–80℃冰箱备用。

2. 基因组 DNA 的提取

对 4 个样本基因组 DNA 提取采用 SDS(十二烷基硫酸钠)方法。之后通过琼脂糖凝胶电泳检测 DNA 的纯度和浓度,之后取部分样品于离心管中,利用无菌水将样品稀释至 1ng/μL。

3. PCR 扩增

以稀释后的基因组 DNA 为模板,根据测序区域选择引物,使用带 Barcode 的特异引物;16S V4 区引物为 515F-806R;18S V4 区引物为 528F-706R;18S V9 区引物为 1380F-1510R;ITS1 区引物为 ITS5-1737F、ITS2-2043R;ITS2 区引物为 ITS3-2024F、ITS4-2409R。酶和缓冲液使用 New England Biolabs 公司的 Phusion® High-Fidelity PCR Master Mix with GC Buffer。使用高效和高保真的酶进行 PCR,确保扩增效率和准确性。使用 2%浓度的琼脂糖凝胶电泳对 PCR 结束后的产物进行检测。

PCR 反应体系(30μL):高保真DNA聚合酶反应混合物(2×)15μL;引物(2μmol/L)3μL;gDNA(1ng/μL)10μL;H$_2$O 2μL。

反应程序:98℃预变性 1min;30 个循环(98℃,10s;50℃,30s;72℃,30s);72℃,5min。

4. PCR 产物的混样和纯化

根据 PCR 产物浓度进行等浓度混样,充分混匀后使用 1×TAE 浓度 2%的琼脂糖胶电泳纯化 PCR 产物,选择主带大小在 400～450bp 的序列,割胶回收目标条带。产物纯化试剂盒使用 Thermo Scientific 公司的 Gene JET 胶回收试剂盒。

5. 文库构建和上机测序

使用 New England Biolabs 公司的 NEB Next® Ultra™ DNA Library Prep Kit for Illumina 建库试剂盒进行文库的构建,构建好的文库经过 Qubit 定量和文库检测,合格后,使用 HiSeq 进行上机测序。

6. 信息分析流程

测序得到的原始数据(raw data)存在一定比例的干扰数据(dirty data),为了使信息分析的结果更加准确、可靠,首先对原始数据进行拼接、过滤,得到有效数据(clean data)。

基于有效数据进行 OTU(operational taxonomic units)聚类和物种分类分析,根据 OTU 聚类结果,一方面对每个 OTU 的代表序列做物种注释,得到对应的物种信息和基于物种的丰度分布情况。同时,对 OTU 进行丰度、α 多样性、Venn 图和花瓣图等分析,以得到样品内物种丰度和均匀度信息、不同样品或分组间的共有和特有 OTU 信息等。另一方面可以对 OTU 进行多序列比对并构建系统发育树,进一步得到不同样品和分组的群落结构差异,通过主坐标分析(principal co-ordinate analysis,PCoA)和主成分(principal component analysis,PCA)、非度量多维尺度(non-metric multidimensional scaling,NMDS)等降维图和样品聚类树进行展示。为进一步挖掘分组样品间的群落结构差异,选用 t-检验、MetaStat、LEfSe、ANOSIM 和 MRPP 等统计分析方法对分组样品的物种组成和群落结果进行差异显著性检验。同时,可结合环境因素进行典范对应分析(canonical correspond analysis,CCA)或冗余分析(redundancy analysis,RDA)、多样性指数与环境因子的相关性分析,得到显著影响组间群落变化的环境因子。

2.8.2　结果

1. 野生型和养殖型达氏鳇的肠道微生物群落

采用 Illumina HiSeq 测序平台从 8 个样本中共得到 483 008 条 16S rRNA 基因序列并读取其 16S rRNA 基因的 V4 区域。根据 α 多样性指数组间差异分析可看出,野生型达氏鳇肠道中 α 多样性分析的 Simpson 指数和 Shannon 指数十分显著,特别是野生型的 Shannon 指数,平均分别为 $P=5.28$ 和 $P=2.35$,而相对来说,养殖型达氏鳇则较低。从图 2-1 和图 2-2 中可看出,野生型达氏鳇的 Shannon 指数和 Simpson 指数普遍高于养殖型达氏鳇,即养殖型达氏鳇肠道的微生物群落与野生型具有明显差异。

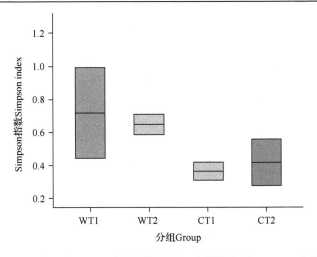

图 2-1　养殖型和野生型达氏鳇肠道 α 多样性分析 Simpson 指数

Fig. 2-1　Alpha diversity analysis（Simpson index）of intestinal bacteria in wild and cultured Kaluga

WT 代表野生型；CT 代表养殖型，下同

WT：wild Kaluga；CT：cultured Kaluga

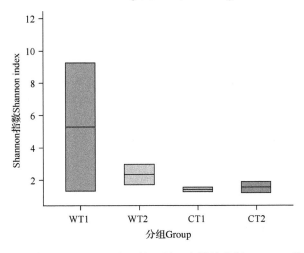

图 2-2　养殖型和野生型达氏鳇肠道 α 多样性分析 Shannon 指数

Fig. 2-2　Alpha diversity analysis（Shannon index）of intestinal bacteria in wild and cultured Kaluga

　　除了 α 多样性，在 β 多样性方面，应用 PCA，能够提取出能最大程度反映样品间差异的两个坐标轴，从而将多维数据的差异反映在二维坐标图上，进而揭示复杂数据背景下的简单规律。样品的群落组成越相似，则它们在 PCA 图中的距离越接近。养殖型和野生型达氏鳇肠道微生物结构 PCA 见图 2-3，野生型达氏鳇肠道微生物群落结构与养殖型相比差距十分显著，这点和 Shannon 指数与 Simpson 指数所反映的结果相一致。

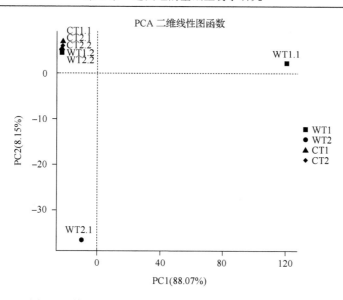

图 2-3　养殖型和野生型达氏鳇肠道微生物结构 PCA 图

Fig. 2-3　Principle component analysis（PCA）plot of intestinal microbial community
structure in wild-caught and cultured Kaluga

2. 养殖型和野生型达氏鳇肠道中的优势门

根据物种注释结果，选取每个样品在各分类水平（phylum、class、order、family、genus）上丰度排名前 10 的物种，生成物种相对丰度柱形累加图，以便直观查看各样品在不同分类水平上相对丰度较高的物种及其比例。养殖型和野生型达氏鳇肠道优势门类的相对丰度总结于图 2-4。可见在野生型和养殖型达氏鳇肠道中，有 2 门可被认定为优势门，分别是变形菌门（Proteobacteria）和梭杆菌门（Fusobacteria）。详细来看，在野生型达氏鳇的肠道中，变形菌门最为丰富，平均占到了 47.93%，梭杆菌门次之，平均占 30.54%，厚壁菌门（Firmicutes）和放线菌门（Actinobacteria）分别占 8.85% 和 2.90%，其他门如拟杆菌门（Bacteroidetes）、酸杆菌门（Acidobacteria）等占有很小的比例。而在养殖型达氏鳇的肠道中，梭杆菌门占绝对的优势，平均达 77.95% 之高，而变形菌门约占 15.41%，在野生型达氏鳇较为少见的拟杆菌门占到了 4.14%，在野生型达氏鳇中有分布的放线菌门在养殖型达氏鳇体内较为罕见。除丰度排名前 10 的物种以外，其他物种在野生型中所占的比例明显高于养殖型。

3. 养殖型和野生型达氏鳇肠道中的优势属

从属分类水平上看，养殖型和野生型达氏鳇的优势属为醋酸杆菌属（Cetobacterium），分别占到了 WT1 9.69%、WT2 51.35%、CT1 80.47%、CT2 75.57%，

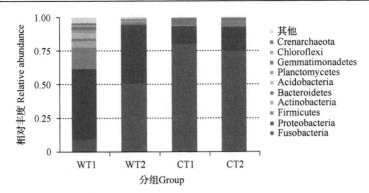

图 2-4　养殖型和野生型达氏鳇肠道微生物优势门类的相对丰富度

Fig. 2-4　Relative abundance of dominant phyla in theintestinalmicrobial communities of wild and cultured Kaluga

且明显在养殖型达氏鳇肠道内分布更多。而其他属如沙雷氏菌属(*Serratia*)、梭菌属(*Clostriclium*)也占一定的比例。盐单细胞菌属(*Halamonas*)、拟杆菌属(*Bacteroides*)等其他种类相对较少(图 2-5)。

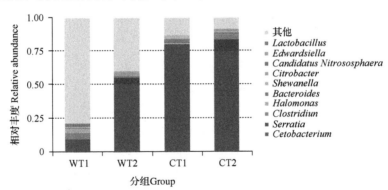

图 2-5　养殖型和野生型达氏鳇肠道微生物优势属的相对丰度

Fig. 2-5　Relative abundance of dominant genera in theintestinalmicrobial communities of wild and cultured Kaluga

2.8.3　讨论

　　鱼类肠道中的微生物群落对鱼类的生长起着至关重要的作用，鱼类肠道中的微生物种类繁多，鱼类肠道中每克内含物大约存在 10 个异养型微生物和 10 个厌氧细菌，它们与宿主相互依存并相互影响(Trust and Sparrow，1974；Yano et al.，1995)。在本研究中，探究了野生型和养殖型达氏鳇的肠道微生物群落，为了解肠道各部位间微生物群落是否存在差异,选取 2 龄鱼体肠道前中段的样本进行测序。达氏鳇的性成熟周期为 17 年左右，因此 2 龄鱼相对其生长年龄来说，仍然是其生长初级阶段。鱼类一开始的肠道微生物定植与最终的肠道微生物组成和结构等具有很大的关联。最先定植的肠道微生物可以调节肠道上皮细胞的基因表达，因此可以使最先定植的肠道微生物与宿主鱼类的肠道环境相适应，进而阻止后来的微生物在鱼类肠道中定植(Cytryn et al.，2005)。因此，鱼类肠道早期与微生物接触和后来的微生物定植对鱼类肠道微生物屏障的发展非常重要，仔稚鱼从食物中获得的有益微生物可以提高嗜酸细胞的数量(Picchietti et al.，2007)。

本研究运用了群落结构的两个重要参数—α多样性指数和β多样性指数进行分析。结果表明，养殖型达氏鳇和野生型达氏鳇肠道内微生物群落具有一定差异，野生型达氏鳇肠道内微生物群落多样性较高。影响鱼类肠道微生物群落多样性的因素有很多，鱼的种类、肠道结构、环境因素、饲养控制等影响鱼类肠道微生物的定植与紧随其后的构建过程。另外，化学物品、农药、污染物、抗生素等对鱼类肠道微生物也会产生重要影响，特别是杀虫剂等农药进入鱼类肠道中，会对鱼类肠道微生物的数量和构成产生很大的影响(Navarrete et al.，2008)。由于鱼类的肠道环境与其生活的水体环境密切相关，鱼类的肠道微生物更容易受到食物和水体环境变化等的影响，且鱼类在不同生长时期，其肠道微生物也不尽相同(Savas，2005；Spanggaard et al.，2000)。Sugita 等(1998)对莫桑比克罗非鱼肠道微生物研究时发现，鱼类的肠道微生物来自鱼类生活的水体环境。而本实验中野生型和养殖型达氏鳇分别来自不同的水域，因此其肠道微生物群落必然不同。季节的变化会引起水温的变化，而鱼类是变温动物。Yoshimizu 等(1976)研究发现，鱼类肠道微生物在夏季时数量最多，而在冬季时数量明显减少，说明鱼类肠道微生物群落的结构和数量具有季节性差异。鱼类肠道微生物群落的结构具有季节性差异，表现为夏季数量最多而在冬季最少(Romero and Navarrete，2006)。云南和黑龙江分别位于中国的东北和西南，虽然采集样本的时间几乎一致，但由于其经度的差异，导致水温有所不同，这也是微生物群落多样性存在差异的原因之一。Ward 等(2009)在研究两种南极鱼类肠道微生物群落结构时发现，肉食性的 *Chaenocephalus aceratus* 肠道微生物群落多样性比杂食性的 *Notothenia coriiceps* 要低。有研究表明，肠道微生物是由鱼类所摄食的活饵料带入鱼类肠道中的(Munro et al.，1994)。Ringo 等(2006)研究发现，在给大西洋鳕投喂鱼粉、发酵大豆蛋白和标准大豆蛋白时，肠道内的微生物不同。

Uchii 和 Kawabata(2006)对日本霞浦湖的大太阳鱼进行不同饵料投喂研究，分别投喂底栖无脊柱动物、水生植物和浮游动物，结果表明投喂底栖无脊柱动物和水生植物的大太阳鱼的肠道微生物群落结构与投喂浮游动物的大太阳鱼不同，且具有特殊的肠道微生物种群结构。野生型达氏鳇为肉食性鱼类，幼鱼主要以底栖动物和昆虫的幼体为食，种类数量多，受环境影响大，随机性强，因此肠道内微生物群落多样性较高。而养殖型达氏鳇主要以颗粒饲料为食，定时、定点、定量投喂，因此种类单一，环境因素影响较小，所以微生物群落多样性较低。

Feng 等(2010)、Kim 等(2007)的研究表明变形菌门的微生物是鱼类肠道微生物的优势菌群。而本实验结果证明，在养殖和野生达氏鳇的肠道中，变形菌门为优势门，这与 Feng 等(2010)的实验结果相一致，而其所占的比例在养殖型和野生型达氏鳇肠道中却是不相同的，野生型较多，养殖型较少，这有可能和其所生存的水环境中所含变形菌的多少相关。在养殖型达氏鳇体内发现大量的梭杆菌门种类，且占绝对的优势，这可能与养殖时所投喂的颗粒饲料有关。在达氏鳇的肠道内同样发现了弧菌(Vibrio)和气单胞菌(Aeromonas)。有研究表明，弧菌和气单胞菌是淡水鱼胃肠道中的主要兼性厌氧菌(Ley et al.，2008)，拟杆菌(Bacteroides)是主要的专性厌氧菌(Campbell and Buswell，1983)，这些微生物均在达氏鳇的肠道内发现。这些研究结果表明，养殖型和野生型达氏鳇具有其特定的肠道微生物区系，而对于导致其存在差异的具体因素，还需进一步探究。

微生物群落对鱼类的生长有至关重要的作用。例如，鱼类肠道微生物中的嗜水气单胞菌(Aeromonas hydrophila)可以产生一些对消化淀粉、蛋白质和脂肪等起促进作用的胞外酶。Pemberton 等(1997)研究表明，鱼类肠道中的一些气单胞菌在新陈代谢过程中可以产生多种蛋白酶，这些蛋白酶能够显著加强鱼类的消化能力。正常情况下，肠道微生物处于有益状态，只有在特殊情况下，肠道微生物才会表现出其致病作用，Llobrera 和 Gacutan(1987)的研究发现，在特定的环境条件下，鱼类肠道中的嗜水气单胞菌会破坏鱼类肠道的表皮细胞，形成坏死病灶，引发溃疡。有研究发现，肠道菌群多样性降低、变形菌门细菌增多、厚壁菌门及拟杆菌门细菌减少是肠道炎症的主要表现(Blumberg and Powrie，2012)。因此，进一步探究微生物对达氏鳇生长和繁殖的影响是十分重要的，对达氏鳇人工养殖有一定的指导意义。

第3章 达氏鳇的分子生物学研究

3.1 分子生物学技术在达氏鳇研究中的应用及前景

如前所述，目前关于达氏鳇基础生物学特性(王吉桥等，1998；尹洪滨等，2004a；石振广等，2008a；鲁宏申等，2011；李文龙等，2012)已有一些研究，在人工繁育和养殖技术方面(王云山等，2002；李文龙和石振广，2008；李文龙等，2009；朱欣等，2012；李艳华等，2013)也积累了一些成功经验，但是在分子生物学方面的研究相对薄弱，基因组序列信息相对匮乏。近年来，由于环境污染和在利益驱动下渔民对鲟鳇捕捞强度的逐年加大等，达氏鳇自然水域种群已经成为濒危物种，种群数量越来越少，捕捞个体规格越来越小，严重威胁其产业的健康持续发展，因此，应用分子生物学手段，加快开展达氏鳇生长、免疫、抗逆和性别等重要经济性状相关功能基因的筛选研究，进而克隆全长并研究基因水平的表达、调控，对于揭示达氏鳇的生长、抗病和抗逆能力，培育优势养殖品种和保护这一濒危物种资源至关重要。本章对达氏鳇的分子生物学研究现状和前景进行综述，旨在为达氏鳇养殖进一步产业化和资源恢复提供参考。

3.1.1 达氏鳇分子生物学研究现状

1. DNA 含量比较分析及总 DNA 提取

测定鱼类 DNA 含量，可以真实客观地反映其基因组的大小及倍性。尹洪滨等(2004a)采用流式细胞仪测定了 5 种鲟鳇体细胞 DNA 含量，结果表明，俄罗斯鲟、西伯利亚鲟和史氏鲟的 DNA 含量分别为 12.24pg/μL、11.60pg/μL、11.59pg/μL，3 种鲟相比较 DNA 含量非常接近，而小体鲟和达氏鳇的 DNA 含量是 6.06pg/μL 和 4.77pg/μL，前三者与后两者的 DNA 含量比值接近于 2:1，确定它们之间存在倍性关系，根据测定结果及张四明等(张四明等，1999)的研究成果判定俄罗斯鲟、西伯利亚鲟和史氏鲟属于八倍体类型，而小体鲟和达氏鳇则属于四倍体类型。

为了避免鱼体受到伤害，胡光源等(2011)尝试从实验鱼的鳍条和吻须中提取基因组 DNA，结果表明，经琼脂糖凝胶电泳 DNA 的长度在 20kb 左右，条带清晰无降解，说明 DNA 片段完整；OD_{260}/OD_{280} 值为 1.6～1.9，表明其纯度较高；经计算 DNA 浓度为 100～200ng/μL，可以进行下一步遗传分析。值得注意的是，样品消化之前要进行预处理，整块的鳍条样品在提取缓冲液中用剪刀细细剪碎后进行水浴消化，而吻须由于韧性极强，很难剪碎，因此在液氮中研磨后再进行消化。

2. 线粒体控制区异质性和系统发育

研究表明，线粒体控制区（D-loop）序列适用于进行种群遗传结构分析和系统发育分析（Zhang et al.，2003；Ludwig et al.，2008）。王巍等（2009）对 5 种鲟的线粒体控制区序列进行了扩增并分析，结果显示，线粒体控制区长度在 795～813bp。序列中包括了 CBS（conserved sequence block）和 TAS（termination-associated sequence）区域。达氏鳇电泳结果出现多条条带，说明其 mtDNA 存在异质性现象，从构建的系统发育树看，达氏鳇与鲟属互为姐妹种群，说明其不是单系群起源，这与 Zhang 等（2000）和 Ludwig 等（2001）的研究结果相一致。

3. 遗传多样性研究

目前微卫星标记在鱼类基因组研究中已经应用，如鲤（孙效文和梁利群，2001）和斑马鱼（Postlethwait，1998）等。梁利群等（2002）利用微卫星标记技术对 5 种鲟鳇的基因组 DNA 进行遗传多样性分析，结果共获得 11 个能具有遗传多态性的有效引物，其多态位点率为 47.93%，说明鲟鳇的遗传多样性程度十分低下。聚类分析表明，达氏鳇与小体鲟之间遗传距离最大（0.9355），与西伯利亚鲟的遗传距离为 0.931，与史氏鲟的遗传距离最小（0.5652），达氏鳇与史氏鲟、西伯利亚鲟为科内属间关系。

线粒体控制区序列分析是评价鲟种群遗传分化很好的分子标记（Wirgin et al.，2002）。牛翠娟等（2010）利用线粒体控制区序列片段分析检测了两个养殖场留做后备亲鱼的达氏鳇的遗传多样性，结果发现 5 个单倍型，共有 11 个多态位点，各单倍型之间的遗传距离为 0.002～0.024，在达氏鳇养殖群体中 2 个单倍型 HD1 和 HD2 之间仅有 2 个碱基差异，遗传距离为 0.005，遗传变异极度缺乏。

4. 达氏鳇及其杂交子代的分子鉴定

合适的分子标记是从遗传学角度进行种类鉴别的前提和保证（Ludwig，2008）。在杂交鲟的遗传学鉴别方面，已报道了 Congiu 等（2001，2002）使用 AFLP（amplified fragment length polymorphism）标记分析和 Chelomina 等（2008）使用多个 RAPD（random amplified polymorphic DNA）标记分析。胡佳等（2011）采用微卫星标记技术扩增达氏鳇、史氏鲟及其杂交子代全基因组，检测到 6 个种间特异位点：HLJSX22、HLJSX23、HLJSX37、HLJSX41、HLJSX48 和 LS54，将这些位点部分组合，可以有效鉴别出史氏鲟、达氏鳇和其杂交子代。

3.1.2 达氏鳇分子生物学研究方向及前景

随着分子生物学技术的不断发展与提高，其在鱼类研究中将得到更广泛的应用，对解决鱼类增养殖中的关键问题至关重要。达氏鳇是黑龙江特产鱼类，为珍稀种类，全身珍贵，具有很高的经济价值和开发价值，然而目前关于达氏鳇分子生物学的研究方兴未艾，有很广阔的研究空间和发展前景，极具科研价值。根据目前达氏鳇分子生物学的研究现状及发展趋势，今后在继续加深以往研究的同时，还应加快以下研究课题的开展。

1. 种质资源遗传多样性保护

由于 DNA 分子标记能有效地鉴别不同甚至亲缘关系很近的基因型，因此运用现代分子标记技术，可以有效地检测达氏鳇繁殖群体的遗传结构和遗传变异大小，防止人工繁殖过程中遗传背景相似品系交配造成遗传多样性的丢失（张四明，1997），保证种质资源的多样性。

2. 遗传图谱构建

研究物种基因组结构、性状遗传的基本方法是构建遗传图谱，可以通过遗传图谱掌握那些控制数量或抗病性状位点的基因的组成和表达调控机制，以便于操作这些基因，应用 RAPD 标记技术（杨婧，2012）加快构建达氏鳇遗传图谱，不仅可为解析控制达氏鳇生长发育、免疫、抗逆等性状的基因调控网络奠定基础，而且可以为育种工作者提供物种完整而翔实的基本资料，加快遗传育种进程。

3. 功能基因克隆与表达

高通量转录组测序技术可对无基因组信息样本的所有转录组进行测序，从而建立基因组数据库，是研究基因结构和功能的有效方法，加快构建达氏鳇转录组文库，采用新一代高通量测序技术对其转录组进行测序，并应用生物信息学方法进行功能分析，批量筛选出与达氏鳇生长发育、免疫功能、性别决定等重要经济性状相关的基因及热激蛋白、金属硫蛋白、抗冻蛋白等环境适应相关蛋白质的候选基因，进而通过比较转录组学研究鱼类生殖和生长不同阶段的基因表达差异，筛选鉴定参与调控达氏鳇生长发育、免疫、抗逆等重要经济性状的关键功能基因；进行深入的系统研究，深入到研究某一代谢过程中的蛋白质和酶类，进而研究基因水平的表达和调控，查清基因信号通路及其调控网络。通过这些研究，克隆出一系列有重要经济价值的新功能基因，从而逐步建立达氏鳇功能基因和蛋白质数据库，对培育优势品种并进行养殖，推动达氏鳇产业长期发展至关重要。

4. 基因功能验证

对所预测的功能基因可利用转录组的数据在克隆序列基础上扩增出上下游的基因序列，得到基因全长序列，构建这些基因的真核或原核表达载体，将含有这些基因的表达载体表达出的蛋白质，用显微注射方法注射到胚胎中或转染到细胞中，观察生物学效应，进而进行转基因或敲除该基因完成功能表达验证，在此基础上定向培育出一批生长快、抗逆性强、能大量繁殖的达氏鳇优良品种。

5. 功能基因的分离提纯

应用柱层析分离技术，分离提纯一系列对达氏鳇生长发育、免疫起重要作用的激素、神经肽、分泌产物及它们的受体基因，在此基础上进行基因表达调控研究，并通过建立高效能的表达系统获得有高度生物活性的产物，将其直接应用于达氏鳇的人工繁殖和鱼苗培育中，使达氏鳇生长速度加快，免疫抗病能力提高，进而深入研究它们促进达氏鳇生长发育及提高其免疫功能的作用机制。

随着分子生物学技术的不断发展与创新，它将不仅促进鱼类遗传学本身的发展，而且将在一些传统科学领域如分类学、生态学、环境保护、病害防治、育种等领域得到广泛应用。本书重点探讨分子生物学技术在加快开展达氏鳇功能基因研究方面的应用，这对于揭示达氏鳇的生长、抗病和抗逆能力、培育优势养殖品种、促进达氏鳇产业的健康持续发展至关重要，更有利于达氏鳇这一珍稀濒危物种的资源保护和恢复。

3.2　达氏鳇肌肉组织转录组测序和功能分析

由于环境污染和在利益驱动下渔民对鲟鳇捕捞强度的逐年加大等，达氏鳇自然水域种群已经成为濒危物种，种群数量越来越少，捕捞个体规格越来越小(石振广，2008)，严重威胁其产业的健康持续发展，因此，应用分子生物学手段，加快开展达氏鳇生长、免疫、抗逆和性别等重要经济性状相关功能基因的筛选研究，进而克隆全长并研究基因水平的表达和调控，对于揭示达氏鳇的生长、抗病和抗逆能力、培育优势养殖品种和保护这一濒危物种资源至关重要。

转录组技术利用高通量测序对由特定组织或细胞中所有 RNA 反转录成的 cDNA 文库进行测序，并可在没有研究物种基因信息的情况下，直接对任何物种的转录组进行分析(刘红亮等，2013)，是目前发现基因、查找控制特异性状的潜在主效基因和研究基因表达调控的有效方法，而且可用于 SNP(single nucleotide polymorphism) 鉴定(Gao et al.，2012)、SSR(simple sequence repeat) 鉴定(Garg et al.，2011)、差异表达基因鉴定(Jeukens et al.，2010)、可变剪接位点的识别(Huh et al.，

2012)等。应用转录组技术对鱼类研究的工作已经陆续展开，包括湖鲟(*Acipenser fulvescens*)(Hale et al.，2009)、虹鳟(*Oncorhynchus mykiss*)(Salem et al.，2010)、鳕(*Gadus morhua*)(Johansen et al.，2011)及鲤(*Cyprinus carpio*)(Ji et al.，2012)等，并已经成功应用于基因的大规模筛选和鉴定。

目前，关于达氏鳇基因组的研究较少，赵文等(2014)利用转录组技术构建达氏鳇养殖群体肌肉组织转录组文库，旨在为进一步揭示达氏鳇相关功能基因特点，永久保存其基因资源奠定基础，可为解决达氏鳇基因进化、遗传育种及其资源恢复等诸多方面问题提供重要信息。

3.2.1　材料与方法

1. 材料

实验材料取自河北省涉县泉溪鲟鱼生态园有限公司，2013 年 5 月在养殖场取 20 尾刚刚性成熟、体重 100kg 左右、生长状态良好健康雌性达氏鳇背鳍下方的肌肉组织，取样规格 100mg，液氮保存样品。

2. 方法

(1)总 RNA 的提取与处理

取 100mg 达氏鳇肌肉组织，不间断加入液氮迅速研磨成粉末状，加入 1mL 总 RNA 提取试剂裂解细胞，经氯仿抽提、异丙醇沉淀、75%乙醇洗涤后，用适量无 RNA 酶水溶解 RNA。使用 DNase I 经 37℃水浴 30min 消化总 RNA 中残留的 DNA，琼脂糖凝胶电泳检测其完整性，紫外分光光度计检测其纯度及浓度。

(2)mRNA 的富集与片段化

RNA 提取后，使用 Promega 公司的 PolyA Ttract mRNA 分离系统，按照试剂盒说明书操作，应用磁珠吸附原理，利用 Oligo(dT)磁珠和磁分离器分离出 mRNA，用 Tris-HCl 缓冲液洗脱得到纯化的 mRNA，将 mRNA 与打断试剂 RNA 裂解剂均匀混合，70℃水浴 15min，立即在冰上用乙醇回收打断产物，并溶于无 RNA 酶水中。

(3)转录组文库的制备

采用 TaKaRa 公司的 PrimeScript™ Double Strand cDNA Synthesis Kit 试剂盒，按照说明书体系操作：使用 PrimeScript RTase、随机引物，以片段化的 mRNA 为模板经 42℃水浴 1h 合成一链 cDNA，总体系 20μL；使用 RNase H 和 DNA 多聚酶 I 经 16℃反应 2h，70℃加热 10min 合成双链 cDNA，总体系 146μL；加 4μL T4 DNA 多聚酶经 37℃水浴反应 10min 补平末端，总体系 150μL，并经苯酚/氯仿/异

戊醇进行纯化回收。使用 TaKaRa 的 DNA 加 A 试剂盒经 72℃反应 20min 进行 cDNA 末端加 A 尾，总体系 50μL，并用 TaKaRa MiniBEST DNA Fragment Purification Kit Ver.4.0 试剂盒进行纯化回收；利用 T4 DNA 连接酶将 Illumina PE adapter 接头连接到加 A 尾的 cDNA 片段的 3′端；连接产物经琼脂糖凝胶电泳回收 200bp±25bp 的 cDNA 片段，胶回收按照 TaKaRa MiniBEST Agarose Gel DNA Extraction Kit Ver.4.0 试剂盒进行操作；利用 Illumina 公司引物 PE1.0 和 PE2.0 进行 15 个循环的 PCR 扩增，总体系 20μL，扩增条件为 98℃预变性 30s；98℃变性 10s、60℃退火 30s，72℃延伸 30s，15 个循环，72℃延伸 5min；最后用试剂盒进行 PCR 产物的纯化。

(4)测序

转录组文库的测序由中国科学院北京基因组研究所完成，测序平台为 Illumina/HiSeq2000，样品为刚刚性成熟的生长状态良好的雌性达氏鳇的肌肉组织混合转录组文库，测序模式为 2×100bp。

(5)数据处理与分析

对测序所得原始数据进行统计及质量评估，去除 reads 中含有的测序接头序列，使用 Trinity 软件进行拼接，将拼接得到的基因参考序列进行进一步比对分析：①将拼接得到的基因参考序列(所有的 unigene)与 NCBI 的 NR 蛋白质数据库比对获取基因注释信息(Blastx, E-value≤1e-5)。②把拼接得到的基因参照序列与 Rfam 数据库进行比对，应用 RSEM 软件 v1.2.6 进行基因表达定量分析，基因表达量用 FPKM(fragments per kilobase of transcript per million fragments mapped)值表示。③根据参照基因序列与 NCBI 的 NR 数据库的 Blast 比对结果，用 Blast2 Go 提取 GO 注释信息。④把拼接得到的参照基因序列与 KEGG 数据库中的蛋白质序列进行 Blastx 比对(E-value≤1e-5)，从中提取 KEGG 注释信息。

3.2.2　结果

1. 总 RNA 的提取

提取的总 RNA 经琼脂糖凝胶电泳检测，显示 28S、18S、5S 条带明显、清晰，且 28S∶18S 亮度为 2∶1，表明总 RNA 的完整性良好。超微量分光光度计测得 OD_{260}/OD_{280} 均在 1.9～2.0，表明提取到的 RNA 纯度很高，可以进行后续实验。

2. 测序数据统计

达氏鳇肌肉组织转录组测序得到原始数据 14 447 211 200bp，分别计算每条 reads 每个位置上碱基测序的平均质量，得到碱基质量分布(图 3-1，图 3-3)；分别计算每条 reads 的平均质量值，并统计相应质量值的 reads 数，通过累积分布曲线看数据的平均质量分布，得到质量分布（图 3-2，图 3-4）。测序质量统计结果显示，测序质量值 20 以上的碱基 reads1 占 96.60%，reads2 占 92.97%；测序质量值 30 以上的碱基 reads1 占 90.73%，reads2 占 85.92%，从数据的各项指标可以看出测序质量较高，达到了后续数据组装分析的要求。

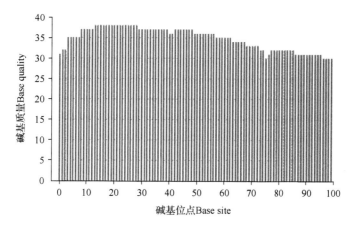

图 3-1　reads1 的碱基质量分布

Fig. 3-1　Base quality distribution of reads1

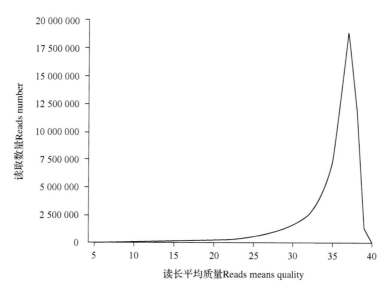

图 3-2　reads1 的质量分布

Fig. 3-2　Quality distribution of reads1

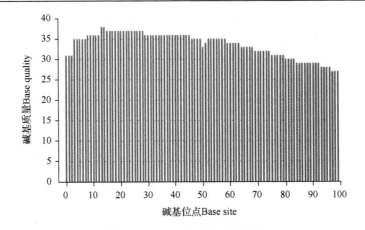

图 3-3　reads2 的碱基质量分布

Fig. 3-3　Base quality distribution of reads2

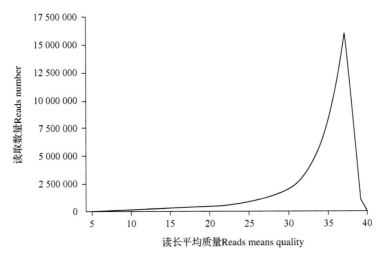

图 3-4　reads2 的质量分布

Fig. 3-4　Quality distribution of reads2

3. 序列拼接与比对

去除 reads 中含有的测序接头序列，将各样品的数据合并，用 Trinity 软件按默认参数进行拼接。在拼接结果序列中，选最长的可变剪接序列作为该基因的代表转录本（unigene）。结果拼接获得了 55 531 条单基因序列（unigene），长度范围为 300～32613bp，平均长度为 941bp（图 3-5）。应用 bowtie1.0.0 软件将 reads 序列与拼接出的基因参照序列（unigene）进行比对，总体映射率为 85.61%，可以进行后续分析。

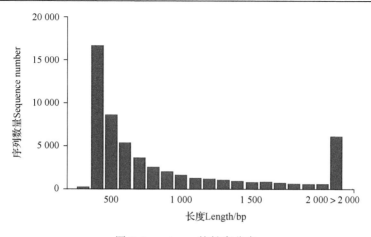

图 3-5　unigene 的长度分布

Fig. 3-5　Length distribution of patchwork sequence

4. 基因功能注释

将拼接得到的所有 unigene 与 NCBI 的 NR 蛋白质数据库比对,结果一共有 20 735 条 unigene(37.34%)与数据库中已知基因同源,而其余 34 796 条 unigene(62.66%)与数据库中的已知基因同源性较低,可能属于新基因。本研究重点关注与达氏鳇重要经济性状相关的功能基因,比对结果显示,有 175 条与生长功能相关的同源序列和 54 条与免疫相关的同源序列,此外发现 *HSP*(热激蛋白)基因家族成员 5 种,包括 *HSP40*、*HSP60*、*HSP70*、*HSP90* 及 *HSPB1*,共涉及基因 10 个,*SOX* 基因家族成员 11 个,包括 *SOX30*、*SOX8*、*SOX7*、*SOX9*、*SOX5*、*SOX6*、*SOX12*、*SOX13*、*SOX18A*、*SOX4b*,其中关注度最高的 *SOX9* 基因 2 个。

5. RNA 分类及基因表达定量分析

把拼接得到的基因参照序列与 Rfam 数据库进行比对,将 RNA 分类为 mRNA、tRNA、rRNA、ncRNA 等。结果表明 mRNA 含量最多,占 74.88%; tRNA 占 22.19%; rRNA 占 2.44%; miRNA 占 0.04%; snoRNA 占 0.02%。应用 RSEM 软件 v1.2.6 进行基因表达定量分析,基因表达量用 FPKM 值表示,将基因表达量分为极低表达基因(0～0.5)、低表达基因(0.5～5)、中等表达基因(5～50)、高表达基因(50～500)、极高表达基因(>500)5 个等级。结果显示 141 个基因未检测到表达量,转录本表达丰度集中在极低表达(50.8%),其次是低表达(37.42%),10.14%为中等表达,高表达和极高表达占 1.38%。分析测序饱和度(图 3-6),可以看出随测序量的增加检测到的表达基因数量的增加趋向平缓,所以样品的测序量接近饱和,完全可以用于后续基因分析。

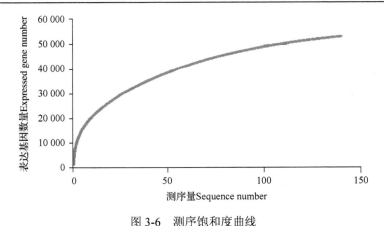

图 3-6　测序饱和度曲线

Fig. 3-6　Saturation curve of sequencing

6. GO 功能注释及分类

根据参照基因序列与 NCBI 的 NR 数据库的 Blast 比对结果，用 Blast2 Go 提取 GO 注释信息。结果表明，一共有 10 017 条 unigene（18.04%）与数据库中的基因具有相似性。GO 功能大致可分为生物过程（biological process）、细胞组分（cellular component）和分子功能（molecular function）三大类 56 亚类（图 3-7），如生物化学、代谢、生长、发育、免疫防御等过程。数量统计结果显示，达氏鳇肌肉组织转录组中细胞杀伤、拟核、病毒粒子、通道调节活性、化学引诱物活性、化学排斥物活性、金属伴侣活性、形态发生素活性、蛋白标记、受体调节器活性及翻译调节活性 11 个功能亚类的 unigene 较少，其余功能亚类的 unigene 分布比较均衡。其中，分子功能中具有代表性的功能类别为整合、催化活性、酶活性调节、分子转导活性及转运活性等；生物过程中占优势的为生物调节、细胞过程、代谢过程及单生物体过程等；细胞组分的代表类型为细胞部分、细胞膜、细胞器等。

7. KO 代谢途径注释及富集分析（KEGG）

KEGG 代谢通路的分析有助于我们进一步了解基因的生物学功能及基因产物的相互作用。把拼接得到的参照基因序列与 KEGG 数据库中的蛋白质序列进行 Blastx 比对（E-value≤1e-5），从中提取 KEGG 注释信息。分析结果为一共有 15 312 条 unigene（27.57%）被注释，并被归类到 290 个 KEGG 代谢通路。基因数量排名靠前的代谢途径包括 MAPK 信号通路、肌动蛋白细胞骨架调节、胞吞作用、嘌呤代谢和钙信号途径等。

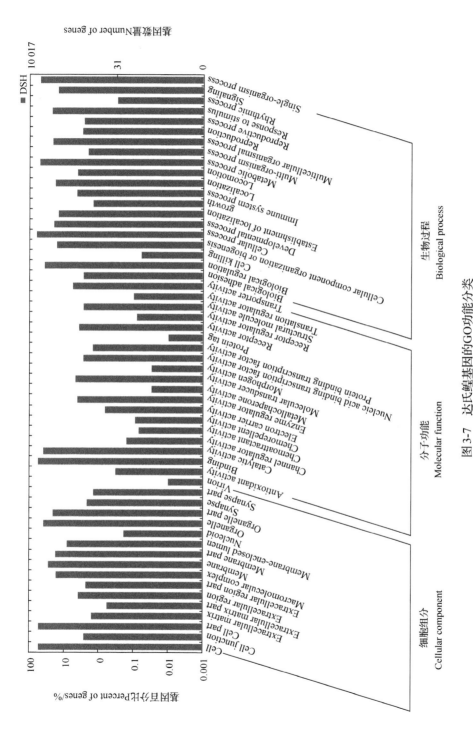

图 3-7　达氏鳇基因的 GO 功能分类

Fig. 3-7　gene ontology classification of putative functions of the Huso dauricus

3.2.3　讨论

1. 转录组文库测序分析

转录组技术是利用高通量测序法对由组织或细胞中所有RNA反转录成的cDNA文库进行测序。由于和传统的基因芯片技术相比,其可在没有研究物种基因信息的情况下,直接对任何物种的转录组进行分析,而且提供更高的检测通量(闰绍鹏等,2012)、更精准的数字信号、更广泛的检测范围、花费更低成本和时间(曾地刚等,2013),因此转录组技术成为一种极其有效的发现新基因的途径(Kaur et al.,2011),近年来,其已广泛应用于各种植物和动物的转录组研究中,将其应用于鱼类转录组研究的工作也已经陆续展开,包括湖鲟、虹鳟、欧洲鳗鲡(*Anguilla anguilla*)(Coppe et al.,2010)、大西洋鳕、鲤、大菱鲆(*Scophthalmus maximus*)(Pereiro P'Balseiro et al.,2012)等,但未见关于达氏鳇转录组的报道。本研究对20尾刚刚性成熟的健康雌性达氏鳇肌肉组织进行转录组文库构建,并采用 Illumina/HiSeq2000 高通量测序平台在没有参照基因组的情况下对其转录组进行测序,获得原始数据 14 447 211 200bp,测序质量值 20 以上的碱基 reads1 占 96.60%,reads2 占 92.97%;测序质量值 30 以上的碱基 reads1 占 90.73%,reads2 占 85.92%,从测序数据的各项指标可以看出测序质量较高,达到了后续数据组装分析的要求。经过对测序数据的组装和聚类拼接,获得了 55 531 条非冗余 unigene 序列,其中长度大于 1000bp 的有 15 000 条,有 6000 条是大于 2000bp 的,平均长度为 941bp,reads 序列与拼接出的基因参照序列(unigene)进行比对,总体映射率为 85.61%,这说明本研究的数据组装质量是比较高的,可以进行后续生物信息学分析,这些数据极大地丰富了达氏鳇肌肉组织基因序列数据资源,为达氏鳇乃至鲟鳇鱼类进行后续功能基因和基因组学研究奠定了基础。

2. 转录组文库功能分析

将拼接的所有 unigene 序列与 NCBI 的 NR 蛋白质数据库比对获取基因注释信息,结果一共有 20 735 条 unigene 序列与数据库中已知基因同源,占 37.34%,而其余 62.66%(34 796 条)unigene 序列与数据库中的已知基因同源性较低,未被注释,同样的问题也出现在其他生物转录组中,在赵晓霞(2011)构建的马氏珠母贝珍珠囊转录组文库的 102 762 条 unigene 序列中,只有 36 989 条 unigene 序列(约35.99%)被注释;Eli 等(2009)构建的珊瑚幼虫转录组文库的 62 657 条 unigene 序列中只有 5330 条(约 8.5%)被注释,其余的 unigene 序列比对同源性较低,未被注释,造成这一问题的原因是目前国际公共基因数据库中收录的相近物种基因注释信息较少。由于鲟鳇鱼类分子基础研究薄弱,对其遗传背景了解不足,因此本研究得到的达氏鳇转录组基因注释信息较少,其中未被注释的基因序列中,那些比较短的 unigene 序列，有可能是 3′或者 5′非翻译区，不编码 RNA，或者是不含有功能结构域的序列，而那些长度超过 500bp 的 unigene 序列，有很大的可能是未被发现记录的新基因，对这些未知基因研究有可能揭示鱼类某些重要的生物学过程，将是今后需要重点关注的基因。

此外，我们还对达氏鳇肌肉组织转录组文库组装的 55 531 条 unigene 序列进行了 GO 功能注释和 KEGG 代谢通路等分析，结果一共有 10 017 条 unigene（约 18.04%）与 GO 数据库中的基因具有相似性，包括生物过程、细胞组分和分子功能三大类 56 亚类，主要的 GO 类型包括催化活性、酶活性调节、生物调节、细胞过程等；代谢通路分析得到 15 312 条 unigene 序列（约 27.57%）被注释，并被归类到 290 个 KEGG 通路，包括转录和翻译调控、信号转导、物质代谢和次生代谢产物合成等。尽管我们得到的注释信息相对较少，但是通过这些注释，我们获得了大量的达氏鳇肌肉组织转录组信息，初步阐明了达氏鳇肌肉组织基因的功能、参与的生物过程、所处的代谢途径或信号通路等，这对于今后深入了解基因的功能很重要，为发掘达氏鳇相关功能基因、研究相关生理功能提供了有价值的数据。

3. 部分候选功能基因的分析

达氏鳇是一种营养价值、经济价值和科研价值都很高的大型淡水鱼类，但是近年来达氏鳇自然种群资源遭到严重破坏，已经濒临灭绝，严重威胁其产业健康可持续发展，因此加快开展达氏鳇生长、免疫、抗逆和性别等重要经济性状相关功能基因的筛选研究尤为重要。本研究应用 Blast 相似性搜索注释，在构建的达氏鳇肌肉组织转录组库中筛选出 175 条与生长功能相关的同源序列和 54 条与免疫相关的同源序列，这些基因可用于后续生长和免疫基因在达氏鳇不同发育时期的差异表达分析，对生长相关基因的研究为揭示达氏鳇的生长机制提供了理论依据；对免疫基因的研究为提高达氏鳇防病、抗病能力提供了重要的理论依据，这些基因序列将来可以制成基因表达谱芯片，用来检测达氏鳇的生长和免疫水平，作为达氏鳇优良品种选育的指标。

此外，本研究还筛选出 HSP 基因家族成员 5 个，包括 HSP40、HSP60、HSP70、HSP90 及 HSPB1，共涉及基因 10 个，其中 HSP70 是国内外学者的研究热点，它主要起分子伴侣作用、协同免疫作用、抗细胞凋亡作用和抗氧化作用（Neal et al.，2004）。目前关于鲟鳇鱼类的 HSP70 的研究较少，只是克隆了杂交鲟、匙吻鲟（高宇等，2010）和西伯利亚鲟 HSP70（田照辉等，2012）基因的，但关于 HSP70 在抗逆环境胁迫中的作用一直未有深入了解。由于达氏鳇栖息在水中，环境比较复杂，更容易受到环境因子的影响，因此加强对在达氏鳇转录组中发现的热激蛋白的研究，更有利于增强达氏鳇对不良环境的抵抗力。

鱼类由于在进化上的原始性，性别决定机制比较复杂，具有原始性、多样性和易变性(文爱韵等, 2008)。近年来研究比较多的是与性别决定相关的基因, 有 *SOX* 基因家族、*DMRT1* 基因(童金苟等, 2013)等。本研究中发现了 *SOX* 基因家族成员 11 个, 包括 *SOX30*、*SOX8*、*SOX7*、*SOX9a*、*SOX9b*、*SOX5*、*SOX6*、*SOX12*、*SOX13*、*SOX18A*、*SOX4b*, 其中关注度最高的是与性别决定相关的 *SOX9* 基因 2 个。在虹鳟中发现存在两种 *SOX9* 基因并且只在精巢中表达(Takamatsu et al., 1997), 在斑马鱼(*Danio rerio*)中存在两种 *SOX9* 基因, 其中 *SOX9a* 在脑、肾、肌肉、精巢、胸鳍中呈现泛表达模式, 而 *SOX9b* 仅仅在卵巢中被检测到(Chiang et al., 2001)。*SOX9* 基因在 1~3 龄史氏鲟的大脑、心脏、肝、眼睛、胰、肾、精巢和卵巢 8 种组织中均有表达, 只是表达量因发育阶段和组织的不同而稍有差异(陈金平等, 2004)。*SOX9* 在西伯利亚鲟中的表达具明显的组织差异性和时间差异性(施志仪等, 2010)。基于上述研究, 在达氏鳇肌肉组织中发现的 *SOX9* 基因与其性别决定和分化是否相关还有待证实, 只作为一个重点关注的候选基因。

　　Blast 相似性搜索注释是一种推测查询基因序列生物学功能的快速、有效的方法, 但只是为确定其编码蛋白质的功能提供暂定的线索, 要彻底认识和了解一个基因的功能, 我们还需要做基因表达定位研究和基因功能验证。尽管我们对从达氏鳇肌肉组织转录组中筛选出的这些基因的功能不能明确, 还需进行更深入的研究, 但是我们的研究一方面可以永久保存基因, 另一方面为以达氏鳇为材料的研究提供了一个非常有价值的功能基因数据库, 并且为将来进一步的基因克隆和功能分析提供了候选基因, 对解决基因进化、遗传育种及达氏鳇资源恢复等诸多方面的问题具有重要意义。

3.3　达氏鳇热激蛋白基因的克隆及温盐胁迫影响

　　热激蛋白是机体免疫系统必不可少的蛋白质, 尤其是在机体受到内、外环境胁迫影响后它会发挥重要的作用。无论是真核生物还是原核生物都发现存在热激蛋白(Kiang and Tsokos, 1998; Sørensen et al., 2003)。研究表明, 环境中温度(Basu et al., 2002; Dong et al., 2008; Boone and Vijayan, 2002)、盐度(Hamer et al., 2004; Werner, 2004)、重金属(Downs et al., 2001)、低氧(Mu et al., 2013; Airaksinen et al., 1998; Ni et al., 2014; Gamperl et al., 1998)、微生物感染(Bausinger et al., 2002)等多种因素变化都会引起热激蛋白的免疫应答。热激蛋白是一个分子家族, 其成员包括 HSP90 家族(分子质量 83~110kDa)、HSP70 家族(分子质量 66~78kDa)、HSP60 家族及小分子质量 smHSP 家族(分子质量 12~43kDa)(Morimoto et al., 1990)。目前, 研究较多的热激蛋白家族是 HSP70 和 HSP90。

　　温度和盐度是影响鱼类生存、发育和繁殖的生态因子(Dong et al., 2008; Elliott, 1995), 并且鱼类在运输过程中也经常受到温度和盐度的胁迫。因此, 研究温度和盐度变化对鱼类的影响具有重要意义。同时，机体在受到温度和盐度的胁迫后，热激蛋白作为分子伴侣，参与细胞中变性蛋白的重折叠，防止变性蛋白被降解，在维持细胞内动态平衡过程中发挥了重要作用(Ellis，1993；Georgopoulos and Welch，1993；Welch，1993)，这对研究鱼类受到环境胁迫后机体做出的响应有重要的意义。

Peng 等(2016)研究了达氏鲟 *HSP70* 和 *HSP90* 基因的克隆，初步研究了温度、盐度单因素对 *HSP70* 和 *HSP90* mRNA 表达变化的影响，从分子水平上探讨了达氏鲟对环境胁迫的响应，旨在为深入研究达氏鲟生物学及保护达氏鲟的人工种群提供理论依据。

3.3.1　材料与方法

1. 实验鱼和处理条件

达氏鲟取自云南阿穆尔鲟鱼集团有限公司，体长 26cm±3cm，体重 70g±7g。实验前把鱼暂养于 100cm×80cm×60cm 的养殖箱里 10 天，实验用水为曝气后的自来水，水温 16.0℃±0.5℃，溶解氧＞6mg/L，氨氮＜0.01mg/L，pH7.0～7.4。每天投喂 2 次，每次投喂量为鱼体重的 2%，每天换水量为水容积的 1/4，溶解氧、温度、盐度、氨氮、pH 等指标每天测一次。

温度、盐度处理前 24h 停止投喂。把实验鱼随机分为 9 组，每组 6 尾，其中 4 组放进温度分别为 4℃、10℃、25℃、28℃(盐度 0)的水中处理 2h，然后在 16℃(盐度 0)的水中恢复 1h；另取 4 组放进盐度为 10、20、30、40(水温 16℃)的水中处理 2h，同样在 16℃(盐度 0)的水中恢复 1h；最后 1 组作为对照组，放进温度为 16℃的淡水中。用 50mg/L 的 MS-222 麻醉杀死鱼类，每组随机取 3 尾鱼作为样本，取组织，肌肉、鳃丝、脑、须、心脏、肝、脾、胃、肠道、鳔和性腺用液氮速冻，放进–80℃冰箱保存，用于提取总 RNA。

2. 总 RNA 的提取和 cDNA 的合成

总 RNA 的提取根据 RNA 提取试剂盒(Takara，Kyoto Japan)说明书进行。然后用 Nanodrop-NV3000 紫外分光光度计(Thermo Scientific，Waltham，MA，USA)和 1.2%的琼脂糖凝胶电泳检测 RNA 的完整性和纯度，确保 RNA 符合实验要求。为了消除个体间的误差，把 3 个样本的 RNA 各取 30μL 混合在一起，做成混合样品，在后续的荧光定量实验中每个混合样品检测 3 次。第一链 cDNA 合成采用随机引物和反转录 M-MLV 试剂盒(Takara，Japan)，按说明书进行，取 1ng RNA，采用 10μL 反转录体系。

3. *HSP70* 和 *HSP90* 中间片段的扩增、克隆和测序

根据热激蛋白家族基因具有高度保守性的特点，本实验参考其他物种的 *HSP70* 和 *HSP90* 基因设计简并引物(表 3-1)。采用聚合酶链反应(PCR)进行 *HSP70* 和 *HSP90* 中间片段的扩增，反应条件：94℃预变性 10min，94℃变性 30s，55℃退火 30s，72℃延伸 1min，反应进行 30 个循环，最后 72℃延伸 10min。经 1.2% 琼脂糖凝胶电泳检测后进行切胶回收，纯化后连接到 T3 载体(TransGen Biotech，China)，转化到大肠杆菌 DH5α 感受态细胞(TransGen Biotech，China)，经过阳性鉴定后送到生工生物工程(上海)有限公司测序。

表 3-1　实验中使用的引物序列
Tab. 3-1　Nucleotide sequences of primers used in the experiment

引物 Primer	序列 (5'-3') Sequence (5'-3')	位置 Position/bp	作用 Usage
中间片段			
HSP70F	CCGATATGAAGCACTGGCCATTC	370～392	简并引物
HSP70R	AGGTCTGGGTCTGCTTGG	1381～1398	简并引物
HSP90F	ATCAAGGAGAAGTACATYGACC	882～903	简并引物
HSP90R	GCCTTCATGATBCKCTCCATGTT	1869～1891	简并引物
5′和 3′RACE			
HSP70-5-R1	TGTGGCCTGGCGCTGGGAGTCGTTGAA	564～590	5′RACE 引物
HSP70-5-R2	TGGTCTCCCCTTTGTACTCGACCTCGA	424～450	5′RACE 巢式引物
HSP70-3-R1	TGTGCAGGACCTGCTGCTGCTGGACGT	1277～1303	3′RACE 引物
HSP70-3-R2	GGGCATTGAGACCGCCGGTGGGGTCAT	1319～1345	3′RACE 巢式引物
HSP90-5-R1	GTCAAAGGGAGCACGTCGTGGAATG	1070～1094	5′RACE 引物
HSP90-5-R2	GGTCCTCCCAGTCATTGGTGAGGCTCT	985～1011	5′RACE 巢式引物
HSP90-3-R1	TGCGCAAGCGTGGCTTTGAGGTG	1576～1598	3′RACE 引物
HSP90-3-R2	ACCGCTTGGTCTCCTCTCCCTGCTGCA	1813～1839	3′RACE 巢式引物
qPCR			
HSP70-F	GGCAAGTTTGAGCTGACTGG	1485～1504	qPCR 引物
HSP70-R	AGGCGTCCTTTGTCATTGGTG	1625～1645	qPCR 引物
HSP90-F	CTTGGAGATCAATCCAGACCAC	1943～1964	qPCR 引物
HSP90-R	CATCATCAATGCCAAGACCGAG	2124～2145	qPCR 引物
18S-F	CTGAGAAACGGCTACCACATCC		内参引物
18S-R	GCACCAGACTTGCCCTCCA		内参引物

4. cDNA 末端快速扩增(rapid amplification of cDNA end,RACE)技术

5′和 3′RACE 根据 SMART^{TM} RACE cDNA Amplification Kit(Clontech,USA)说明书进行合成,引物和巢式引物见表 3-1,采用降落 PCR 和巢式 PCR 技术。降落 PCR 反应条件:94℃变性 30s,72℃延伸 3min,进行 5 个循环;接着 94℃变性 30s,70℃退火 30s,72℃延伸 3min,5 个循环;最后 94℃变性 30s,68℃退火 30s,72℃延伸 3min,25 个循环。巢式 PCR 反应条件:94℃变性 30s,68℃退火 30s,72℃延伸 3min,25 个循环。产物凝胶回收、纯化和测序同上。

5. 序列分析

核苷酸及其相应氨基酸序列的同源性分析采用 Blast 软件(http://www.ncbi.nlm.nih.gov/blast)进行。氨基酸序列信息用专业蛋白质分析系统(http://www.expasy.org/)进行分析。系统发育树用 MEGA4 软件构建(Tamura et al.,2007),用邻接(neighborjoining,N-J)法、自展分析(bootstrap analysis,1000 重复)估计系统发育树的可靠性(Saitou and Nei,1987)。

6. 荧光定量 PCR

采用相对定量法比较 β-actin 和 18S RNA 两个基因的表达稳定性,最终确定以 18S RNA 作为内参基因,根据 SYBR$^®$Premix Ex Taq^{TM}(Takara,Japan)说明书进行操作,使用 ABI 7500 Fast(ABI,USA)仪器。以 5× 系列稀释的 cDNA 为模板进行定量 PCR,制作标准曲线。选取 3 个代表组织(肌肉、鳃丝、肝)做荧光定量 PCR,每个处理检测 3 次。定量实验时,每次反应都设置阴性对照和无模板对照,每个反应设 3 个复孔。采用比较 C_T 值法进行结果分析(Livak and Schmittgen,2002)。

7. 数据分析

用 SPSS(Ver.19.0)软件的 Duncan 多重比较检验对照组与实验组的差异,$P<0.05$ 表示差异显著。所有的结果均以平均值±标准误来表示。

3.3.2 结果

1. 达氏鳇 *HSP70* 和 *HSP90* cDNA 的克隆和序列分析

运用 DNAMAN 软件,将中间片段、5′RACE 和 3′RACE 测序所得序列进行比对拼接,即得到达氏鳇 *HSP70*(图 3-8)和 *HSP90* 基因(图 3-9)cDNA 全长序列。达氏鳇 *HSP70* 序列全长 2275bp,5′非编码区 85bp,3′非编码区 237bp,可读框(ORF)1953bp,编码由 650 个氨基酸组成的蛋白质,其理论 pI/Mw 为 5.215/71 131.33。

```
                    agtttgcggagcggagacagcgagcagctcttaaaaagaacagcactttaaattctatttatattttcataaacattaaggaacc        85
ATGTCTAAGGGAACAGCTGTTGGCATTGATCTGGGAACCACCTACTCCTGCGTAGGTGTCTTTCAGCATGGCAAAGTTGAAATCATTGCCAACGACCAGGGTAACAGGACCACACCCAGC      205
 M  S  K  G  T  A  V  G [I  D  L  G  T  T  Y  S] C  V  G  V  F  Q  H  G  K  V  E  I  I  A  N  D  Q  G  N  R  T  T  P  S        40
TATGTAGCCTTCACCGACTCAGAGGCTGATCGGCGATGCTGCAAAGAACCAGGTTGCAATGAATCCCACCAACACAGTGTTGATGCTAAGCGTCTGATTGGCCGCAGATTCGAAGAC      325
 Y  V  A  F  T  D  S  E  R  L  I  G  D  A  A  K  N  Q  V  A  M  N  P  T  N  T  V  F  D  A  K  R  L  I  G  R  R  F  E  D        80
GCAGTGGTCCAGTCCGATATGAAGCACTGGCCATTCAACGTCGTGAGTGATGGTGGCCGTCCCAAACTCGAGGTCGAGTACAAGGGGAGACCAAGTCTTTCTACCCTGAGGAAGTCTCT      445
 A  V  V  Q  S  D  M  K  H  W  P  F  N  V  V  S  D  G  G  R  P  K  L  E  V  E  Y  K  G  E  T  K  S  F  Y  P  E  E  V  S       120
TCTATGGTGCTGACCAAGATGAAGGAAATTGCAGAAGCTTACCTCGGAAAGTCTGTGACCAACGCTGTTGTAACTGTGCCAGCATACTTCAACGACTCCCAGCGGCCAGGCCACAAAGGAT      565
 S  M  V  L  T  K  M  K  E  I  A  E  A  Y  L  G  K  S  V  T  N  A  V  V  T  V  P  A  Y  F  N  D  S  Q  R  Q  A  T  K  D       160
GCTGGTACAATAGCTGGCCTTAATGTTCTCCGAATCATCAATGAACCAACTGCTGCTGCTATTGCTTATGGCTTGGACAAGAAGGTTGGAGTTGAAAGAAATGTGCTCATTTTCGATCTG      685
 A  G  T  I  A  G  L  N  V  L  R  I  I  N  E  P  T  A  A  A  I  A  Y  G  L  D  K  K  V  G  V  E  R  N  V  L [I  F  D  L       200
GGCGGTGGCACTTTCGATGTCTCCATCCTGACTATTGAAGATGGAATCTTTGAAGTGAAATCCACCGGCTGGCACACCCATCTCGGTGGAGAAGACTTTGACAACCGCATGGTCAACCAC      805
 G  G  G  T  F  D  V  S  I  L] T  I  E  D  G  I  F  E  V  K  S  T  A  G  D  T  H  L  G  G  E  D  F  D  N  R  M  V  N  H       240
TTCATTGCAGAGTTCAAGCGCAAGTACAAGAAGGACATCAGTGACAACAAGAGAGCTGTTCGCCGTCTCCGCACCGCCTGTGAAAGGGCAAAGCGCACCCTTTCTTCCAGCACCCAGGCC      925
 F  I  A  E  F  K  R  K  Y  K  K  D  I  S  D  N  K  R  A  V  R  R  L  R  T  A  C  E  R  A  K  R  T  L  S  S  S  T  Q  A       280
AGTATTGAAATCGACTCCCTGTACGAGGGGATCGATTTTTACACCTCCATCACCAGGGCTCGTTTTGAGGAGCTGAACGCAGACCTGTTCCGTGGTACTCTGGACCCCGTGGAGAAGTCC     1045
 S  I  E  I  D  S  L  Y  E  G  I  D  F  Y  T  S  I  T  R  A  R  F  E  E  L  N  A  D  L  F  R  G  T  L  D  P  V  E  K  S       320
CTCCGTGATGCCAAGATGGACAAGGCCCAGATCCACGACATTGTGCTGGTCGGAGGATCTACCCGTATCCCCAAGATCCAGAAGCTGCTGCAGGATTTCTTCAACGGGAAGGAGCTCAAC     1165
 L  R  D  A  K  M  D  K  A  Q  I  H  D [I  V  L  V  G  G  S  T  R  I  P  K] I  Q  K  L  L  Q  D  F  F  N  G  K  E  L  N       360
AAGAGCATCAACCCAGATGAGGCCGTTGCCTATGGAGCAGCTGTGCAGGCTGCCATCCTGTCTGGGGACAAGTCTGAGAATGTGCAGGACCTGCTGCTGCTGGACGTCACTCCCCTGTCT     1285
 K  S  I  N  P  D  E  A  V  A  Y  G  A  A  V  Q  A  A  I  L  S  G  D  K  S  E  N  V  Q  D  L  L  L  L  D  V  T  P  L  S       400
CTGGGCATTGAGACCGCCGGTGGGGTCATGACTGTGCTGATCAAGCGTAACACCACTATCCCCACCAAGCAGACCCAGACCTTCACCACCTACTCTGACAACCAGCCCGGTGTGCTCATC     1405
 L  G  I  E  T  A  G  G  V  M  T  V  L  I  K  R  N  T  T  I  P  T  K  Q  T  Q  T  F  T  T  Y  S  D  N  Q  P  G  V  L  I       440
CAGGTCTATGAAGGTGAGCGAGCCATGACCAAGGACAACAACTTGCTGGGCAAGTTTGAGCTGACTGGTATCCCCCCGCCCGCCCGTGGTGTTCCTCAGATCGAGGTCACTTTCGATATT     1525
 Q  V  Y  E  G  E  R  A  M  T  K  D  N  N  L  L  G  K  F  E  L  T  G  I  P  P  A  P  R  G  V  P  Q  I  E  V  T  F  D  I       480
GATGCCAACGGCATCCTGAACGTCTCTGCAGTGGATAAGAGCACTGGCAAGGAGAACAAGATCACCATCACCAATGACAAAGGACGCCTGAGCAAGGAGGATATCGAGCGCATGGTCCAG     1645
 D  A  N  G  I  L  N  V  S  A  V  D  K  S  T  G  K  E  N  K  I  T  I  T  N  D  K  G  R  L  S  K  E  D  I  E  R  M  V  Q       520
GAAGCAGAAGTACAAGTCTGAGGATGTGTCAGCGTGAGAAGGTCTCCTCCAAGAATGCCCTGGAGTCCTACGCTTTCAACATGAAGTCGACTGTGGAGGATGAGAAGCTGGAGGGC     1765
 E  A  E  K  Y  K  S  E  D  D  V  Q  R  E  K  V  S  S  K  N  A  L  E  S  Y  A  F  N  M  K  S  T  V  E  D  E  K  L  E  G       560
AAGATCAGCAATGAGGACAAGCAGAAGATCTTGGAGAAGTGCAACGAGATCATCGGCTGGCTGGATAAGAACCAGACTGCTGAGAAGGAGGAGTATGAGCACCATCAGAAGAACTGGAG     1885
 K  I  S  N  E  D  K  Q  K  I  L  E  K  C  N  E  I  I  G  W  L  D  K  N  Q  T  A  E  K  E  E  Y  E  H  H  Q  K  E  L  E       600
AAGGTGTGCAACCCCATCATCACCAAGCTGTACCAAGGCGCTGGCGGGATGCCAGGTGGCATGCCAGGCGGTATGCCAGGGGGCTTCCCAGGGGCTGGTGCTGCTCCCTCCGGAGGTGGC     2005
 K  V  C  N  P  I  I  T  K  L  Y  Q  G  A  G  G  M  P  G  G  M  P  G  G  M  P  G  G  F  P  G  A  G  A  A  P  S  G  G  G       640
TCATCAGGCCCTACCATCGAGGAGGTCGATTAAagaaacttcgtctcaagaatcgttacccgaaggacccaatctgtaagccaacgctggtcattggctcttcccaaccatctccaagcc     2125
 S  S  G  P  T  I  E  E  V  D  *                                                                                             650
                    atagctgctatgttctgtttgtgatgctggatacttgaatccactgcgtaacttgcagtgtagttgtactgttgctggcaatacattttgagtccaggtgaataaaacctacttgaaat     2245
ccaaaaaaaaaaaaaaaaaaaaaaaaaaaaaa                                                                                             2275
```

图 3-8　达氏鳇 *HSP70* cDNA 全长序列及翻译的氨基酸序列

Fig. 3-8　Full length cDNA nucleotide and deduced amino acid sequences of *HSP70* in *Huso auricus*

方框部分为 *HSP70* 家族签名序列；下划线部分为 *HSP70* 核定位序列；起始密码子和终止密码子用黑体表示

Signature sequences of *HSP70* family are shown in boxes; Nuclear localization signal sequence of *HSP70* is underlined;

The start and stop codons are indicated in bold

```
                                            aagcagtggtatcaacgcagagtacatgggcaattgttttaagaaaccaacaataaatcagtcaag            66
ATGCTGGAAGAAGCGCGCCAAGAAGAGGAGGTGGAGACCTTTGCCTTCCAGGCTGAGATTGCTCAGCTTATGTCTCTAATCATTAATACCTTTTATTCCAACAAGGAAATTTTCCTCAGG            186
 M  L  E  E  A  R  Q  E  E  E  V  E  T  F  A  F  Q  A  E  I  A  Q  L  M  S  L  I  I  N  T  F  Y  S  N  K  E  I  F  L  R   40
GAGATTATCTCTAATGCCTCTGACGCTCTTGACAAATCAGATATGAAAGCTTGACAGACCCCACCAAGCTGGACAGTGGAAAGGAGCTTAAGATTGATATTATTCCTAACAAGAATGAG            306
 E  I  I  S  N  A  S  D  A  L  D  K  I  R  Y  E  S  L  T  D  P  T  K  L  D  S  G  K  E  L  K  I  D  I  I  P  N  K  N  E   80
CGTACCCTGACACTTATTGACACTGGGATTGGCATGACAAAGGCCGACCTCATCAACAACTTGGGAACCATCGCCAAGTCTGGAACCAAGGCTTCCATGGAGGCCCTGCAGGCTGGTGCT            426
 R  T  L  T  L  I  D  T  G  I  G  M  T  K  A  D  L  I  N  N  L  G  T  I  A  K  S  G  T  K  A  S  M  E  A  L  Q  A  G  A   120
GACATATCTATGATTGGTCAGTTTGGTGTTGGTTTCTACTCTGCCTACCTGGTTGCAGAGAAGGTTGTGGTTATCACCAAGCATAACGATGATGAACAATACATCTGGGAGTCCTCTGCT            546
 D  I  S  M  I  G  Q  F  G  V  G  F  Y  S  A  Y  L  V  A  E  K  V  V  V  I  T  K  H  N  D  D  E  Q  Y  I  W  E  S  S  A   160
GGAGGTTCCTTCACCGTCAAAGTTGACACTGGTGAGCCCATTGGCCGTACCAGGGTCATCTTGCACCTGAAGGAAGACCAGACGGAATACATTGAGGACAAGAGGGTCAAGGAGGTT            666
 G  G  S  F  T  V  K  V  D  T  G  E  P  I  G  R  T  R  V  I  L  H  L  K  E  D  Q  T  E  Y  I  E  D  K  R  V  K  E  V   200
GTCAAGAAACACTCCCAGTTTATTGGATACCCCATCACCCTATATGTGGAAAAAGAGCGTGAAAAGGAAATCAGCGATGATGAAGCAGAAGAGGAAAAGACAGAGAAGGAAGAAAAGAAA            786
 V  K  K  H  S  Q  F  I  G  Y  P  I  T  L  Y  V  E  K  E  R  E  K  E  I  S  D  D  E  A  E  E  E  K  T  E  K  E  E  K  K   240
GAAGATGAGGAGGGAGATGAAGAGAAGCCAAAAATTGAGGATGTGGGCTCTGATGAGGACGACTCCAAGGACAAGAAGAAAAAAATCAAGGAGAAGTACATTGACCAAGAG            906
 E  D  E  E  G  D  E  E  K  P  K  I  E  D  V  G  S  D  E  D  D  S  K  D  K  K  K  K  K  K  I  K  E  K  Y  I  D  Q  E   280
GAGTTAAACAAGACCAAGCCTATCTGGACCAGAAATCCTGATGACATCACAACCGAGGAATACGGAGAGTTCTACAAGAGCCTGACCAATGACTGGGAGGACCATCTTGCTGTTAAGCAC            1026
 E  L  N  K  T  K  P  I  W  T  R  N  P  D  D  I  T  T  E  E  Y  G  E  F  Y  K  S  L  T  N  D  W  E  D  H  L  A  V  K  H   320
TTTTCTGTTGAGGGTCAGCTCGAGTTCCGTGCTCTGCTTTTCATCCCCAGACGTGCACCTTTTGACCTTTTTGAGAACAAGAAAAAGAGGAATAACATCAAGCTGTATGTAAGGAGGGTT            1146
 F  S  V  E  G  Q  L  E  F  R  A  L  L  F  I  P  R  R  A  P  F  D  L  F  E  N  K  K  K  R  N  N  I  K  L  Y  V  R  R  V   360
TTCATCATGGACAGCTGTGAAGAGCTCATTCCAGAATACCTGAACTTTGTTCGTGGTGTTGTCGATTCTGAAGACTTGACAATCTCCAGAGAAATGCTGCAACAGAGCAAAATC            1266
 F  I  M  D  S  C  E  E  L  I  P  E  Y  L  N  F  V  R  G  V  V  D  S  E  D  L  P  L  N  I  S  R  E  M  L  Q  Q  S  K  I   400
CTGAGGGTTATTCGCAAGAATAGTTAAGAAATGCATGGAACTCTTTGTTGAGCTGGCTGAGGACAAAGAAAACTACAAGAAGTTATATGATGGCTTCTCCAAGAACCTGAAGCTTGGT            1386
 L  R  V  I  R  K  N  I  V  K  C  M  E  L  F  V  E  L  A  E  D  K  E  N  Y  K  K  L  Y  D  G  F  S  K  N  L  K  L  G   440
ATCCATGAAGATTCCCAGAACCGCAGGAAGCTGTCAGAGCCGTTGAGGTACCACAGCTCTCAGTCTGGGGATGAGATGACCTCTCTGACGGAGTACATCTCCCGCATGAAAGAGAACCAG            1506
 I  H  E  D  S  Q  N  R  R  K  L  S  E  P  L  R  Y  H  S  S  Q  S  G  D  E  M  T  S  L  T  E  Y  I  S  R  M  K  E  N  Q   480
AAATGCATCTACTACATCACTGGTGAAAGCAAGGACCAAGTTGCTAACTCTGCATTTGTTGAGCGTGTGCGCAAGCGTGGCTTTGAGGTGATCTACATGACGGAACCCATTGATGAATAT            1626
 K  C  I  Y  Y  I  T  G  E  S  K  D  Q  V  A  N  S  A  F  V  E  R  V  R  K  R  G  F  E  V  I  Y  M  T  E  P  I  D  E  Y   520
TGTGTACAGCAGCTCAAGGAGTTTGATGGGAAGACTCTTAGTCTCTGTCACCAAGGAGCTGGAACCTCCAGAGGATGAAGAGGAAGAAGAAGAAGAAGGAGGACAAGACTAGATT            1746
 C  V  Q  Q  L  K  E  F  D  G  K  T  L  V  S  V  T  K  E  G  L  E  L  P  E  D  E  E  E  K  K  K  M  E  E  D  K  T  R  F   560
GAGAACCTCTGCAAACTCATGAAGGAGATCCTGGACAAAAAGTTGAAAAAGTCACAGTGTCCAACCGCTTGGTCTCCTCTCCCTGCTGCATTGTCACCAGCACTTATGGCTGGACAGCA            1866
 E  N  L  C  K  L  M  K  E  I  L  D  K  K  V  E  K  V  T  V  S  N  R  L  V  S  S  P  C  C  I  V  T  S  T  Y  G  W  T  A   600
AACATGGAGCGGATCATGAAGGCTCAAGCACTTAGGGATAACTCTACCATGGGTTACATGATGGCCAAGAAGCACTTGGAGATCAATCCAGACCACCCAATTGTTGAAACCCTGAGGCAG            1986
 N  M  E  R  I  M  K  A  Q  A  L  R  D  N  S  T  M  G  Y  M  M  A  K  K  H  L  E  I  N  P  D  H  P  I  V  E  T  L  R  Q   640
AAGGCTGAAGCAGACAAGAATGACAAGGCTGTGAAGGACCTGGTCACCCTCCTGTTTGAGACTGCTCTGCTGTCCTCTGGGTTTTCGCTAGATGATCCTCAGACTCACTCAAATCGCATC            2106
 K  A  E  A  D  K  N  D  K  A  V  K  D  L  V  T  L  L  F  E  T  A  L  L  S  S  G  F  S  L  D  D  P  Q  T  H  S  N  R  I   680
TACAGGATGATCAAACTCGGTCTTGGCATTGATGATGATGAAGTGACAACAGAGGAGCCAGCCACTGCACCCATTCCTGATGAGATTCCACCTCTTGAGGGGGAGGATGATGCTTCCCGC            2226
 Y  R  M  I  K  L  G  L  G  I  D  D  D  E  V  T  T  E  E  P  A  T  A  P  I  P  D  E  I  P  P  L  E  G  E  D  D  A  S  R   720
ATGGAGGAAGTAGATTAAagaccaaagctagcctttttaccctcaatgtggatttatttttatttgaaatactgttaagtgtttttaaagggggcagtaatctggccaataacctgggagtcctg            2346
 M  E  E  V  D  *                                                                                                       725
aaaagttgtacattaacattgatgctgtattggttataaacccagtgttgccttctgtatgcattgtccttttaaatttgtcggcaaatgctactgaggtgtgggtttagcagatggctt            2466
catgcagtgctaaatgtactctcttgcactgagttattgttgaatgtttaaagggactagtgcataagtcagtatggctcatttattttctggattcctggagttgctggatagggat            2586
gaatattcagtgcatcatgcactatttgcatggggaatattagtgctgctcttttaaatcatgtccctgaagtaagaaatgccccttgttctgtctttgtttattttcaatgaaataaac            2706
acttaagctccaaaaaaaaaaaaaaaaaaaaaaaaa                                                                                     2741
```

图 3-9　达氏鳇 *HSP90* cDNA 全长序列及翻译的氨基酸序列

Fig. 3-9　Full length cDNA nucleotide and deduced amino acid sequences of *HSP90* in *Huso dauricus*

方框部分为 *HSP90* 家族签名序列；下划线部分为 *HSP90* 核定位序列；起始密码子和终止密码子用黑体表示

Signature sequences of *HSP90* family are shown in boxes; Nuclear localization signal sequence of *HSP90* is underlined; The start and stop codons are indicated in bold

通过分析氨基酸序列发现，该蛋白质含有 HSP70 家族的 3 个标签序列，分别位于氨基酸序列的 9~16（IDLGTTYS），197~210（IFDLGGGTFDVSIL）和 334~348（IVLVGGSTRIPKIQK）处。达氏鳇 *HSP90* cDNA 序列全长 2718bp，5′非编码区编码 44 个核苷酸，3′非编码区编码 497 个核苷酸，可读框（ORF）2178bp，编码由 725 个氨基酸组成的蛋白质，其理论 pI/Mw 为 4.846/83 623.73。通过分析氨基酸序列发现，该蛋白质含有 HSP90 家族的 1 个标签序列，位于氨基酸序列的 32~41

（YSNKEIFLRE）处。

2. 同源性分析及系统发育树的构建

用 NCBI 的 Blast 对达氏鳇 *HSP70* 和 *HSP90* cDNA 所推导的多肽进行同源检索。取 20 条代表不同分类地位物种的 HSP70 氨基酸全序列与达氏鳇 HSP70 多肽进行相似性比对，发现其与其他生物的 HSP70 具有很高的同源性。利用 Blast 对达氏鳇与小体鲟（*Acipenser ruthenus*，AEK81529）、史氏鲟（*Acipenser schrenckii*，AFM75819）、西伯利亚鲟（*Acipenser baerii*，ADL40977）、凡纳滨对虾（*Litopenaeus vannamei*，AAT46566）、斑马鱼（*Danio rerio*，AAH56709）、大西洋鲑（*Salmo salar*，ACN11053）、底鳉（*Fundulus heteroclitus macrolepidotus*，ABB17041）、牙鲆（*Paralichthys olivaceus*，ABG56390）、人（*Homo sapiens*，NP_005518）、家鼠（*Mus musculus*，ACC85670）、新月鱼（*Xiphophorus maculatus*，BAB72167）、太平洋牡蛎（*Crassostrea gigas*，BAD15286）、近江牡蛎（*Crassostrea hongkongensis*，ACH95805）、拟果蝇（*Drosophila simulans*，EDX13300）、果蝇（*Drosophila auraria*，CAA55168）、刺参（*Apostichopus japonicus*，ACJ54702）、海胆（*Paracentrotus lividus*，Q06248）的 HSP70 氨基酸序列进行同源性比较。结果表明，达氏鳇 HSP70 与小体鲟和史氏鲟的相似性均高达 99%，其次与西伯利亚鲟、凡纳滨对虾、斑马鱼、大西洋鲑、底鳉、牙鲆、人、家鼠、新月鱼、太平洋牡蛎、近江牡蛎、拟果蝇、果蝇、刺参、海胆的相似性分别为 98%、88%、86%、84%、82%、82%、82%、82%、81%、74%、74%、74%、73%、72%、71%，即使与无脊椎动物果蝇的相似性也高达 73%。将上述比对结果用 MEGA 6 软件采用 N-J 法，重复 1000 次，构建 Bootstrap 验证的系统发育树。由图 3-10 可见，达氏鳇 HSP70 与鲟科鱼类的亲缘关系最近，并与大西洋鲑、斑马鱼、牙鲆、底鳉和新月鱼形成鱼类的一个分支，然后与人和家鼠形成哺乳动物的另一个分支；无脊椎动物果蝇和拟果蝇则形成一个与前两个遗传分支距离较远的独立分支；软体动物的太平洋牡蛎和近江牡蛎、棘皮动物的刺参和海胆都分别形成了一个独立分支。另外，取 17 条代表不同分类地位物种的 HSP90 氨基酸全序列与达氏鳇 HSP90 多肽进行相似性比对，发现其与其他生物的 HSP90 具有较高的同源性。利用 Blast 对达氏鳇与小体鲟（*Acipenser ruthenus*，AFA25806）、史氏鲟（*Acipenser schrenckii*，AFS88930）、海湾扇贝（*Argopecten irradians*，ABS50431）、太平洋牡蛎（*Crassostrea gigas*，ABS18268）、黑腹果蝇（*Drosophila melanogaster*，ABG94057）、中华绒螯蟹（*Eriocheir sinensis*，ACJ01642）、中国对虾（*Fenneropenaeus chinensis*，ABM92446）、欧洲鲍（*Haliotis tuberculata*，CAK95235）、人（*Homo sapiens*，NP_031381）、凡纳滨对虾（*Litopenaeus vannamei*，ADU03767）、丝光绿蝇（*Lucilia cuprina*，AEF38377）、团头鲂（*Megalobrama amblycephala*，AGI97008)、家鼠(*Mus musculus*，NP_032328)、紫贻贝(*Mytilus galloprovincialis*，CAE52893)、虹鳟(*Oncorhynchus mykiss*，CDQ59193)、三疣梭子蟹(*Portunus trituberculatus*，ACQ90226)、大西洋鲑(*Salmo salar*，AAD30275)的 HSP90 氨基酸序列进行同源性比较。结果发现，达氏鳇 HSP90 与小体鲟的相似性高达 99%，其次与史氏鲟、海湾扇贝、长牡蛎、黑腹果蝇、中华绒螯蟹、中国对虾、欧洲鲍、人、凡纳滨对虾、丝光绿蝇、团头鲂、家鼠、紫贻贝、虹鳟、三疣梭子蟹、大西洋鲑的相似性分别为 98%、77%、77%、78%、79%、79%、79%、91%、78%、77%、91%、91%、78%、92%、76%、91%。将上述比对结果用 MEGA 6 软件采用 N-J 法，重复 1000 次，构建 Bootstrap 验证的系统发育树。由图 3-11 可见，达氏鳇 HSP90 与史氏鲟和小体鲟的亲缘关系最近，并与大西洋鲑、虹鳟、团头鲂形成鱼类的一个小分支，然后与人和家鼠形成脊椎动物的一个分支；海湾扇贝和长牡蛎、欧洲鲍和紫贻贝形成软体动物的一个分支；中国对虾、凡纳滨对虾、中华绒螯蟹、三疣梭子蟹则形成了甲壳动物的一个小分支，然后与节肢动物黑腹果蝇和丝光绿蝇形成一个独立分支，最后与脊椎动物和软体动物的一支汇聚成一个整体。

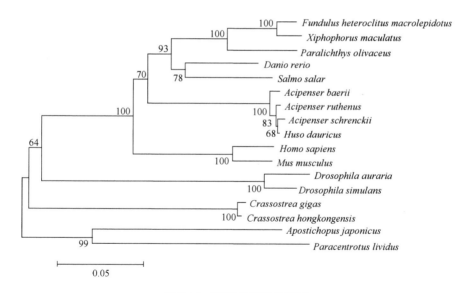

图 3-10　HSP70 系统发育树

Fig. 3-10　Phylogenetic tree of HSP70

分支上的数字表示 1000 次 Bootstrap 验证中该分支可信度

Numbers on the nodes show confidence level of Bootstrap confirmation，the sam below

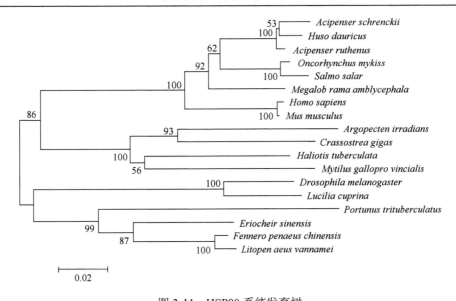

图 3-11　HSP90 系统发育树

Fig. 3-11　Phylogenetic tree of HSP90

3. 温度胁迫下 *HSP70* 和 *HSP90* 基因的表达分析

温度胁迫实验中，检测了肌肉、鳃丝和肝中的 *HSP70* 和 *HSP90* mRNA 表达量，以 16℃组的 *HSP70* 和 *HSP90* mRNA 表达量作为对照，分别做了低温胁迫（4℃、10℃）和高温胁迫（25℃、28℃）实验。结果显示，在 4℃处理下，肌肉、鳃丝、肝中 *HSP70* 和 *HSP90* mRNA 表达量均是最高（图 3-12，$P<0.05$）。在肌肉组织中，低温胁迫下 *HSP70* 和 *HSP90* mRNA 表达量逐渐升高，在 4℃时表达量最高（图 3-12A，$P<0.05$）；高温胁迫后，*HSP70* mRNA 表达量先升高后下降，而 *HSP90* mRNA 表达量与对照组无显著差异（图 3-12A，$P>0.05$）。在鳃丝组织中，低温胁迫下 *HSP70* 和 *HSP90* mRNA 表达量逐渐升高，在 4℃时表达量最高（图 3-12B，$P<0.05$）；高温胁迫后，*HSP70* mRNA 表达量缓慢上升，25℃和 28℃时 *HSP90* mRNA 表达量显著高于对照组（图 3-12B，$P<0.05$），但两组之间无显著差异（图 3-12B，$P\geqslant0.05$）。在肝组织中，低温胁迫下 *HSP70* 和 *HSP90* mRNA 表达量逐渐升高，在 4℃时表达量最高（图 3-12B，$P<0.05$）；高温胁迫后，*HSP70* mRNA 表达量缓慢上升，25℃和 28℃时 *HSP90* mRNA 表达量显著高于对照组（图 3-12B，$P<0.05$），但两组之间无显著差异（图 3-12B，$P\geqslant0.05$）。在肝组织中，低温胁迫下 *HSP70* 和 *HSP90* mRNA 表达量逐渐升高，在 4℃时表达量最高（图 3-12C，$P<0.05$）；高温胁迫后，*HSP70* 和 *HSP90* mRNA 表达量变化趋势均是逐渐上升，在 28℃时达到最高（图 3-12C，$P<0.05$）。

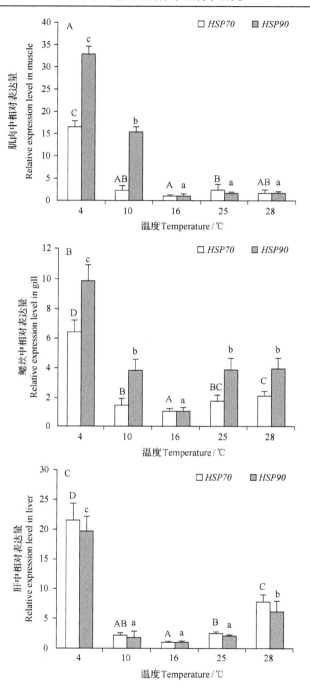

图 3-12　不同温度胁迫后达氏鳇 *HSP70* 和 *HSP90* mRNA 在肌肉、鳃丝和肝中相对表达量（*n*=3）
Fig. 3-12　The relative expression level of different temperature stressed of *HSP70* and *HSP90*
mRNA in muscle、gill and liver of *Huso dauricus*（*n*=3）
不同字母表示差异显著（$P<0.05$），下同
Different letters indicate significant difference（$P<0.05$），the same below

4. 盐度胁迫下 *HSP70* 和 *HSP90* 基因的表达分析

　　盐度胁迫实验中，同样检测了肌肉、鳃丝和肝中 *HSP70* 和 *HSP90* mRNA 的表达量，以盐度 0 组的 *HSP70* 和 *HSP90* mRNA 表达量作为对照，做了盐度 10、20、30 和 40 的处理。结果显示，在肌肉组织中，*HSP70* 和 *HSP90* mRNA 表达量的变化趋势是逐渐上升，均是在盐度 40 时达到最大(图 3-13A，$P<0.05$)。在鳃丝组织中，*HSP70* mRNA 表达量变化是先下降后上升再下降最后上升，在 40 时最高(图 3-13B，$P<0.05$)，其中盐度 10 和 30 时 *HSP70* mRNA 表达量显著低于对照组；*HSP90* mRNA 表达量变化是先上升，在盐度为 20 达到最大，然后再下降(图 3-13B，$P<0.05$)。在肝组织中，*HSP70* mRNA 表达量变化是先下降后上升再下降最后上升，在盐度 40 时最高(图 3-13C，$P<0.05$)，其中盐度为 10 时 *HSP70* mRNA 表达量显著低于对照组；*HSP90* mRNA 表达量变化是先上升，在盐度 20 时达到最大，然后再下降，在盐度 40 时降到最低。

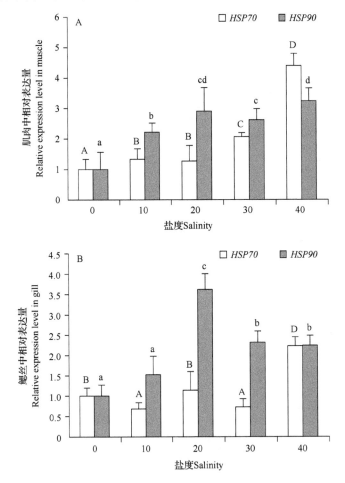

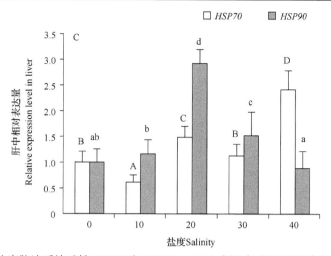

图 3-13　不同盐度胁迫后达氏鳇 *HSP70* 和 *HSP90* mRNA 在肌肉、鳃丝和肝中相对表达量($n=3$)

Fig. 3-13　The relative expression level of different salinity stressed of *HSP70* and *HSP90* mRNA in muscle, gill and liver of *Huso dauricus*($n=3$)

5. *HSP70* 和 *HSP90* 基因的组织分布表达分析

荧光定量 PCR 结果显示，达氏鳇 *HSP70* 和 *HSP90* 基因在肌肉、鳃丝、脑、须、心脏、肝、脾、胃、肠道、鳔和性腺 11 种组织中都有表达(图 3-14)。肠道中 *HSP70* 和 *HSP90* mRNA 的表达量均最高，肌肉中两者的表达量均是最低。除了肝中 *HSP70* mRNA 表达量与肌肉差异不显著($P \geqslant 0.05$)外，其余各组织的表达量均显著高于肌肉($P < 0.05$)。数据分析发现，在检测的 11 种组织中，*HSP90* mRNA 的表达量均高于 *HSP70* mRNA，并且 *HSP90* mRNA 和 *HSP70* mRNA 表达量变化的趋势是一致的。

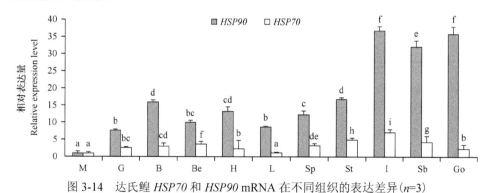

图 3-14　达氏鳇 *HSP70* 和 *HSP90* mRNA 在不同组织的表达差异($n=3$)

Fig. 3-14　The relative expression level of *HSP70* and *HSP90* mRNA in different tissues of *Huso dauricus*($n=3$)

M.肌肉；G.鳃丝；B.脑；Be.须；H.心脏；L.肝；Sp.脾；St.胃；I.肠道；Sb.鳔；Go.性腺

M.Muscle; G. Gill; B. Brain; Be.Beard; H.Heart; L.Liver; Sp.Spleen; St.Stomach; I.Intestine; Sb.Swim bladder;Go.Gonad

3.3.3 讨论

本研究采用RT-PCR和RACE方法,经分离克隆获得了达氏鳇 *HSP70* 和 *HSP90* cDNA 全序列。*HSP70* cDNA 序列长 2275bp,包括 3′和 5′非编码区及完整可读框的编码区,共编码 650 个氨基酸。*HSP90* cDNA 序列长 2718bp,同样包括 3′和 5′非编码区及完整可读框的编码区,共编码 725 个氨基酸。氨基酸序列分析发现,达氏鳇 HSP70 中含有 HSP70 家族的 3 个标签序列,HSP90 只有 1 个家族标签序列。与所有真核生物一样,达氏鳇 HSP70 和 HSP90 在 C 端也都具有高度保守的细胞质特异性调控基序 EEVD(谷氨酸→谷氨酸→缬氨酸→天冬氨酸)(Demand et al.,1998;Vayssier et al.,1999;Ivanina et al.,2008;Yenari et al.,1999),说明达氏鳇 HSP70 和 HSP90 主要存在于细胞质中。一些研究者指出,很多种类在 HSP70 蛋白 C 端含有可能调节涉及调节蛋白伴侣间 HSP70 和 HSP90 及多伴侣复合体的保守的 4 肽 GGMP 重复序列(Scheufler et al.,2000;Piano et al.,2005)。本研究发现达氏鳇 HSP70 有 3 个 GGMP 重复序列,而在 HSP90 中没有发现此重复序列。Manchado 等(2008)测定 HSP90 家族含有两个亚基,即 HSP90α 和 HSP90β。HSP90α 可高度表达,在细胞生长、凋亡等细胞周期中发挥重要的调节作用;HSP90β 的主要作用是通过参与维持细胞结构、细胞分化、细胞防御等过程来维护细胞正常的生理功能。Blast 分析表明,本研究所获得的达氏鳇 *HSP90* cDNA 序列与 HSP90β 亚基基因高度相似,推断本研究所得达氏鳇 *HSP90* cDNA 是 HSP90β 基因。

同源性分析表明,达氏鳇 HSP70 与其他脊椎动物 HSP70 的氨基酸序列相似性高达81%以上,与无脊椎动物果蝇的相似性也高达73%,其中达氏鳇与小体鲟和史氏鲟的亲缘关系最近,相似性均高达99%。HSP70 系统发育树分析将达氏鳇与小体鲟、史氏鲟、西伯利亚鲟、大西洋鲑、新月鱼、底鳉、牙鲆和斑马鱼聚在鱼类的一个分支上,这与传统的分类结果是一致的(图 3-3)。达氏鳇 HSP90 与其他脊椎动物 HSP90 的氨基酸序列相似性高达91%以上,与软体动物相似性达77%以上,与甲壳动物相似性达76%以上,与无脊椎动物黑腹果蝇相似性高达78%,其中达氏鳇与鲟科鱼类的亲缘关系最近,相似性高达98%以上。HSP90 系统发育树分析将达氏鳇与小体鲟、史氏鲟、团头鲂、大西洋鲑和虹鳟聚在鱼类的一个分支上,也与传统分类结果相一致(图 3-4)。

运用荧光定量PCR分析达氏鳇 *HSP70* 和 *HSP90* 基因在组织表达的结果显示,在肌肉、鳃丝、脑、须、心脏、肝、脾、胃、肠道、鳔和性腺 11 个组织中都发现 *HSP70* 和 *HSP90* mRNA 均有表达,这说明这两个基因广泛分布于达氏鳇组织器官中,对达氏鳇神经系统、感觉器官、免疫功能、消化功能和繁殖都有影响。同时,在肠道组织中,*HSP70* 和 *HSP90* mRNA 表达量均是最高,预示着这两个基因与达氏鳇消化功能相关联;很多研究已经显示 HSP 在消化器官中具有细胞调节功能,这对细胞适应环境胁迫是必需的(Jin et al., 1999；Otaka et al., 1997)。在肌肉组织中，*HSP70* 和 *HSP90* mRNA 表达量最低。Zakhartsev 等(2005)也发现大西洋鳕的 *HSP70* mRNA 在肌肉中的表达量也最低。值得关注的是，在须和鳔中，*HSP70* 和 *HSP90* mRNA 都有表达，这说明这两个基因对感觉和平衡方面也有影响(Fu et al., 2014；Lin et al., 2009；Liu et al., 2004)。热激蛋白家族成员之间的关系和作用通常是紧密联系的，Wegele 等(2004)总结了 HSP70 和 HSP90 之间的协同作用。数据分析显示，在检测的 11 种组织中，HSP70 和 HSP90 表达量的变化趋势是一致的，并且 HSP90 的表达量均高于 HSP70，推测 HSP70 和 HSP90 在达氏鳇机体中发挥的作用是相似的，这与 Wegele 等(2004)的结论是一致的，但是否说明 HSP90 发挥的作用比 HSP70 大还需要进一步验证。HSP70 和 HSP90 在正常和胁迫条件下均可表达而且与转录水平相关(Waagner et al., 2010；Wan et al., 2007)。

　　温度和盐度是鱼类生存环境中非常重要的生态因子，其在运输过程中也常常面临温度和盐度的胁迫，本书意在研究温度和盐度胁迫对达氏鳇热激蛋白的影响，从分子水平上探讨达氏鳇对抗环境胁迫的响应。本研究发现温度和盐度胁迫下肌肉、鳃丝、肝中 *HSP70* 和 *HSP90* 基因表达水平与未胁迫对照组相比有显著变化(图 3-12，图 3-13，$P < 0.05$)，这与其他研究结果相一致(Palmisano et al., 2000；Manzerra et al., 1997；Lang et al., 2000)。本研究还发现，达氏鳇对温度和盐度胁迫响应时的基因表达具有组织特异性。其中，在 4℃ 处理下，*HSP70* 和 *HSP90* mRNA 表达量均是最高，表明在冷应激下达氏鳇 *HSP70* 和 *HSP90* 基因都发挥了重要的作用。达氏鳇野生种群生活在中国东北的黑龙江流域，冬季后江面冰封，达氏鳇生活于严寒的江水中，本研究预示着 *HSP70* 和 *HSP90* 基因在达氏鳇度过严寒环境中发挥了非常重要的作用。相反，在 25℃ 和 28℃ 处理下，达氏鳇 *HSP70* 和 *HSP90* mRNA 相对于 4℃ 时表达量变化不大，说明达氏鳇 *HSP70* 和 *HSP90* 基因对热应激的敏感程度并如不冷应激，这也许是由达氏鳇长期生活于低温环境导致的。综合分析高温和低温胁迫，我们认为相对于高温刺激，低温刺激下达氏鳇 *HSP70* 和 *HSP90* mRNA 表达量变化更大。各盐度胁迫下，达氏鳇 *HSP70* 和 *HSP90* mRNA 表达量变化不大。Deane 和 Woo(2004)发现黄锡鲷(*Sparus sarba*)在盐度胁迫下肝和肾 *HSP70* mRNA 的表达量与 Palmisano 等(2000)发现大鳞鲑(*Oncorhynchus tshawytscha*)在盐度胁迫下鳃和肝 *HSP90* mRNA 表达量均变化不明显。这说明达氏鳇能够比较好地应对体内渗透压的变化。在水产养殖中，人们通常使用盐度为 30～50 的水给鱼体消毒，并且在运输过程中使用具一定盐度的水(Carneiro and Urbinati, 2001)，本研究可以很好地证明在分子水平上达氏鳇能够适应这些水体盐度的变化。本书只做了温度、盐度单因素对达氏鳇 *HSP70* 和 *HSP90* 基因的影响，并未涉及温度和盐度的交互作用与它们的关系。

　　总之，本研究首次克隆了达氏鳇 *HSP70* 和 *HSP90* cDNA 全长序列。采用 qPCR

方法分析了 *HSP70* 和 *HSP90* mRNA 表达量在达氏鳇各组织的分布情况，为后续的研究提供了理论依据。温度和盐度胁迫对达氏鳇 HSP70 和 HSP90 产生了很大的影响，说明 HSP70 和 HSP90 能很好地响应环境的变化，对机体起到保护作用。本研究为保护达氏鳇的人工种群提供了理论基础，同时为冷水性淡水鱼对胁迫响应的研究提供了数据参考。

3.4　达氏鳇生长激素全长 cDNA 的克隆与序列分析

关于达氏鳇分子生物学的研究较少（牛翠娟等，2010）。本团队通过对比生长激素基因的保守序列进行引物的设计，采用 RT-PCR 和 RACE 技术首次克隆出达氏鳇生长激素基因全长 cDNA，应用此序列对达氏鳇的分子系统进化进行比对研究，旨在为从分子水平研究达氏鳇生长激素的作用机制、进化机制，以及在形态分类基础上研究达氏鳇的分类地位提供理论依据。

3.4.1　材料与方法

1. 材料

达氏鳇亲鱼取自云南阿穆尔鲟鱼集团有限公司，2013 年 11 月运抵大连海洋大学水生生物重点实验室暂养。实验用鱼均属 1 龄，平均体重为 1.5kg，体长 65cm。

2. 引物设计

鱼类生长激素（growth hormone，GH）具有较高的保守性，通过比较鲟科鱼类中欧洲鳇（*Huso huso*，HQ166628.1）、西伯利亚鲟（*Acipenser baerii*，JX947839.1）、史氏鲟（*Acipenser schrenckii*，KC460212.2）等的生长激素 cDNA 序列的同源性，应用 Primer 5.0 软件在生长激素基因 cDNA 序列可读框（ORF）的上下游区域设计一对特异性引物 S1、A1。根据中间片段设计 3′、5′端引物，其中降落 PCR 引物为 G1、G2，巢式 PCR 引物为 N1、N2。引物由北京全式金生物技术有限公司合成。

S1:CTACCCTATGATTCCACTATCC
A1:TCCCATTGCTATGCCTTTA
G1:CAAACACTCGGTCGGAGGTGCTGAAC
G2:TCCAGATGAGCAGCGTCACTCCAGC
N1:GCTATTGGTGAAAACACGGCTCAGGGAC
N2:CTACTCTGAGACCATCCCTGCTCCCACC

3. 达氏鳇脑垂体 RNA 提取

脑垂体在液氮中研磨成粉状，加入 1mL 总 RNA 提取试剂裂解细胞，经 200μL 氯仿分层、500μL 异丙醇沉淀、1mL 75%乙醇洗涤后，用 20μL 无 RNA 酶水溶解 RNA，并用琼脂糖凝胶电泳、超微量分光光度计检测其完整性、纯度及浓度，于 −80℃保存。

4. 达氏鳇 *GH* cDNA 第一链的合成及 PCR 扩增

取 2.0μL 的总 RNA 作为模板，采用普洛麦格(北京)生物技术有限公司的反转录试剂盒在 20μL 的体系中合成第一条 cDNA 链。反应条件：42℃孵育 15min，95℃ 加热 5min，冰浴 5min，于−20℃保存。以 1.0μL 的 cDNA 作为模板，应用引物 S1、A1 在 50μL 的体系中进行 PCR 扩增。反应条件：变性 94℃预变性 5min；94℃变性 30s，53℃退火 30s，72℃延伸 1min，30 个循环；72℃延伸 10min。采用北京全式金生物技术有限公司的凝胶快速纯化试剂盒进行纯化、回收。

5. 达氏鳇 *GH* cDNA 3′和 5′端扩增

采用 TaKaRa 公司 SMARTer™ RACE cDNA 扩增试剂盒及引物 G1、G2、N1、N2 进行 RACE 扩增。其中应用引物 G1、G2 进行降落 PCR 扩增，反应条件：94℃ 变性 30s，72℃延伸 2min，5 个循环；94℃变性 30s，70℃退火 30s，72℃延伸 2min，5 个循环；94℃变性 30s，68℃退火 30s，72℃延伸 2min，25 个循环。应用引物 N1、N2 进行巢式 PCR 扩增，反应条件：94℃变性 30s，68℃退火 30s，72℃延伸 2min，25 个循环。取 5μL PCR 产物进行琼脂糖凝胶电泳检测，并采用北京全式金生物技术有限公司的凝胶快速纯化试剂盒进行纯化、回收。

6. PCR 产物克隆及测序、拼接

采用北京全式金生物技术有限公司的 pEASYTM -T1 克隆试剂盒将 3′、5′PCR 产物与 pEASYTM -T1 载体连接，并转化至 Trans-T1 感受态细胞(北京全式金生物技术有限公司)中。利用 PCR 技术在含有氨苄西林(Amp)的平板上进行蓝白斑的筛选，反应条件：94℃预变性 10min；94℃变性 30s，55℃退火 30s，72℃延伸 1min，30 个循环；72℃延伸 10min。3′、5′端阳性克隆进行双向测序[由生工生物工程(上海)有限公司完成]。应用 Primer 5.0、NCBI 等对序列进行拼接。

7. 序列分析及系统发育树的构建

在 GenBank 中找出鲟形目生长激素的 cDNA 序列，应用 DANMAN 将此序列与所克隆序列对齐，总结分析碱基和编码的氨基酸的组成特点。同时以雀鳝

目鱼类、家鼠和人为外群，氨基酸序列为分子标记，用 MEGA 4 软件中的 N-J 法构建系统发育树，用 Bootstrap 进行发育树的评估，用一致性指数来衡量分析结果的可靠性。

3.4.2　结果

1. 达氏鳇脑垂体总 RNA 提取

提取达氏鳇脑垂体总 RNA，经 1.2%凝胶电泳检测可看到 5S、18S、28S 条带明显、清晰、无拖尾，且 28S 条带亮度大约是 18S 条带亮度的 2 倍，表明 RNA 较完整。超微量分光光度计测得 OD_{260}/OD_{280} 值为 1.8~2.0，表明 RNA 纯度较好，无蛋白质和 DNA 污染（图 3-15A），可进行后续实验。

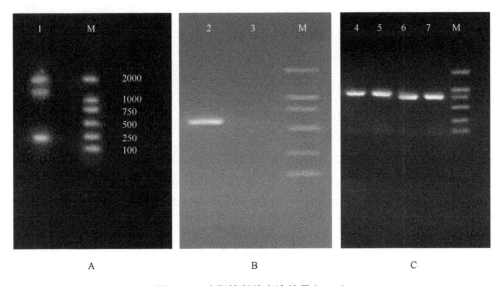

图 3-15　琼脂糖凝胶电泳结果（1.2%）

Fig. 3-15　Agrose gels（1.2%）

A.达氏鳇脑垂体总 RNA 提取物；B.采用特异引物的 RT-PCR 结果；C.3′、5′RACE 结果；M.DNA 分子质量标准 DL2000；1.总 RNA；2.采用特异性引物 S1、A1 的 RT-PCR；3.阴性对照；4、5.3′端巢式 PCR；6、7.5′端巢式 PCR

A.The total RNA of pituitary in *Huso dauricus*; B.The results of RT-PCR with specific primers; C.The results of 3′RACE and 5′ RACE; M.DL2000 DNA marker; 1.Total RNA; 2.T-PCR product with specific primers S1 and A1; 3.Negative control; 4、5.The nested PCR product of 3′RACE; 6、7.The nested PCR product of 5′RACE

2. 达氏鳇生长激素基因的克隆及分析

采用 RT-PCR 方法得到达氏鳇生长激素中间片段（图 3-15B）、采用 RACE 方法得到 3′、5′端片段（图 3-15C），序列进行拼接得到达氏鳇生长激素基因全长

cDNA（图 3-16），其长度为 1006bp，包含 47bp 的 5′非编码区和 314bp 的 3′非编码区（含 PolyA 尾 30bp），645bp 的可读框（ORF），经 Blast 分析此可读框的碱基组成中 GC 含量为 48.68%，AT 含量为 51.32%，编码 214 个氨基酸，分子质量为 24.25kDa，理论等电点为 6.82。翻译起始密码为 ATG，终止密码为 TAG。基因序列和推测的蛋白序列已登记入 GenBank，序列号为 KP055783。

```
   1                                          acatggggaaaacacattgaaagctctaatcgaccaaaaactgaacg
  48   atggcatcaggtctgcttctgtgtccagtgctgctggttatattgctggtctctccgaaagagtcccgggcctaccct
       M  A  S  G  L  L  L  C  P  V  L  L  V  I  L  L  V  S  P  K  E  S  R  A  Y  P
 126   atgattccactatccagtctttcacaaacgctgtgctcagagcacagtaacctacaccagcttgctgcagacatttac
       M  I  P  L  S  S  L  F  T  N  A  V  L  R  A  Q  Y  L  H  Q  L  A  A  D  I  Y
 204   aaagattttgagcgtacctatgttccagtgagcagcgtcactccagcaaaaactccccgtcagcattctgctactct
       K  D  F  E  R  T  Y  V  P  D  E  Q  R  H  S  S  K  N  S  P  A  F  C  Y  S
 282   gagaccatccctgctccaccggcaaagtgaggcccagcagcgatcagacgtggagctgcttcagttttcctggct
       E  T  I  P  A  P  T  G  K  D  E  A  Q  Q  R  S  D  V  E  L  L  Q  F  S  L  A
 360   ctcatccagtcctggattagtccctgcagtccctgagccgtgttttcaccaatagcctggtgttcagcacctcgac
       L  I  Q  S  W  I  S  P  L  Q  S  L  S  R  V  F  T  N  S  L  V  F  S  T  S  D
 438   cgagtgtttgagaaactgaaagatctggaggaaggcattgtggctctcatgagggatctgggggaaggcagttttgga
       R  V  F  E  K  L  K  D  L  E  E  G  I  V  A  L  M  R  D  L  G  E  G  S  F  G
 516   agttctactttgctgaagctcacttatgataagtttgatgtcaacctaagaaacgatgatgctgtgtttaaaaattat
       S  S  T  L  L  K  L  T  Y  D  K  F  D  V  N  L  R  N  D  D  A  V  F  K  N  Y
 594   gggcttttaagctgtttaagaaagatatgcacaaagtggagacgtacctgaaagtgatgaagtgcaggcgttttgtg
       G  L  L  S  C  F  K  K  D  M  H  K  V  E  T  Y  L  K  V  M  K  C  R  R  F  V
 672   gagagcaactgtactctgtag
       E  S  N  C  T  L  *
 693   aaaagagcagacatgagttaaaaactgtcttactcttttatatcattaaaataaagacatagcaatgggaagttttag
 771   taatcatactcttttctttcgtgtcggcttgcaatcaaaactgttttaactagctttttttgtttcacatgtatatag
 849   cattattttaaaaaaattgagtactatgattttgttttcaagatctttcatagtcatggcttgctgaattctataat
 927   gcaaatgtatgacttcatatttcaataaaagtatgccatgtgcagtaccaaaaaaaaaaaaaaaaaaaaaaaaaaaaa
1005   gt
```

图 3-16 达氏鳇生长激素基因全长 cDNA 序列及其推导的氨基酸序列

Fig. 3-16 Nucleotide sequence of *Huso dauricus* growth hormone gene cDNA and the deduced amino acid sequence

终止密码子用"*"表示

The termination coden is indicated by "*"

3. 几种鱼类生长激素蛋白序列同源性比较和分子进化分析

利用生物学软件 DNAMAN 对预测的达氏鳇 GH 成熟肽氨基酸序列与已报道的欧洲鳇、达氏鲟（KJ650095.1）、波斯鲟（KC414002.1）、西伯利亚鲟、俄罗斯鲟（AY941176.1）、中华鲟（EU599640.2）的 GH 成熟肽氨基酸序列进行氨基酸对比。对比结果（图 3-17）显示，达氏鳇与其他鲟形目鱼类的氨基酸几乎相同，其一致性高达 98.89%。

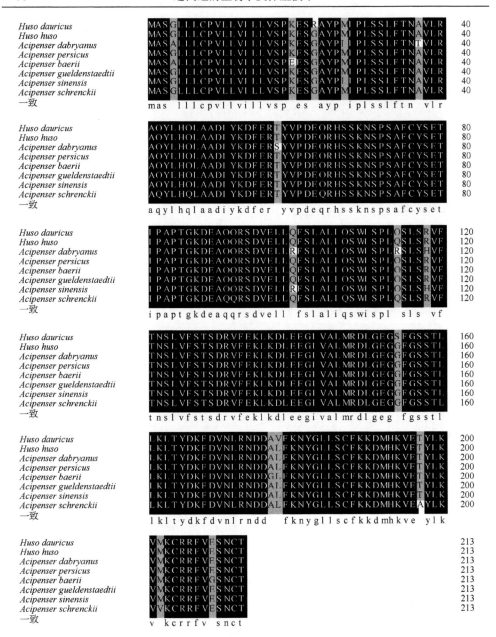

图 3-17　鲟形目鱼类生长激素氨基酸序列比对结果

Fig. 3-17　The alignment of the GH deduced amino acid sequence from Acipenseriformes

黑色为相同的蛋白质，灰色为不同的蛋白质，Black are the same protein, gray are not the same

　　实验选取了欧洲鳇、达氏鲟、中华鲟作为内群，长吻雀鳝（*Lepisosteus osseus*）（S82528.1）、大雀鳝（*Lepisosteus spatula*）（AY738587.1）、家鼠（BC061157.1）、人（Human）（M13438.1）作为外群，利用 BioEdit、MEGA 4 软件进行生长激素成熟肽

氨基酸序列同源性分析及系统发育树聚类分析。同源性分析结果(图 3-18)显示，达氏鳇与鳇属的欧洲鳇同源性最高为 98.5%，歧化性为 1.4%；与其他物种的同源性大多都低于 20%，歧化性较高，最高达 61.6%。结果表明，分类地位越近，其氨基酸序列的同源性越高，歧化性越低。使用 N-J 法建立系统发育树，结果(图 3-19)显示达氏鳇与哺乳类动物如家鼠和人的亲缘关系最远，与雀鳝目鱼类的亲缘关系较远，而与 3 种鲟形目鱼类有较近的亲缘关系。上述结果反映出的进化关系与根据传统形态学及生化特征分类得到的各物种的进化地位相一致。

同源性Identity/%

歧化性Divergence/%	1	2	3	4	5	6	7	8
1		98.5	95.3	97.1	13	3.7	6	7.8
2	1.3		96.7	98.5	13.5	3.7	6	7.8
3	4.1	2.7		98.1	13.0	3.7	6	7.3
4	2.7	1.3	1.3		13.5	3.7	6	7.8
5	22.3	22.3	24	22.3		5.6	5.5	11
6	23.2	23.2	24.8	23.2	0.7		6	5.5
7	34.7	34.7	35.7	34.7	39.6	40.5		25.3
8	61.6	61.6	61.6	60.4	60.4	61.6	37.6	

图 3-18　达氏鳇与其他动物生长激素氨基酸的同源性和歧化性分析结果

Fig. 3-18　The identity and divergence of GH amino acid sequence in *Huso dauricus* and other animals

1.达氏鳇；2.欧洲鳇；3.达氏鲟；4.中华鲟；5.长吻雀鳝；6.大雀鳝；7.家鼠；8.人

1.*Huso dauricu*; 2.*Huso huso*; 3.*Acipenser dabryanus*; 4.*Acipenser sinensis*; 5.*Lepisosteus osseus*; 6.*Lepisosteus spatula*; 7.*Mus musculus*; 8.Human

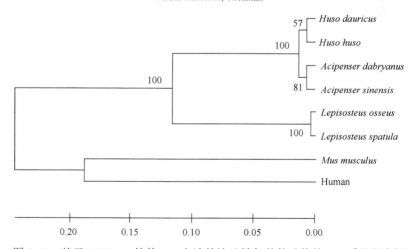

图 3-19　基于 MEGA 4 软件 N-J 方法的达氏鳇与其他动物的 GH 系统发育树

Fig. 3-19　The phylogenetic tree inferred from *Huso dauricus* and other animals GH amino acid sequence in MEGA 4 by using N-J method

3.4.3　讨论

生长激素是由动物脑垂体分泌的一种具单一肽链的蛋白激素。鱼类生长激素分子质量为 22kDa 左右，编码 200 个左右氨基酸。在鱼类中，同一种类的生长激素的氨基酸组成几乎相同，而不同鱼类之间有较大的差异，表现出明显的种属特异性(林浩然，1999)。鱼类生长激素除具有促进机体生长发育，加速蛋白质合成、脂类降解(韦家永和薛良义，2004)的功能外，还具有提高饵料转化率、调节海河洄游性鱼类鱼体渗透压等作用，因此在水产养殖领域有巨大的应用价值(王树启等，2005)。自 20 世纪 80 年代以来，国内外诸多学者对鱼类生长激素基因进行了研究，虹鳟(Agellon et al.，1988)、鲤(Chao et al.，1989；白俊杰和马进，1999)、鲢鳙和草鱼(Cang et al.，1992)、巨鲇(Lemaire et al.，1994)、金鱼(Law et al.，1996)、印度鲇(Anathy et al.，2001)、南方鲇(宋平等，2002)、斜带石斑鱼(张为民等，2003)、尼罗罗非鱼(马细兰等，2006)、革胡子鲇(杨学明等，2008)等鱼类的生长激素基因相继被分离和克隆出来，并且多种鱼类的 *GH* cDNA 在大肠杆菌和酵母中得到表达，而且与天然生长激素的活性保持一致(Sekine et al.，1985；Rentier-Delrue et al.，1989)。

本实验采用 RT-PCR、RACE 技术首次成功地克隆出了达氏鳇 *GH* 基因，从该基因的核酸序列推测出 GH 蛋白的一级结构。由于测序样品采用了同一平板的 2 个单菌落，因此排除了 PCR 过程中的误差，而且采用的是双向测序，结果对比未见明显差异，所以序列是可靠的。虽然在 1006bp 的序列中有个别碱基不同，但其编码的氨基酸序列仅有几个存在差异，因此我们认为该 cDNA 片段为达氏鳇生长激素基因。

实验通过达氏鳇 *GH* cDNA 序列推测出其成熟蛋白序列，与其他鲟形目鱼类成熟生长激素的氨基酸序列进行了比对分析，结果表明，鲟形目鱼类生长激素基因具有高度的保守性，与已报道的鲟形目鱼类相同，都具有 5 个半胱氨酸残基，形成两对二硫键，因此影响生长激素的正常折叠，对维持其空间结构及发挥有效的生理功能有显著作用(Lemaire et al.，1994)。其他目鱼类大多只具有 4 个半胱氨酸残基。鲤科和鲑科鱼类的 GH 中，有 2 个 N-糖基化位点，而在达氏鳇的 GH 氨基酸序列中只在第 211 位上存在 Asn-Cys-Thr 糖基化位点。一些学者(Zhu et al.，1992；Ber and Daniel，1992；Tang et al.，1993)的研究表明，在脊椎动物中(包括哺乳动物、鸟类、淡水鱼)*GH* 基因的外显子与内含子比例一般为 5∶4，如鲤、草鱼等的 *GH* 基因都具有 5 个外显子、4 个内含子；而在咸水鱼、半咸水鱼中，其比例为 6∶5，如尼罗罗非鱼、澳洲肺鱼等的 *GH* 基因均具有 6 个外显子、5 个内含子。经分析，达氏鳇具有 5 个外显子、4 个内含子，与上述结论相同。

生长激素是胚胎生长发育阶段的重要调控因子，包括细胞的定向分化及肢体的发育等阶段。本实验成功克隆了达氏鳇 *GH* 基因，并且对其氨基酸序列进行了系统发育树的量化分析，反映出的进化关系与根据传统形态学及生化特征分类得到的各物种的进化地位相一致。其中，鲟属和鳇属在进化分类点上获得了 100 的 Bootstrap 支持率；鲟属内部的支持率为 81；而鳇属内部支持率为 57，可能是因为设计生长激素基因特异性引物时欧洲鳇的 *GH* 过短，只有 647bp，所以设计时更多地参照了鲟属的物种，从而导致了鳇属内部支持率不高。总的来说，鲟属、鳇属生长激素基因具有高度的进化意义，适合构建系统发育树，并且能够充分反映不同物种间的系统进化地位。因此，*GH* 基因可以作为一种可靠的分子标记基因用于动物分类研究；同时通过转基因可能解决达氏鳇生长速度缓慢这一问题。Rahman 等(1998)认为，转植生长激素基因与受体生长激素基因的同源性越高，转植生长激素基因促生长的作用越明显。因此，达氏鳇生长激素基因的克隆也为选择和构建合适的转植基因重组子奠定了基础。

第4章 达氏鳇的人工繁殖技术

4.1 池塘选择及设施建设

池塘的选择及基础设施建设对达氏鳇的生态健康养殖至关重要。尤其对于集约化工厂养殖，基础设施的建设就更为重要。基础设施的建设主要包括水源、暂养池、苗种培育池和成鱼养殖池的建设；还包括对池塘的整理分配，网箱养殖时网箱的制作，养殖机械的购置。

4.1.1 水源建设

达氏鳇对水质的要求较高。养殖用水应该保证清新、低温及无致病源。若进行中、大规模的商品养殖，最好在养殖基地打井，开采地下水，地下水水温往往比较稳定，不至于冬天冷、夏天热，对养殖很有益处。同时做好水源的过滤消毒工作，减少水体中病菌传播。养殖户可请专业的打井队来进行勘探施工，并且需要请水化学专家对所采水的水质进行检测，以便开采不同深度的水层，所打出的地下水一定要清澈透明，不含超标的重金属离子。养殖也可以用水库深层水、河水等作为水源，但一定要注意水质。相对而言，网箱养殖则不注重水源建设。水体的理化指标详见表 4-1。

表 4-1 鲟养殖用水的理化指标

Tab. 4-1 Physical and chemical indexes of aquaculture water in sturgeon

理化指标 Physical and chemical indexes	适宜范围 Appropriate range	最低要求 Minimum requirement
水温/℃	20～25	≥4, ≤28
pH	7.5～8.5	3.5～9.5
碱度 ALK/(mg/L)	90～100	
总硬度 TH/°DH	5.5～8.5	
透明度 SD/cm	≥30	≥15
溶解氧 DO/(mg/L)	≥6	≥4
二氧化碳 CO_2/(mg/L)	约10	
总铁 (mg/L)	<0.5	<1
亚硝酸盐 NO_2-N/(mg/L)	<0.1	
硝酸盐 NO_3-N/(mg/L)	1.0	

理化指标 Physical and chemical indexes	适宜范围 Appropriate range	最低要求 Minimum requirement
氨态氮 NH_4-N/(mg/L)	<0.5	
磷酸盐 PO_3-P/(mg/L)	<0.2	
硫化氢 H_2S/(mg/L)	0	
硫酸盐 SO_4^{2-}/(mg/L)	0.1	
余氯 CL/(mg/L)	0	
铅 Pb/(mg/L)	0～0.1	
有机物耗氧量 COD/(mg/L)	5～15	

通常，蓄水池建造在养殖池旁，蓄水池的主要作用是沉淀杂质，曝气杀菌，增加溶解氧，稳定水体离子含量。蓄水池大小可以根据养殖规模来定，规模大时蓄水池应大一些，个数多些，规模小时蓄水池可小一些，数量少一些。

4.1.2　地理位置

商品鱼养殖池应选择建设在水源充足、水质清新、灌溉方便、运输方便、电力设备和通信设施齐全的地方。在鱼苗培育过程中，需要不断注入新水，逐步加深水位，以增加鱼苗活动空间。鱼池的上方最好有可以搭盖遮阳设备的设施，以防阳光直射对鱼体造成伤害。

4.1.3　面积和池形

鱼苗池的面积一般以 $0.13～0.33hm^2$ 为宜。池塘面积过小，水体的理化指标不稳定，易受温度影响而骤变，长期处于抗应激状态的鱼苗无法正常发育。池塘面积过大，会加大投喂成本，增加管理难度。

池深 2.0m 左右。池底平坦，不漏水。池塘的土质以黑色的壤土最好，因其黏度和通气性能适中，保水能力强，有机物容易分解；黏土鱼塘保水性能很好，但通气性差，容易板结，造成水中溶解氧不足；沙质土鱼塘渗水性强，保水能力差，且塘基容易崩塌。经过一段时间的养殖，池塘底部逐渐形成一层厚厚的淤泥，随着残余饵料、鱼类粪便和其他动植物尸体不断沉积，过度繁殖的异养型微生物会消耗水中的溶解氧，还会造成亚硝酸盐和氨氮等含量超标，导致水质恶化，严重影响鳇的生长甚至引起死亡。因此，必须及时清理出过多的淤泥，改善水质条件，保证水质清洁。池塘堤岸一般用水泥板铺设。

4.1.4　其他设施

增氧机　增氧设备为达氏鳇养殖必备设施。达氏鳇的窒息点较高，耗氧量较大，整个养殖过程中都需要充足的氧气。养殖池中的溶解氧要求≥5mg/L，以叶轮式增氧机为好。具体型号、数量和功率可根据养殖规模而定。若养殖池成鱼较多，养殖池面积较大，可考虑选用喷射式增氧机。

饲料台　饲料台应设在投喂方便、水流交换良好的地方，离池底20cm左右，水面设浮子球，方便定点投喂，利于观察达氏鳇的摄食情况。

饲料机械　主要包括饲料粉碎机、制粒机和绞肉机等。粉碎机主要是根据养殖鱼的大小将饲料粉碎为不同粒度。制粒机主要将鲟饲料原料制成软颗粒饲料或硬颗粒饲料。绞肉机主要是将新鲜饵料生物绞碎。

应急发电机　整个养殖过程中都需要充足的电力，由于达氏鳇的耗氧量较大，增氧机停止供氧几小时就可能造成因缺氧死鱼事故。因此，养殖场应该配备应急发电机，以备不时之需，现在多以柴油发电机为主。

抽水设施　若养殖池在地面以下，就需要配备潜水泵或离心泵，以便养殖池塘排水。

4.2　达氏鳇人工繁殖

4.2.1　鲟人工繁殖研究进展

鲟人工繁殖技术的研究已有130多年的历史，苏联是世界上开展鲟人工繁殖最早的国家（石振广等，2000；Markarova et al.，1991）。1896年5月17日，俄国奥弗先尼柯夫把性腺自然成熟的小体鲟进行人工授精，获得了受精卵（Markarova et al.，1991）。自1935年第15届国际生理学大会上有关利用鱼类脑垂体催产的实验报道后，各国学者开展了注射垂体激素催产鲟的实验（米尔箍泰因，1986）。1938年格尔比利斯基成功地将脑垂体应用于闪光鲟的催情，这一技术突破大大地推动了鲟人工繁殖技术及相关生物学的研究。经过鲟研究者的努力，一整套成熟的鲟人工繁殖操作技术被研制出来并形成了操作规程。在鲟催产过程中，不只利用鲟脑垂体，还利用鲤脑垂体。进入20世纪六七十年代，苏联在鲟人工蓄养、人工孵化和利用河泥、牛奶及滑石粉进行脱黏等方面取得了突破，苏联开展鲟人工繁殖的种类主要是小体鲟、欧洲鳇、俄罗斯鲟、闪光鲟、西伯利亚鲟、裸腹鲟及从美国引进的匙吻鲟（Sokolov，1966；Stroganov，1949；Veshchev，1991；易继舫和陈声栋，1990）。

由于掌握了鲟繁殖生物学理论，专家还能通过人为控制水温、水流等环境因子，使鲟的人工繁殖工作一年四季均可进行。人工养殖的需求激发了人工繁殖的积极性。1963 年匙吻鲟人工繁殖在美国中西部获得成功(Stroganov，1949；Purkett and Charles，1963；Smith et al.，1980，1985；Shigekawa and Logan，1986)，20 世纪 90 年代大西洋鲟(Smith et al.，1980)、短吻鲟(Buckley and Kynard，1981)、湖鲟(Anderson，1984；Le Have et al.，1992)、海湾鲟(Parauka et al.，1991)的人工繁殖相继获得成功，1983 年高首鲟的人工繁殖也获得成功(Bidwell et al.，1991；Buckley and Kynard，1981；Binkowski and Czeskleba，1980；Conte et al.，1988；Doroshov，1983；Parauka，1991；Purkett and Charles，1963)。

我国研究鲟人工繁殖起步较晚。1956 年中国水产科学研究院黑龙江水产研究所率先进行了史氏鲟的人工繁殖实验，并于 1957 年成功地孵化出史氏鲟仔鱼 2 万尾，这是我国鲟人工繁殖实验首次获得成功。1959 年进行了史氏鲟(♀)与达氏鳇(♂)的杂交实验。进入 20 世纪 80 年代，黑龙江省特产鱼类研究所用促黄体生成素释放激素类似物(hypothalamic luteinzing hormone-relealogue，LRH-A)成功地催产了史氏鲟，将史氏鲟人工繁殖技术进一步完善并应用于生产(石振广等，2000)。

中华鲟人工繁殖研究始于 20 世纪 60 年代。1972 年四川省资源调查组成功地进行了催产实验，孵出鲟苗数千尾，1976 年孵出 20 万尾。进入 80 年代由中国水产科学研究院长江水产研究所、湖北省水产局、宜昌地区水产技术推广站、宜昌市水产研究所、四川省重庆市长寿湖水产研究所和四川省农业科学院水产研究所组成中华鲟人工繁殖协作组，对葛洲坝下的中华鲟进行人工繁殖实验，并于 1983 年 11 月获得成功，取得受精卵 115 万粒，孵化出鱼苗 39.5 万尾(傅朝军等，1985；江新等，1988；柯福恩等，1985；刘绍平，1997；刘勇，1988；鲁大椿等，1998；石振广等，2000；四川省长江水产资源调查组，1988；王秀健和赵恩羽，1997；米尔箍泰因，1986；易继舫和陈声栋，1990；易继舫等，1988，1999；张亢西，1984，1986)。随后成立了中华鲟繁殖研究所，专业从事中华鲟的繁育研究，建立了中华鲟经蓄养至性成熟并催产成功的技术。黑龙江鲟资源呈明显的持续下降趋势，这主要是由过度捕捞和产卵场被破坏造成的(石振广等，2000)。历史上达氏鳇在黑龙江渔业中曾经占有重要地位，现在资源已濒临枯竭。只能通过人工繁殖来实现资源保护和补充，保证达氏鳇的商业开发，用驯化养殖来满足市场供给。

4.2.2　繁殖生物学

1. 生殖腺的发育

生殖腺的发育可分为 6 个阶段。

(1)卵巢

Ⅰ期：卵原细胞向初级卵母细胞过渡阶段，细胞直径为 125～400μm，卵巢呈黄色，开始分隔成叶。肉眼无法区分出雌雄生殖细胞，显微镜下观察，卵细胞呈不规则多边形。

Ⅱ期：卵母细胞的小生长期，卵径为 400～800μm，具有结缔组织膜，无结构膜。细胞质为均质。卵核为圆形，居卵的中央。卵巢呈黄色，肉眼可见卵粒，卵粒为白色。成熟系数为 2%～5%。

Ⅲ期：初级卵母细胞进入大生长期，卵巢中有较多淡黄色性腺脂肪。肉眼可以分辨出的卵粒大概有两类。一类是较大的卵，呈球形，附着在与卵巢长轴相垂直的蓄卵板上，性腺脂肪充塞在卵粒之间，由于相互粘连，很难将卵粒完整地剥离下来；卵粒的颜色在同一个体中基本一致，在不同发育程度的个体中分别呈黄色、灰褐色或灰色；黄色卵粒的平均卵径为 2.18～2.62mm，灰褐色卵粒的平均卵径为 2.46～3.70mm；色泽为灰黑或褐灰的卵粒动物极已可见色素环，但动物极顶端极性斑还不明显。另一类是黄色小卵，卵径为 0.2～0.8mm，分散附着在蓄卵板上。成熟系数为 5.2%～13.6%。卵子切片观察可见卵核位于卵细胞中间。

Ⅳ期：卵巢丰满，雌鱼腹部明显膨胀。性腺脂肪已消失或仅有少量丝络状的脂肪组织。肉眼可以分辨的卵粒大致也可分为两类。主要的一类是深褐色、圆形的大卵，表面有光泽，具弹性，卵粒容易从蓄卵板上散落下来，卵径为 3.71～4.90mm，多数在 4.5mm 左右。另一类是小卵，黄白色，卵径为 0.2～0.8mm。成熟系数为 14.8%～19.5%。动物极处的色素环明显，动物极顶端有一个明显的圆形，已偏离中心位置，向动物极移动，至Ⅳ期末卵核已靠近动物极膜的边缘，动物极顶端有多个受精孔。

Ⅴ期：由初级卵母细胞向次级卵母细胞过渡的阶段，也就是临近成熟的卵粒。细胞质中充满粗大的卵黄颗粒。卵黄颗粒在成熟过程中有相互融合的现象。细胞核位移而显示出极化现象，核膜逐渐溶解，核仁离开核膜边缘向中心移动，并由实心粒状变为环状。以后核膜消失，核仁溶解，染色体显著，这样进入第一次成熟分裂，排出第一极体。这时，卵已脱离滤泡膜排出，游离在卵巢腔内或经输卵管排出体外。

Ⅵ期：绝大多数成熟卵已经产出，卵巢充血、松弛，除剩余少量的Ⅳ期过熟卵外，只能看到残余的滤泡膜、卵巢结缔组织和不成熟的Ⅱ期小卵，小卵卵径为 0.2～0.8mm。成熟系数为 3.0%～3.5%。

(2) 精巢

Ⅰ期：原始期，精原细胞分散分布，细胞外有精囊细胞包围。精巢呈线状，透明，紧贴脊索两侧。

Ⅱ期：精原细胞增多，排列成束，进而增生成群，精细管实心，管间由结缔组织分隔。精巢呈带状，灰色或肉红色。附属的脂肪组织所占比例大。

Ⅲ期：实心的精细管中央出现管腔，管壁由一至多层的初级精母细胞组成，外边为精囊细胞包围。切片显示，精巢组织由许多精囊组成。在各精囊之间，精母细胞的发育程度是不同步的，依次分布有初级精母细胞、次级精母细胞和少量精子细胞。精巢外观为白色或灰色，精索状，附属的脂肪组织比例变小。成熟系数为 0.15%～0.64%。

Ⅳ期：此期是初级精母细胞分裂为次级精母细胞，以及次级精母细胞分裂为精子细胞的各个阶段的综合期。切片观察，精囊中含有大量的精子，呈漩涡状排列，表示出它们是在做同方向的运动。精囊中还有少量正常发育的精母细胞。有些精囊已经破裂，与相邻的一个或多个精囊合并在一起。精巢外观丰满，乳白色，具有弹性，有光泽，有数条横向的褶沟。性腺脂肪已消失或仅剩少量。后期能挤出少量精液。成熟系数为 0.64%～0.67%。

Ⅴ期：各精囊中充满精子。更多的精囊合并为较大的囊，精子密度增大，呈游离状态，显示出处于活跃的运动状态，精囊壁上仍附有精母细胞。精巢外观乳白色，体积明显增大，附属的脂肪组织消失。雄鱼能自动排出精液。

Ⅵ期：排过精后的精巢体积缩小、充血。精囊壁只剩下结缔组织及少量的初级精母细胞和精原细胞，囊腔及腹中尚有残留的精子。

2. 雌雄鉴别

接近产卵的雌鱼体表黏液增多，腹部膨胀、柔软，骨板平滑，游动缓慢，静栖于池底。雄鱼相对游动速度较快，形态未见变化。

4.2.3　达氏鳇人工繁殖技术及方法

1. 达氏鳇亲鱼的培育和选择

亲鱼是苗种生产无可替代的物质基础，苗种质量与亲鱼培育有直接关系，所以后备亲鱼的选留是亲鱼培育的第一步，也是最关键的一步。后备亲鱼选留的基本原则：一是遗传背景清楚，保证品种纯正。二是逐级选留，具体操作方法是从 1 龄开始至成熟期，根据养殖生产对亲鱼优良性状的要求，分 3～4 次对后备亲鱼群体进行选留，逐步淘汰不符合要求的个体，最后作为亲鱼的数量约为每批鱼初始总数的 10%。达氏鳇亲鱼的采捕一般是在繁殖季节进行，使用的网具是三层流刺网辅以铁制刨钩，在达氏鳇亲鱼产卵洄游过程中或其产卵场附近的河道中将其捕获。野生亲鱼的采捕方法对达氏鳇的人工繁殖影响很大，这就需要对亲鱼进行严格的挑选，原则是挑选那些神经系统和循环系统无伤的亲鱼，再在水充氧、水温 13～16℃条件下运输到孵化厂。由于达氏鳇是软骨鱼类，操作过程中，要用帆布制作的担架进行装卸，以免亲鱼的内脏、骨骼受到伤害。蓄养容器采用玻璃钢水槽，直径 4m，水深 1m，底质光滑，中间排水，配以增氧泵，并用一寸潜水泵制造水流，用遮光板挡住直射光，蓄养的温度为 14～16℃，蓄养时间在 24h

之内。

一般来说，达氏鳇雌鱼初次性成熟的年龄在 16 龄以上，选择的雌亲鱼要求在 50kg 以上，雄性亲鱼以能挤出精液为准。

2. 亲鱼成熟度的鉴定

雌亲鱼的鉴定：用特制的取卵器挖卵检查卵粒色泽、极性斑、极化程度等。成熟卵粒呈圆球形，卵为黄褐色或灰褐色，有光泽，具弹性；两极分化明显，动物极端出现白色极性斑，卵径为 3.00～3.38mm；切片观察可见到卵细胞已发展到 Ⅳ 末期成熟阶段。

雄亲鱼的鉴定：用手轻压腹部，可见生殖孔处有精液流出，即为成熟的雄鱼，可催产。精液的精子数为 200 万～400 万个，寿命为 5min，可做 2min 左右的剧烈运动。

3. 催产用药种类及配制方法

(1) 用药种类

达氏鳇人工催产使用的药物主要有促性腺激素(如绒毛膜促性腺激素、鲤脑垂体)、神经激素(如 LRH-A)。

促性腺激素：包括绒毛膜促性腺激素(HCG)、鲟脑垂体、鲤脑垂体、四大家鱼脑垂体等。HCG 的生理功能更类似于促黄体激素(LH)，具有促排卵的作用，同时具有促进性腺发育，促使雌、雄性激素产生的作用。HCG 在鲟催产中不宜单独使用，而应与其他的催产剂配合使用。其商品为白色或淡黄色粉末，易溶于水，遇热易失活，水溶液易分解。注射脑垂体可代替鱼体自身分泌的促性腺激素，能促进精子和卵子的发育、排精、排卵和控制性腺分泌性激素，并引起副性征的出现。垂体可以单独使用，也可以配合其他催产剂使用。垂体一般保存在丙酮中，待用时才晾干。

神经激素：包括促黄体生成素释放激素类似物(LRH-A 或 LRH-A$_2$)、马来酸地欧酮(Dom)。LRH-A 和 LRH-A$_2$ 的生理功能是作用于垂体后促进垂体合成并分泌促性腺激素而达到催产目的。它不像 HCG 和垂体那样直接作用于性腺，因此用量小，不良反应也少。类似物可单独使用也可与其他催产剂配合使用，它比 HCG 和垂体稳定，其水溶液在常温下保存数日效果不减，但最好还是现用现配。Dom 是一种多巴胺抑制素，可大幅增强 LRH-A 诱导鱼类脑垂体分泌 GTH 和排卵的综合效果。

(2) 催产药物的配制

HCG、LRH-A 为白色粉末，易溶于生理盐水。脑垂体用研钵磨细后加 0.7%

的生理盐水研磨成糊状，再加所需的水。脑垂体加水配置后易分解，所以应该在注射前 1h 内配置。Dom 也为白色粉末，但不易溶解，故需在研钵中加 0.7%生理盐水研磨成悬浮液，使每毫升溶液含 5mg 或 10mg Dom。

4. 催产药物的对比

石振广（2008a）曾对 HCG、鲤脑垂体、HCG+鲤脑垂体、LRH-A 和 LRH-A+鲤脑垂体这 5 种催产药物的催产效果进行了对比，见表 4-2。从结果可见，催产效果较好的药物是 LRH-A 和 LRH-A+鲤脑垂体，但从经济和生产成本的角度考虑，催产最好的药物是 LRH-A。

表 4-2　不同药物的催产效果
Tab. 4-2　The effect of different hormone inducing

药物及剂量 Hormone and dosage	催产情况 The effect of induce spawning		
	效应时间 Effective time	效果 Effect	精子运动状态 Sperm motility
HCG（1000IU/kg）	无反应	无	无
鲤脑垂体（6mg/kg）	24h	排精少、稀淡、黄色	不太激烈
HCG+鲤脑垂体 （1kIU/kg+3mg/kg）	24h	排精少、稀淡、黄色	不太激烈
LRH-A+鲤脑垂体（5μg/kg+3mg/kg）	12h	精液多、较浓、乳白色	5s 左右激烈运动
LRH-A（5μg/kg）	12h	精液多、较浓、乳白色	5s 左右激烈运动

鱼类下丘脑-垂体-性腺之间存在密切关系。下丘脑受到刺激立即开始反应，其神经分泌细胞激发丘脑的视前核和外侧核释放已存在的 LRH，LRH 随连接丘脑和垂体间的血管的血液进入脑垂体间叶，转而触发间叶碱性细胞分泌其贮存的促性腺激素（GTH），GTH 经血液循环到达性腺，一方面促进性腺发育和成熟，另一方面刺激性腺生成和分泌性甾体激素。

人类很多关于催产的知识来源于体外实验。最初尝试用两栖类的 reinger's 液作为鲟卵细胞促熟培养液，但未获成功（Dettlaff, 1961；Davydova, 1968）。reinger's 液和体腔液加卵清蛋白作为鲟卵细胞促熟培养液的结果也不尽如人意（Skoblina, 1970）。某些雌性体腔液本身就有促熟的作用，垂体促性腺激素通过刺激滤胞壁产生黄体酮或类黄体酮来促进卵细胞成熟（Dettlaff and Skoblina, 1969）。研究发现，滤泡对促性腺激素缺乏反应是由滤泡本身不具备促熟能力和所用的培养液与促性腺激素发生不良反应所致。

从表 4-2 的结果中我们可看到，达氏鳇对 HCG 没反应。HCG 属大分子糖蛋白激素，达氏鳇可能对外源性的 HCG 有免疫性。但是，HCG 用于中华鲟的催产获得了成功(傅朝军等, 1983)。

实验中鲤脑垂体组及鲤脑垂体+HCG组的反应不强烈,催情的效果也不理想,可能是由于鲤脑垂体相应激素与鳇脑垂体的差异较大,或者剂量偏低。Doroshov等(1983)用鲤垂体 4.6mg/kg 成功地催产了高首鲟,但即使亲鱼发育很好的情况下催产实验的稳定性也较差。利用脑垂体往往比用 LRH-A 排卵时间推迟。而 LRH-A、LRH-A+鲤垂体组较为理想,取得了优质精液。由于 LRH-A 刺激垂体合成并释放GTH,同时有刺激排卵的作用,给予低剂量的 LRH-A 后能激发垂体合成并释放促性腺激素,促进性腺进一步成熟,因此其促熟作用比鲤、鲫垂体或绒毛膜促性腺激素(HCG)效果好,这与 LRH-A 能更自主地触发自身垂体分泌促性腺激素有关,不会过量地分泌激素而刺激卵球成熟过度。LRH-A 药效时间长,高峰往往在注射后 2~3h 出现,维持 GTH 高峰水平达 4~6h,在体内的活性效价为 LRH 的10~20 倍。在实践中,我们发现用 LRH-A 催情达氏鳇亲鱼成功的稳定性较高,是鲟垂体和鲤垂体难以比拟的,这也再次验证了 LRH-A 的作用机制。

人工合成 LRH 已经被证明对几种鱼类的催产、排卵作用相对较小(Doroshov and Lutes,1984),而人工合成促性腺激素释放激素(如 Gn RH)被认为应用前景较好,这些激素的半衰期较长(Buckingham,1978;Donaldson,1981)。利用 Gn RH催产闪光鲟(Baranikova and Fadeeva,1982)和匙吻鲟(Semmens,1986)获得了成功。应用 Gn RH 类似物成功催产高首鲟证明了在整个脊椎动物进化过程中 Gn RH保持高度不变的假说(Mc Creery et al.,1982)。Gn RH 的应用可以解决由注射垂体产生的相关问题,诸如不同种的鱼类垂体不同,Gt H 含量不同及可能产生免疫反应等。

Williot 等(2001)惊奇地发现西伯利亚鲟对鲤脑垂体没反应;Lutes (1985)也发现在体外实验中促性腺激素和黄体酮不能刺激高首鲟排卵,原因不明。但是,在实验中闪光鲟和俄罗斯鲟 100%产卵(Goncharov,2003)。在鲟成熟度体外实验中也发现,鲟垂体和鲤垂体及纯促性腺激素之间存在某些差异(Doroshov and Lutes,1984;Lutes,1985),这可能是由不同因素诸如种的特性、滤泡的生理状态、促性腺激素的作用与培养液的成分不同所致。滤泡破碎的百分数是卵巢发育阶段和生理状态的量化指标,确定卵细胞成熟所需的时间是对卵细胞发育阶段即生理状态的量化,是选择人工繁殖亲鱼最重要和严格的指标(Goncharov,2003)。

黄体酮在活体中可能没有促熟的作用,至少在高首鲟中是这样的。最初在体腔液和细胞质发现的激素及以前的体外实验(Lutes,1985)都证明 17α, 20β-di OHP很可能在高首鲟体内有促熟作用。在其他几种真骨鱼类也观察到其促熟作用(Nagahama et al.,1983)。促性腺激素催熟卵细胞所需时间较黄体酮长(Goncharov,

2003)。排卵时间长是促性腺激素的特征(Goncharov et al.，1984，1991a，1991b)。

5. 催产药物剂量

关于催产药物的剂量问题，石振广(2008)做了相关研究，结果见表 4-3。

表 4-3　不同剂量药物催产达氏鳇亲鱼的效果
Tab. 4-3　The effect of different hormone dosage on inducing broodstock Kaluga

年龄 Age	体重 Body weigh /kg	体长 Body length /cm	剂量 Dosage /(μg/kg 体重)	效应时间 Effective time /h	受精率 Fertility ratio/%	孵化率 Hatchery ratio/%	仔鱼成活率 Survival ratio of larvae/%
19	55	196	2	36	86	88	89
21	75	219	4	30	89	91	87
31	102	112	6	24	90	93	90
28	120	250	8	21	83	96	93
37	290	380	10	23	96	91	91
35	158	285	12	22	92	89	82
37	230	305	14	26	88	90	77
31	270	323	16	28	80	92	60
28	119	249	18	24	96	80	39
25	87	231	20	29	91	60	32

从表 4-3 中可以看出，催产药物 LRH-A 在低剂量范围，即 2～12μg/kg 体重，有随药物剂量的增大效应时间缩短的趋势，剂量继续升高，即 14～20μg/kg 体重，则剂量高低对效应时间影响不大。过大的剂量对仔鱼成活率有明显的影响，当剂量在 2～12μg/kg 时，仔鱼的成活率为 82%～93%，而当剂量在 14～20μg/kg 时，随着剂量的加大仔鱼成活率明显下降，为 32%～77%。上述现象说明 LRH-A 催产达氏鳇的适宜剂量为 2～12μg/kg 体重。Doroshov 等(1983)认为用鲤、鲟脑垂体催情高首鲟的最佳剂量是 4～5mg/kg 体重，雄性亲鱼的剂量为 0.5～1.0mg/kg 体重，但结果不稳定。Mohler(1999)等用 10μg/kg 体重的 LRH-A 催情雄性亲鱼成功获得精液。Gn RH 类似物最低有效剂量为 0.15～0.6μg/kg(Goncharov et al.，1991a，1991b)，注射低剂量促性腺激素可使卵细胞很快成熟(Goncharov，2003)。Goncharov(2003)发现，Gn RH 对闪光鲟的最低剂量是 200μg/kg。

从表 4-3 中还可以看出，在适宜的药物剂量范围内，效应时间与剂量相关不紧密，影响效应时间长短的最主要原因可能还是亲鱼本身的成熟度，即亲鱼成熟越好，药物产生效应的时间越短。

在自然界中，达氏鳇亲鱼的排卵与否和生态环境因子的刺激相关，而人工繁殖条件下注射催情药物只是起到与生态因子相类似的作用。因此，理论上在适宜的剂量范围内，催情药物剂量的大小并不直接影响效应时间，只影响排卵持续时间的长短。当然，催产还需其他一些条件来保障，如催产达氏鳇雌性亲鱼的适宜水温为 15～18℃，雄性亲鱼为 13～15℃，遮光避免直射阳光，保持催产环境安静并有水流刺激，水的流速以 0.1～1.0m/s 为佳。

达氏鳇亲鱼经有效药物催产后，其形态和运动均有明显的变化。雌性亲鱼在第 2 针注射 6h 后变化明显，上腹部向下逐渐变软，腹部皮肤更加光滑，亲鱼体表黏液增加，生殖孔红润且向外突出，轻压腹部，生殖孔有较黏的体腔液流出。亲鱼运动更活跃，亲鱼沿产卵池不停游动，即使停留持续的时间很短，当亲鱼临近排卵的时候，亲鱼频繁用吻撞击产卵池壁，并伴有一定幅度的左右晃动，亲鱼排卵时游动剧烈。但当亲鱼体内卵完全游离时变得较为安静，临产时更安静，亲鱼在水中易被捕获。当雌亲鱼在水中仰面时腹部塌陷，轻压腹部有成熟的卵粒涌出，便可立即采集鱼卵。

雄性亲鱼在催产后 6～8h 也有明显变化，其腹部变得较软，轻压腹部有大量精液涌出，亲鱼活动更加明显，沿暂养池四周不停游动，时而上浮，时而下沉，亲鱼头部频繁撞击水面，有时吻还探出水面。雄性亲鱼在催产后 8～10h 便能收集到优质精液。上述行为和特征均可作为人工繁殖适时采精、卵的判别标志。

6. 不同采卵方法效果的比较

剖腹取卵法是目前黑龙江鲟人工繁殖中普遍采用的一种采卵方法。该方法首先将完全排卵的亲鲟击昏使其休克，然后将腹部剖开取出其中游离的卵。

从表 4-4 中可以看出，剖腹取卵法的优点是采集的鱼卵比其他方法受精率高，发育一致，但对保护本已濒危的鲟资源是不利的，其基本原则是"杀鸡取卵"，因此我们认为不应继续采用这种方法。

表 4-4　不同采卵方法效果比较
Tab. 4-4　The effect of different methods harvest egg from broodstock Kaluga

项目 Item	采卵量 Proportion of the total/%	卵的外观质量 Quality of egg in appearance	受精率 Fertilizing ratio/%	孵化率 Hatching ratio/%	亲鱼存活率 Survival ratio /%
剖腹取卵法	100	卵发育同步，无破膜	90	85	0
活体取卵法	96	卵的发育同步	90	82	80
多次挤压法	70	卵的发育不同步	75	80	76

活体取卵法取卵耗时长，劳动强度大，每取出一批卵就应立即人工授精，否则会影响受精效果，另外，产后亲鱼护理和恢复需要一定的技术支持，否则会造成产后亲鱼存活率低。其最大优点是保护亲鱼这一宝贵资源，提高了亲鱼的利用效率。

多次挤压法游离卵挤不出，造成过熟，致使同一尾亲鱼产的卵发育不同步，卵的受精率和孵化率都较低，有时孵化率不到 10%，产后亲鱼的存活率也只有 70%～80%。这种方法虽然保护了亲鱼资源，但受精率和孵化率都很低，生产上不实用。

综合本实验的结果，我们认为应该推广使用活体取卵法。这种方法既保护了亲鱼资源，受精率和孵化率也都较高，在生产上较为适用。在养殖生产中应用活体取卵法，可以显著地提高亲鱼的利用效率，即由一次性利用变为多次，同时显著地缩短鱼卵的生产周期，即由 6～8 年缩短为 2～3 年。

实践中应特别注意亲鱼采卵时间的把握。亲鱼在排卵时，持续时间为 1～2h，如果提前进行取卵，亲鱼体内的卵没有全部游离，如果滞后取卵，先游离的卵有可能发育过熟，影响受精。过早或过迟都会给达氏鳇人工繁殖造成损失。因此，对亲鱼取卵时间的把握非常关键，应特别注意。

7. 达氏鳇的催产方法

对达氏鳇催产往往采用肌内注射法，需注意的是，个体较大的亲鱼需药量也大，最好采用多点注射的方法，以防药物流失或对亲鱼局部产生不良影响。一般在胸鳍基部进行体腔注射或在背部两侧进行肌内注射，二者均可取得良好的效果。注射前要将针管内的药液充分摇匀，排出空气。注射完毕后最好用手指压住注射部位并轻轻按摩，以免注入的药液流出。

在自然产卵场捕获的野生雄性亲鱼，性腺成熟较好，通常不需要注射药物，轻轻挤压腹部就有精液流出。若对雄鱼腹部挤压无精液流出则需要进行一次注射。池塘或网箱培育的亲鱼，不论雌雄都需要人工催产，雄鱼通常只需要注射一次，雌鱼需根据性腺发育情况而定，通常需要注射两次，采用二次注射法，即第一次剂量为总量的 10%，时隔 12h 后，注射剩余的 90%（Doroshov et al.，1983）。这种方法的优点是效应时间较稳定，有利于提高催产效果。雄鱼一般采用一次注射法，雄鱼注射的剂量是雌鱼的 50%；雌鱼采用二次注射法，首次剂量为总量的 10%～20%，第二次为总量的 80%～90%。催产药物的注射部位分别为背部肌肉和胸鳍基部。在催产过程中，亲鱼暂养池用 1 寸潜水泵制造水流，使其流速达 0.1m/s，实验水温为 15℃，并用空气压缩机不断地充气以防止局部缺氧现象的发生。在第二针注射 6h 后，不断检查亲鱼排卵情况，仔细观察亲鱼活动情况。

亲鱼注射催产剂后的效应时间取决于水温和亲鱼的成熟状况。在一定水温范围内，随着水温升高，效应时间明显缩短。低温时，效应时间延长。在一定水温时，成熟好、体质健壮的亲鱼产生效应时间短，反之则长。在预计的产生效应时间前，要加强对雌鱼的检查，当生殖孔可以挤出卵粒说明可以少量排卵，但大部分卵还未游离；待可挤出大量成股的卵粒时说明亲鱼大部分卵已游离，此时采卵可获得最佳效果。

8. 精卵的采集

(1)精液的采集。

精液一般可以随时采到，而且储存在精巢中的精子短时间内也不会发生变化。通常在雄鱼注射催产剂后大约 8h 就可以采集精液。具体的采集时间主要根据需要及操作方便而定。在实际生产中，可以先采精贮存，待采到卵时便可进行人工授精。由于成熟的雄鱼精液很难保留在体腔中，很容易流失殆尽，因此掌握采集精液的方法很关键。精液采集用压差法，即将成熟的雄性亲鱼从暂养池中取出，用干毛巾把亲鱼泄殖孔擦干，用布条塞住，待需要精液时将布条轻轻拔出，再用 70% 酒精棉球擦拭生殖孔消毒，将输液管一端插入雄鱼的泄殖孔，另一端接保鲜袋，利用亲鱼腹部和外部的压差，精液便自动流入保鲜袋，在充氧、2~4℃的温度下冷藏备用，这样保存精液 70h 不影响人工授精效果。需要注意的是，在精液采集的过程中，避免阳光直射，勿使精子沾水，以免杀伤或激活精子。

(2)卵的采集。

卵的采集可用多次挤压法、剖腹取卵法。

多次挤压法：适用于成熟度很高且个体不是很大的达氏鳇。雌鱼达到成熟排卵后约 2h，用手先从雌鱼腹后部向前推压，再由前向后推压，并重复这一动作。目的是将体腔后部游离的卵粒尽可能地挤入喇叭口，最后经输卵管排出。以后每隔半小时重复一次，直到全部取完。这种方法的缺点是，很难将所有成熟的卵挤压干净。但这种办法对雌鱼的伤害最小，可以保证雌鱼的存活。人工养殖鱼或低龄的亲鱼一般采用这种办法。

剖腹取卵法：这种方法的最大优点是可以彻底地将达氏鳇的卵全部取出，保证了最大的经济效益。目前生产上通常采用这种方法，即确认鱼卵在亲鱼体内全部游离后，把亲鱼击昏从产卵池中捞出，割断鳃动脉或尾动脉放血致鱼死亡，然后将其放于产卵床上，用水冲洗整个腹部，再用毛巾把鱼体擦干，用手术刀把亲鱼腹部剖开收集鱼卵，把收集到的鱼卵置于干燥洁净的搪瓷盆中。对于个体较小的亲鱼可用定滑轮将鱼头吊起，自下而上切开鱼腹，让成熟的卵自然而然地流进接卵盆内。

活体取卵法：在确认亲鱼完全排卵后，将雌鱼从催产池移动到专用的亲鱼担架上。将其麻醉，在泄殖孔前剖 3~5cm 的切口，挤压取出大部分游离卵后，再用与卵等渗的溶液冲洗出全部游离的卵，然后用弧形针和可吸收缝线缝合，消毒处理，以保证亲鱼存活。一般一个月左右亲鱼的伤口可完全愈合。

9. 人工授精、脱黏

(1)人工授精

人工授精有干法授精、半干法授精和湿法授精 3 种方式。

干法授精：把采集到的精液加入带有体腔液的卵中，精液用量为每千克卵子用 10mL 原精液。用羽毛(如鸡毛、鹅毛)或手将精卵充分混合均匀，然后加水混合不停地搅拌 3~5min，再反复洗涤直到水清为止。整个操作过程要求避免阳光直射。

半干法授精：受精前用少量水把精液稀释 100 倍，再立即与卵子混合，然后加水混合不停地搅拌 3~5min，再反复洗涤直到水清为止。目前，该方法是比较常用的方法。

湿法受精：受精前将带有体腔液的卵子洗净，再把精子与卵子混合，加水不停地搅拌 3~5min。

(2)脱黏

将受精卵用清水漂洗约 2min，静置片刻，弃去污物，将受精卵清洗干净后，加入 10%~20%的滑石粉水悬浊液、脱黏剂，用羽毛不停搅拌脱黏 30~60min，搅拌过程中应每 10min 更换一次脱黏剂，直至黏性消失，然后用清水将滑石粉清洗干净，将卵放入孵化器孵化。判断脱黏效果的方法是首先停止搅动待其静止，然后看卵之间是否有粘连。此法是目前生产上常采用的。

10. 受精卵的孵化

(1)孵化条件

水温　温度在 12~26℃，均可使受精卵孵化，但水温过高会导致畸形苗增多，孵化率和仔鱼成活率均降低，受精卵对水温骤升、骤降十分敏感，如在短时间内水温升降 3~5℃，即可造成胚胎发育异常或引起死亡。

水质　清新的水质是提高孵化率的重要条件之一。达氏鳇的孵化用水可以是江河水、井水(水温 12~22℃)或经曝气后的自来水。受工业或农药等污染的水源不能作为孵化用水，偏酸或碱性较强的水必须先进行处理，保证 pH 在 7~8 方可使用。鱼塘的肥水不宜用来作孵化用水，孵化室里的循环水也不宜长时间使用。达氏鳇的受精卵在孵化过程中需要充足的氧气，所需的溶解氧量既与胚胎发育的不同阶段有关，也与所孵化受精卵的密度有关。生产上均采用流水孵化，要求孵化器或孵化箱出水口处的溶解氧在 6mg/L 以上。

光照　在阳光曝晒下进行人工孵化时孵化率极低；而在完全黑暗的环境下受精卵的孵化效果也不尽如人意。自然环境下的达氏鳇通常在江中很深的水底进行孵化，环境中的光线较弱，因此人工孵化达氏鳇受精卵时需要在弱光下进行，孵化器上应有遮光设施，避免阳光直射，以免引起胚胎受损或发育畸形。

(2)常用的孵化方法

采用改进的尤先科孵化器(鲟 1 号孵化器)，这种孵化器是目前俄罗斯最先进也是使用最普遍的孵化器，它的组成包括支架、水槽、盛卵槽、供水喷头、排水导管、拨卵器和自动翻斗。孵化器有 4 个独立的小槽，孵化器的底部与水槽之间是波浪形的拨卵器。尤先科孵化器的工作原理是：供水喷头不断向盛卵槽中供水，新水由上至下通过卵再通过盛卵槽的筛底进入水槽，废水从溢水口排出，4 个小槽的废水汇入总排水管，最后进入自动翻斗内，翻斗内水满后，会自动翻倒将水倒空，翻斗在复位配重物的作用下，重新立起来接水。翻斗翻倒和立起来的动作同时带动拨卵器一次往复，波浪式拨卵器通过波动盛卵槽内的水使卵翻动。波动次数约为每分钟 1 次，即供水量的调整应以每分钟盛满翻斗一次为准。这种孵化器孵化效果较好，孵化能力可达32kg受精卵，大约为 130 万粒,而用水量不到$2m^3/h$,且孵出的鱼苗和受精卵可以自动分离，省去了人工收集鱼苗的工作。这种孵化器有效地节约了用水，大大地降低了劳动强度，孵出的鱼苗体质也较健壮，孵化率可以达到85%以上。孵化期间，每天早晚用浓度为 $5\times10^{-6}mol/L$ 的高锰酸钾各浸泡 30min 或用 1/600 体积的甲醛溶液浸泡 5min 进行消毒以预防水霉病。

第5章　达氏鳇的营养与能量学

常见的主要鲟饲料原料有：进口鱼粉、膨化大豆、酵母、进口鱼油、面粉、稳定型多种维生素、有机螯合多种矿物质等。鲟饲料主要包括生物饵料、混合饵料和配合饲料。生物饵料即我们常说的活饵，主要用于鱼苗的开口摄食；混合饵料和配合饲料是人工饲料，主要用于鱼种和成鱼的养殖。因此，在选择鲟饲料时必须选择配方设计优化、营养全面均衡、适口性好、诱食性强、性价比优、饵料系数低、能满足鲟快速生长需求的饲料。市场上有些饵料添加虚假蛋白质成分，含有违禁药物，要注意辨别，避免投喂后污染养殖环境，确保鱼类健康生长。在养殖过程中，要添加增强免疫力的饲料，促进鲟在生长过程中对营养物质的快速吸收，增强体质。另外，养殖方式、鱼类大小及摄食情况不同也决定了所用饲料的类型不同。饲料买回家要存放于阴凉、干燥、通风处，下面放置垫板，避免阳光直射。发现饲料变质应停止使用，如果已开袋要及时用完。在粗放型养殖中，主要用的是生物饲料；在集约化养殖中，一般使用最多的是人工饲料。

5.1　鲟的营养需求

5.1.1　蛋白质

蛋白质是鱼体最重要的组成成分，是生物合成的物质基础。许多学者对其进行了研究，结果显示，不同种类的鲟对饲料中蛋白质的需求比较接近。高首鲟(体重为145～300g)饲料中蛋白质的最适含量为40%±2%，最高增重率需求为49%。史氏鲟仔鱼、稚鱼饲料中蛋白质含量要求为45%～55%，商品鲟对食物营养的要求较幼鲟低，饲料中蛋白质含量要求为36%～40%。中华鲟幼鲟饲料中蛋白质的适宜含量范围为35.4%～19.1%，最适蛋白含量为39.7%～44.6%。饲料中使用动物性蛋白质较植物性蛋白质好，动物性蛋白质容易被鲟消化吸收，而植物性蛋白质不容易被鲟消化吸收。因此，饲料中宜以动物性蛋白质为主，如鱼粉、肉骨粉和血粉等。一般来说，人体必需氨基酸组成与鱼的十分相似，据此可以估算鱼类必需氨基酸需求量。根据 Wing 和 Hung(1994)测定，4 种规格[(195±0.4)g、(57.8±0.9)g、(179.5±0.3)g 和(535.4±19.7)g]的白鲟整体的氨基酸组成基本相同，但各组织及卵中的必需氨基酸含量显著不同，在肌肉中组氨酸和赖氨酸含量高，肝中胱氨酸和支链氨基酸的含量高，鳃中异亮氨酸、亮氨酸和缬氨酸含量低而甘氨酸和脯氨酸含量高。

5.1.2　糖类

糖类在鲟营养物质中占据重要的位置。糖类主要提供能量，以植物性饲料中的糖类为例，中华鲟幼鱼饲料中最佳的糊精含量为25.5%。摄食 D-葡萄糖含量在7%以上的饲料的白鲟比摄食未添加 D-葡萄糖饲料的白鲟体重增加显著。鱼类对糖类的利用率因其食性不同而有差别。肉食性鱼类对糖类的利用率最差，杂食性鱼类次之，草食性鱼类最高。鲟均为肉食性鱼类，对糖类的利用率不高，如果长期投喂糖类含量较高的饲料，会影响鲟正常的消化和吸收，使糖类沉积于肝中，导致肝大，食欲减退，生长缓慢。相同条件下饲喂葡萄糖和麦芽糖，鲟血液中葡萄糖的浓度高于其他动物。如果分别投喂葡萄糖和半乳糖，鲟血液中半乳糖的最高浓度和葡萄糖的最高浓度接近，只是半乳糖达最高浓度比葡萄糖晚8h。在投喂双糖4～20h后，鲟血液中可以检测到少量双糖。鲟饲料中糖类含量一般不应该超过16%。鲟对糖类的利用还受投饵方式的影响，增加每天的投饵次数可提高糖类的利用率，减少因集中摄食所造成的对葡萄糖代谢或对淀粉消化的负担。

5.1.3　脂肪

脂肪是由氮、氢、氧3种元素所组成的一种高能物质，主要作为能量来源用于水产动物饲料，其中适宜的蛋白质能量比对水产动物的生长发育具有重要影响。根据其来源的不同，脂肪可以分为动物性脂肪（如猪脂、牛脂等）和植物性脂肪（如菜籽油、豆油、花生油等）。鲟摄取饲料中的脂肪后，在消化道中将其分解为脂肪酸和甘油，然后再吸收利用。鲟体内脂肪的主要生理功能为：①提供鱼类生长和机体运动所需的能量；②提供必需脂肪酸；③促进脂溶性维生素吸收；④有节约蛋白质的作用。

脂肪的消化率与其熔点呈反比关系，一般动物性脂肪熔点高，不易被消化吸收；相反植物性脂肪熔点低，是一种极易氧化的物质，经初步氧化后，便失去了其提供必需脂肪酸的作用，但仍可提供部分能量；若进一步氧化，则产生醛、酮、酸等对鱼类有害的物质，会引起鲟生长减慢，成活率降低。因此，鲟饲料不能储存过久，也不能存储在高温或有阳光直射的场所。在加工配合饲料时可添加少量的乙氧基喹啉等抗氧化剂，以防止或减轻氧化作用。鱼类对脂肪的含量要求不高，但饲料中脂肪的含量不足或缺乏，会导致鱼类代谢紊乱，饲料蛋白质利用率下降，同时可并发脂溶性维生素和必需脂肪酸缺乏症。但饲料中脂肪酸含量过高，又会导致鱼体脂肪沉积过多，鱼的抗病力下降，同时不利于饲料的储存和成型加工。因此，饲料中脂肪含量应适宜。有关鲟对脂肪利用方面的研究不多。Medal 等（1991）以西伯利亚鲟为材料，比较了以脂肪为主要非蛋白质能源物质的饲料（脂肪含量21.8%）与含有脂肪和糊化淀粉的饲料（脂肪含量12.5%）的饲养效果，发现两种饲料饲养的幼鲟生长率相近,但前者节约蛋白质的效果更明显,饲养后幼鱼体组织中蛋白质含量高于后者,而后者脂肪的消化率较高,且沉积于体组织特别是肝的脂肪量明显高于前者。熊思岳等(1991)通过对高首鲟的研究表明,幼鱼不需要胆固醇,卵磷脂也不是必需的。还有资料表明,中华鲟幼鱼饲料中脂肪的适宜含量为 9%。

5.1.4　维生素

维生素是维持鲟机体健康所必需的一类营养素,其本质为低分子有机化合物,它们不能在体内合成,或者所合成的量难以满足机体的需要,所以必须由食物供给。维生素每天的需求量甚少,它们既不是构成机体组织的原料,也不是体内供能的物质,然而它们在调节物质代谢、促进生长发育和维持生理功能等方面有着极其重要的且不能被其他营养物质所代替的作用,如果长期缺乏某种维生素,就会导致疾病。

鲟维持正常的生命活动约需要 15 种维生素,按其溶解性能,维生素可分为水溶性维生素和脂溶性维生素两类。

水溶性维生素在鱼体内代谢快,不能贮存,多余的部分易被排出体外,鱼体易发生水溶性维生素缺乏或不足,一般不会导致过剩。水溶性维生素包括维生素 B_1(硫胺素)、维生素 B_2(核黄素)、维生素 B_3(烟酸)、维生素 B_5(泛酸)、维生素 B_6(吡哆醇)、维生素 B_7(生物素)、维生素 B_{11}(叶酸)、维生素 B_{12}(钴胺素)、维生素 C(抗坏血酸)、肌醇、肌碱 11 种。B 族维生素中的维生素 B_5、维生素 B_6 和维生素 B_7 在食物中广泛存在,肠道细菌又可合成,在鲟未发现典型的缺乏症。B 族维生素是辅酶的组成部分,对酸稳定,易被碱破坏,可增进鲟的食欲、帮助其消化、促进鱼体代谢和生长发育。维生素 C 具有增强免疫机能、提高抗病能力、降低有害化学物质的毒害程度等重要生理功能,是饲料中重要的限制性维生素。多数饲料源不含维生素 C,而且在配合饲料的加工和贮存过程中其最易受破坏而损失。维生素 C 在体内作为重要的还原剂而起作用,主要表现在以下几个方面:①促进铁的吸收和利用,能将难吸收的 Fe^{3+}还原成易吸收的 Fe^{2+},促进铁的吸收,它还能促使体内 Fe^{3+} 的还原。②促进叶酸转变成四氢叶酸。③促进抗体的生成。

脂溶性维生素在体内代谢慢,过剩的可在体内贮存,因此,在短期内不会出现脂溶性维生素缺乏症。脂溶性维生素包括维生素 A、维生素 D、维生素 E、维生素 K 4 种。溶脂性维生素不溶于水而溶于脂肪及脂溶剂中,在食物中与脂类共同存在,在被肠道吸收时与脂类吸收密切相关。当脂类吸收不良时,它们的吸收大为减少,甚至会引起缺乏症。维生素 A 的化学性质活泼,易被空气氧化而失去生理作用,紫外线照射亦可使之破坏。维生素 A 的生理作用主要表现在以下三方面:①构成视网膜的感光物质,即视色素,已知维生素 A 的缺乏主要影响视觉。

②维持上皮结构的完整与健全，是维持一切上皮组织健全所必需的物质。③促进生长、发育。维生素 D 系固醇类的衍生物，能促进鲟骨组织的形成和其对饲料中钙、磷的吸收和利用，维持血液中钙、磷的正常含量，促进骨和齿的钙化作用。维生素 E 又称为生育酚，为油状物，在无氧状态下能耐高温并对酸和碱有一定的抗力，但对氧十分敏感，是一种有效的抗氧化剂，维生素 E 被氧化后即失效。主要与鲟的生殖机能有关，也有稳定不饱和脂肪酸的作用，缺少维生素 E 则体内脂肪组织中的不饱和脂肪酸易被过氧化物氧化而聚合，此种过氧化物聚合物一方面使皮下脂肪熔点升高，刺激组织发生病变，形成硬皮症，另一方面它对神经、肌肉及血管等组织亦起着有害作用。由于对氧非常敏感，是一种强有力的抗氧化剂，可以降低组织的氧化速度。当它与不饱和脂肪酸共存时则可以防止后者被过氧化物氧化。同样，肠道内或肝的维生素 A 亦可因维生素 E 的存在而减少被氧化破坏。此种抗氧化剂常应用来保存维生素 A 制剂和各种食用油脂。维生素 K 可以促进肝合成多种凝血因子，因而促进血液凝固。

配合饲料中如果缺乏维生素，就可以造成鱼类代谢紊乱，出现维生素缺乏症，如食欲减退、生长缓慢或停止、抗病力减弱、死亡率增高、体色变淡或变黑、鳃及皮肤出血、脊椎骨畸形弯曲等症状。鲟养殖生产中发生维生素缺乏症可能有以下原因：①维生素摄取量不足，这往往是由饲料单调或饲料中维生素本身含量低造成的。②鱼体吸收不良，多见于消化系统有疾病的鲟，如消化道或胆道梗阻。③肠道细菌生长受到抑制，使用杀菌药物而使消化道细菌受到抑制，合成维生素的量减少，也可引起某些维生素的缺乏。④饲料贮存方法不当，饲料保存时间过长、贮存地点不通风、置于阳光下或者环境温度过高都容易导致一些维生素分解。

鲟对维生素的需求量不多，但不可长期缺少。在池塘粗放式养殖条件下，池塘内有些天然饵料含有各种维生素，故鲟饲料中维生素添加与否对其影响一般不是很明显。但在池塘精养、工厂化养殖、网箱养殖条件下，必须在饲料中添加维生素，并且往往采用过量添加的方法，以防在饲料加工和贮存过程中有部分损失。饲料中一般的维生素添加量为需求量的 1.5～2 倍，对于不稳定、易受破坏的维生素 C，添加量可为需求量的 10 倍以上。

5.1.5　矿物质

除碳、氢、氧、氮 4 种元素外，鲟体内的各种其他元素一般都统称矿物质，也称无机盐。矿物质也是构成鱼体的重要组成成分，能促进骨骼和肌肉等组织的生长，维持机体正常生理功能。鱼类必需的矿物质按需求量的大小分为常量元素和微量元素两类。

常量元素包括钙、磷、镁、钠、钾、氯、硫等。钙和磷是骨骼与鳞片的重要组成成分，钙、磷缺乏，会引起鱼的骨骼发育不良，出现软骨病。

微量元素包括铁、碘、铜、锰、锌、钴、铬、硒、铝、氟、硅、锡、钒等。微量元素在鱼体内含量甚微，常低于体重 0.01%。虽然含量很少，但对鱼体健康起着重要的作用。它们作为酶、激素、维生素、核酸的成分，参与生命的代谢过程。从某种意义上说，微量元素比维生素对机体更重要。其作用主要表现在：①在酶系统中发挥特异的活化中心作用。酶是生命的催化剂，迄今为止在从鱼体内发现的几百种酶中，约有 60%需要微量元素参加或激活，微量元素使酶蛋白的亚单位保持在一起，或把酶作用的化学物质结合于酶的活性中心。铁、铜、锰、锌、钴、铝等能和许多配位基相络合，形成络合物，存在于蛋白质的侧链上。②构成激素和维生素并起着特异的生理作用。某些微量元素是激素或维生素的成分和重要的活性部分，如缺少这些微量元素，就不能合成相应的激素或维生素，机体的生理功能就必然会受到影响，如碘和钴都是这类微量元素。③输送元素。某些微量元素在体内有输送普通元素的作用，构成了体内重要的载体与电子传递系统。例如，铁是血红蛋白中氧的携带者，没有铁就不能合成血红蛋白，氧就无法输送，组织细胞就不能进行新陈代谢，机体就不能生存。④调节体内渗透压和酸碱平衡。微量元素在体液内与钾、钠、钙、镁等离子协同，可起到调节渗透压和体内酸碱平衡的作用，保证鱼体的生理功能正常进行。⑤影响核酸代谢。核酸是遗传信息的携带者，核酸中含有相当多的铬、铁、锌、锰、铜、镍等微量元素，这些微量元素可以影响核酸的代谢。

矿物质主要通过消化道和鳃被吸收。鳃主要从水中吸收溶解的矿物质，但对不同的离子吸收程度不同，一般阳离子较阴离子易被吸收，化合价低的离子比化合价高的离子易被吸收。鲟可以从水中吸收钙以满足代谢需要，但如果水中钙的含量低时，则需在饲料中添加钙。对钙的吸收，还与钙源的溶解度有关，随钙源溶解度的增加而增加。饲料中有足够的维生素 D 时，可促进钙的代谢与吸收。对磷的吸收只能从食物中摄取，故配合饲料中必须添加磷。在钙的需求量已得到满足的条件下，随着磷含量的提高，生长速度加快。对磷的利用率依磷酸盐种类的不同而有差异，其利用率以磷酸二氢钙最好，其次是磷酸氢钙，而磷酸钙的利用率最差。鲟对饲料中钙、磷的利用率，还因饲料中钙、磷的来源而异。来源于动物的原料如鱼粉，钙、磷含量都很丰富，但所含的磷主要以磷酸三钙形式存在，利用率较低。来源于植物的原料含磷较多，但往往缺钙，且所含的磷多以植物钙、镁盐形式存在，利用率也不高。

矿物质对鲟的营养很重要，一旦缺乏所需的矿物质，就会出现生长缓慢、食欲减退、骨骼发育畸形等症状。但在饲料中添加过多的矿物质也会引起慢性中毒，抑制酶的生理活性，从而引起形态、生理和行为上的变化，影响其正常生长。

5.2　达氏鳇能量学的研究概述

　　生物能量学是研究能量在生物体内转换的科学。生物能量学包括三个方面，①微观水平，研究生化过程及细胞活动中的能量转换；②宏观水平，研究生态系统中不同营养级之间的能量转换；③个体水平，研究动物个体水平上的能量转换。本书着重研究达氏鳇个体水平上的能量转换，又称生理能量学。

　　Warren 和 Davis(1967)提出了鱼类能量在体内转换的基本模型 $C=F+U+R+G$，其中 C 为摄食能(J)，F 为排粪能(J)，U 为排泄能(J)，而 Ra(活动代谢能，J)、Rs(标准代谢能，J)和 SDA(特殊动力作用耗能，J)之和为代谢能 R(J)，G 为生长能(J)。1992 年《鱼类能量学——新观点》一书中 Kitchell 等(1974，1977)提出的鱼类收支方程中生长能 G 又分为躯体组分 Gg(不包括性腺，但包括消化道和肝等内脏)和繁殖组分 Gr。

　　国内鱼类能量学研究始于 1989 年，崔奕波(1989)以 Warren 和 Davis(1967)的方程为基本模型，对鱼类生物能量学的理论和方法进行了综述。此后开展了许多详细的研究工作，如崔奕波和吴登(1990)、崔奕波等(1995)、邱德依和秦克静(1995)、朱晓鸣等(2000)、杨严鸥等(2003，2004，2007)主要选择淡水鱼类为实验材料，研究温度、盐度、摄食量、体重、摄食水平、饵料种类及养殖密度等因素对鱼类能量收支的影响，并建立了能量收支模型。而关于海水鱼类的研究种类较淡水鱼类多，范围比较广，如雷思佳等(1999)、唐启升等(1999)和孙耀等(1999a，1999b，1999c)选择台湾红罗非鱼、矛尾鰕虎鱼、真鲷、黑鲷、黑鲪、鲆等海水鱼类为实验材料，研究盐度、日粮水平、饵料种类、温度、体重等因素对鱼类能量收支的影响，并建立了能量收支模型。关于根据 Tyler 和 Calow 等(1984)能量收支方程对躯体组分 Gg 和繁殖组分 Gr 能量分配的研究较少，仅见于曾祥玲等(2011)的摄食水平对食蚊鱼生长、卵巢发育和能量收支影响一文中。关于达氏鳇能量生物学的研究尚未见报道。

5.3　摄食水平和体重对达氏鳇幼鱼生长及能量收支的影响

　　目前关于达氏鳇的研究主要集中在繁殖、育种、胚胎发育等方面(尹家胜等，2006；石振广，2008a；胡佳等，2011)，关于达氏鳇生长、能量收支方面的研究报道不多，因此本节介绍摄食水平和体重对人工养殖达氏鳇幼鱼生长及能量收支的影响，以便为今后达氏鳇的生态养殖、产业化发展和科学管理提供科学依据。

5.3.1　材料与方法

1. 实验材料

实验用的达氏鳇幼鱼为云南阿穆尔鲟鱼集团有限公司自繁自育的健康幼鱼，初始体重为 8.49g±1.34g，体长为 12.03cm±0.76cm。实验鱼先在暂养池内暂养以适应实验环境，待摄食和活动正常后，挑选大小均匀、健康的幼鱼置于实验水槽内。实验期间投喂浙江宁波产天邦鲟饲料，营养成分见表 5-1。实验用水为经曝气和沉淀过滤的地下水，水质符合国家渔业用水标准，流水式养殖。实验期间温度为 21～22℃，溶解氧为 7mg/L 以上，pH 为 7.6。在暂养期间，做预实验估计最大摄食量，估算正式实验时的最大投喂水平。

2. 实验方法

实验在水槽(规格 100cm×100cm×100cm)中进行，暂养条件和实验条件相同，实验鱼根据平均体重和体长划分为 5 个梯度(8.49g、22.94g、46.81g、94.2g、170g)。每个梯度设 5 个投喂水平(日食量)(2%、3%、4%、5%和饱食组，以鱼体鲜鱼汁)，每组设 3 个重复。实验期间每天投喂 2 次，分别为 9:00 和 14:00，投喂 1h 后吸出粪便及残饵，实验进行一个月。

表 5-1　饲料的能值及生化组成
Tab. 5-1　The energy and composition of the artificial pellet

饲料 Food	营养组成 Nutritional composition				
	能值 Energy/(kJ/g)	粗蛋白质 Crude protein /%	脂肪 Fat/%	灰分 Ash/%	水分 Moisture/%
鱼苗料	21.08±0.24	47.89±0.27	14.58±0.77	13.74±0.15	6.22±1.45
成鱼料	18.61±0.18	38.84±0.18	13.19±0.82	15.37±0.24	7.07±0.23

3. 生长性能测定

$$蛋白质含量(\%) = (V_3 - V_0) \times 0.0100 \times 0.014 \times 6.25 \times V_1/V_2 \times 100/W$$

式中，W 为样品质量，g；V_1 为消化液稀释前用量，mL；V_2 为稀释液蒸馏用量，mL；V_3 为滴定样品馏出液的 0.0100mol HCl 耗量，mL；V_0 为试剂空白消耗 HCl 量，mL。

式中的系数 6.25 是按照每 100g 粗蛋白质平均含有 16g 氮计算得来的。系数 0.014 即 1mL 1mol HCl 液相当于 0.014g 氮。

$$粗脂肪含量(\%)=(W_2-W_3)/(W_2-W_1)\times(100-A)$$

式中，A 为 100g 鲜样中水分的含量，g；W_1 为称量瓶质量，g；W_2 为称量瓶质量+样品质量；W_3 为抽提后称量瓶质量+样品质量。

$$粗灰分(\%)=(W_3-W_1)/(W_2-W_1)\times100$$

式中，W_1 为带盖坩埚质量，g；W_2 为带盖坩埚质量+样品质量，g；W_3 为带盖坩埚质量+灰分质量，g。

增重率、特定生长率、摄食率和饵料系数的计算如下。

$$WGRw=100\times(W_{末}-W_{初})/W_{初}$$

$$SGRw=100\times(\ln W_{末}-\ln W_{初})/t$$

$$FRw=100\times C/[t\times(W_{末}+W_{初})/2]$$

$$FCRw=C/(W_{末}-W_{初})$$

式中，$W_{初}$、$W_{末}$ 分别为实验开始、结束时实验鱼的体重，g；C 为摄食量，g；t 为投喂时间，天；WGRw 为以湿重表示的增重率，%；WGRd 为以干重表示的增重率，%；WGRe 为以能量表示的增重率，%；SGRw 为以湿重表示的特定增长率，%/天；SGRd 为以干重表示的特定增长率，%/天；SGRe 为以能量表示的特定增长率，%/天；FRw 为以湿重表示的摄食率，%/天；FCRw 为以湿重表示的饵料系数。

根据始末氨氮浓度的变化计算排氨率：

$$Rn=(C_{末}-C_{初})\times V/(W\times t)$$

式中，Rn 为排氨率，$\mu mol/(g\cdot h)$；$C_{末}$ 为每个实验箱换水 24h 后的氨氮浓度，$\mu mol/L$；$C_{初}$ 为每个实验箱换水前水样的浓度，$\mu mol/N$；V 为实验箱内水的体积，L；W 为鱼体质量，g；t 为实验时间，h。

$$代谢率[mg\ O_2(g\cdot h)]=(DO_0-DO_t)\times V/W$$

$$排氨率[mg\ NH_3\text{-}N/(g\cdot h)]=(N_t-N_0)\times V/W$$

$$代谢能\ R(J)=代谢率(R)(mg\ O_2/g)\times W(g)\times13.54(J/mg\ O_2)$$

$$排泄能\ U(J)=排氨率(U)(mg\ NH_3\text{-}N/g)\times W(g)\times24.83[J/(mg\ NH_3\text{-}N\cdot g)]$$

式中，DO_0 为实验初始溶解氧浓度，mg/L；DO_t 为 t 时间后实验结束时溶解氧浓度，mg/L；N_0 为实验初始氨氮浓度，mg/L；N_t 为 t 时间后实验结束时氨氮浓度，mg/L；V 进水流速，L/h；W 实验鱼湿重，g。

4. 数据处理

实验结果采用 SPSS 17.0 统计软件进行单因素方差分析（ANOVA）及 Duncan 多重比较，$P < 0.05$ 代表差异显著。

5.3.2　结果与分析

1. 鱼体生化组成

摄食水平与体重对达氏鳇鱼体生化组成的影响总结于表 5-2。从表 5-2 可见，不同体重组中摄食水平对达氏鳇幼鱼有影响。投饵不足时，体现出水分、灰分含量增大，粗蛋白质、粗脂肪含量及能值减少。

表 5-2　摄食水平与体重对达氏鳇鱼体生化组成的影响
Tab. 5-2　The effect of ration level and body weight to the body biochemical composition of juvenile *Huso dauricus*

体重 Body weight /g	摄食水平 Ration level /%	生化组成 Biochemical composition				
		水分 Moisture /%	粗蛋白质 Crude protein /%	脂肪 Fat /%	灰分 Ash /%	能值 Energy /(kJ/g)
8.49±1.34	2	87.19±1.11[a]	61.78±0.74[a]	6.58±0.26[a]	17.44±0.60[a]	19.18±0.12[a]
	3	86.41±1.52[b]	64.48±0.50[b]	6.91±0.19[b]	15.32±0.04[b]	19.95±0.19[b]
	4	85.67±1.78[c]	64.29±0.96[c]	8.91±0.15[c]	14.62±0.05[c]	20.04±0.25[bc]
	5	83.84±2.45[d]	63.10±0.58[d]	9.40±0.64[d]	14.33±0.31[d]	20.14±0.76[c]
	饱食	83.37±3.23[e]	62.25±0.16[d]	16.40±0.38[e]	12.27±0.47[e]	21.86±0.88[d]
22.94±5.10	2	85.39±1.52[a]	62.57±0.10[a]	7.70±0.56[a]	16.62±0.39[a]	19.50±0.37[a]
	3	83.76±2.82[bA]	66.47±1.09[b]	10.78±0.89[b]	15.68±0.82[b]	20.62±0.98[b]
	4	83.62±1.18[b]	65.34±0.59[c]	12.42±0.72[c]	15.21±1.55[c]	20.65±0.76[b]
	5	83.61±3.65[b]	64.08±1.39[d]	12.57±0.45[c]	15.20±0.18[c]	20.97±0.52[c]
	饱食	83.13±4.20[c]	63.30±0.17[e]	14.42±0.25[d]	14.90±2.28[d]	21.06±0.50[c]
46.81±10.43	2	84.80±4.32[a]	58.25±2.70[a]	14.20±1.12[a]	15.25±0.37[a]	21.41±0.25[a]
	3	83.63±2.77[bA]	63.92±5.14[b]	14.22±0.98[a]	14.60±0.60[b]	21.74±0.18[b]
	4	82.29±2.01[c]	60.04±2.45[c]	15.91±0.69[b]	13.84±0.68[c]	22.22±0.52[c]
	5	80.33±1.62[d]	59.31±2.50[d]	19.96±0.78[c]	13.12±1.31[d]	22.25±0.44[c]
	饱食	81.34±2.20[e]	59.14±2.47[d]	20.38±0.24[d]	13.08±0.28[d]	23.32±0.27[dA]

体重 Body weight /g	摄食水平 Ration level /%	生化组成 Biochemical composition				
		水分 Moisture /%	粗蛋白质 Crude protein /%	脂肪 Fat /%	灰分 Ash /%	能值 Energy /(kJ/g)
94.20±13.37	2	80.00±1.76[a]	51.27±1.40[aA]	16.60±0.82[a]	14.78±0.16[a]	20.87±0.62[a]
	3	79.96±2.10[aB]	56.95±1.00[b]	19.56±0.99[b]	12.96±0.73[bA]	21.24±0.31[b]
	4	78.10±0.45[b]	52.74±0.23[c]	24.01±1.21[c]	12.37±0.96[c]	22.87±0.37[cB]
	5	78.57±0.76[c]	52.69±0.26[c]	26.19±1.00[d]	11.91±0.66[d]	23.09±0.34[d]
	饱食	78.63±1.23[c]	52.50±0.38[d]	26.37±0.84[d]	11.75±0.23[c]	23.37±0.87[dA]
170.00±12.73	2	80.25±0.25[a]	51.22±0.57[aA]	18.51±0.27[a]	13.46±0.15[a]	21.65±0.75[a]
	3	79.90±0.78[bB]	59.01±0.87[b]	22.02±0.56[b]	13.02±1.25[bA]	22.19±0.97[b]
	4	78.92±0.82[c]	57.36±0.01[c]	23.55±0.47[c]	12.61±0.05[c]	22.22±0.42[bB]
	5	76.83±0.98[d]	56.64±0.61[d]	23.82±0.35[d]	10.85±0.69[d]	22.49±0.56[c]
	饱食	76.61±1.02[e]	55.58±0.10[e]	29.24±0.78[e]	10.62±0.09[e]	23.29±0.65[dA]

注：相同体重不同摄食水平同列肩标无相同小写字母表示差异显著($P<0.05$)，相同摄食水平不同体重同列肩标无相同大写字母表示差异显著($P<0.05$)，下同

Note: The same column followed by different small letters indicate significant difference ($P<0.05$), the same column and the same feeding rate data with the same capital letters show no significant difference, no capital letters indicate had significant difference ($P<0.05$), the same below

2. 增重率、特定生长率、摄食率、饲料系数

摄食水平与体重(湿重，下同)对达氏鳇生长特性的影响总结于图 5-1。由图 5-1 可知，增重率、特定增长率、摄食率随着达氏鳇体重的增加而显著减小($P<0.05$)；饲料系数随着达氏鳇体重的增加而显著增大($P<0.05$)。增重率、特定增长率、摄食率和饲料系数随着达氏鳇投喂水平的增加而显著增大($P<0.05$)。

增重率最大值出现在 8.49g 体重组，分别为 2%投喂组 79.71%±1.40%，3% 投喂组 115.62%±5.15%，4%投喂组 128.21%±2.40%，5%投喂组 131.10%±1.22%，饱食组 150.46%±1.81%，且各投喂水平变化显著($P<0.05$)；最小值出现在 170g 体重组，各投喂水平变化显著($P<0.05$)。特定增长率的最大值出现在 8.49g 体重组，分别为 2%投喂组 2.60%/天±0.02%/天，3%投喂组 3.61%/天±0.17%/天，4% 投喂组 3.85%/天±0.04%/天，5%投喂组 4.55%/天±0.06%/天，饱食组 5.45%/天± 0.05%/天，且各投喂水平变化显著($P<0.05$)；最小值出现在 170g 体重组，其余投喂水平显著高于 2%投喂组($P<0.05$)。摄食率最大值出现在 8.49g 体重组，分别为 2%投喂组 1.73%/天±0.02%/天，3%投喂组 2.80%/天±0.02%/天，4%投喂组 3.63%/天 ±0.03%/天，5%投喂组 3.96%/天±0.05%/天，饱食组 4.00%/天±0.10%/天，且各投喂

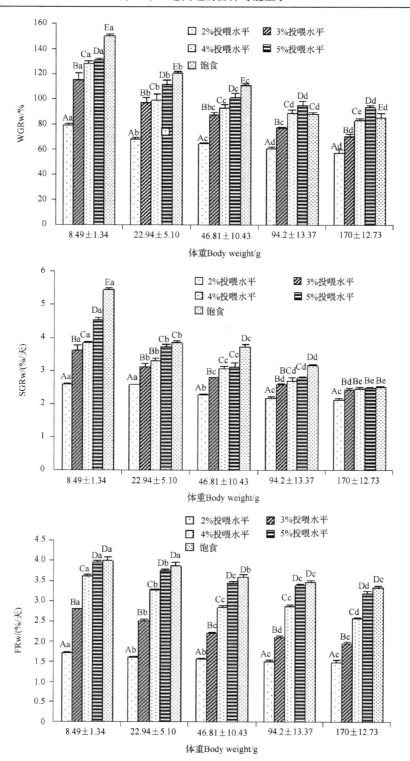

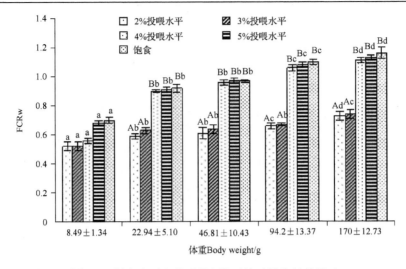

图 5-1　摄食水平和体重(湿重)对达氏鳇生长的影响

Fig. 5-1　The effect of ration level and wet body weight on the growth of *H. dauricus*

相同日粮水平不同体重组无相同小写字母表示差异显著($P<0.05$)；相同体重不同日粮水平无相同大写字母
表示差异显著($P<0.05$)，下同

Data with the different lower case letters at the same ration level are significantly different($P<0.05$)among different fish
body weight, and data with the different capital letters at the same fish body weight are significantly different
($P<0.05$)among different ration level, the same below

水平变化显著($P<0.05$)；最小值出现在 170g 体重组，各投喂水平变化显著($P<0.05$)。饵料系数最大值出现在 170g 体重组，分别为 2%投喂组 0.73 ± 0.03，3%投喂组 0.74 ± 0.03，4%投喂组 1.11 ± 0.02，5%投喂组 1.13 ± 0.02，饱食组 1.16 ± 0.04，2%投喂水平、3%投喂水平显著低于其他各组($P<0.05$)；最小值则出现在 8.49g 体重组，分别为 2%投喂组 0.52 ± 0.03，3%投喂组 0.52 ± 0.03，4%投喂组 0.56 ± 0.02，5%投喂组 0.68 ± 0.02，饱食组 0.70 ± 0.02，各投喂水平差异不显著($P>0.05$)。

　　摄食水平与体重(干重，下同)对达氏鳇生长特性的影响总结于图 5-2。由图 5-2 可知，增重率、特定增长率、摄食率随着达氏鳇体重的增加而显著减小($P<0.05$)；饵料系数随着达氏鳇体重的增加而显著增大($P<0.05$)。增重率、特定增长率、摄食率和饵料系数随着达氏鳇投喂水平的增加而显著增大($P<0.05$)。

　　增重率最大值出现在 8.49g 体重组，分别为 2%投喂组 $122.58\%\pm2.62\%$，3%投喂组 $128.39\%\pm0.79\%$，4%投喂组 $177.31\%\pm2.60\%$，5%投喂组 $215.78\%\pm1.15\%$，饱食组 $312.93\%\pm13.21\%$，且各投喂水平变化显著($P<0.05$)；最小值出现在 170g 体重组，3%投喂水平和 4%投喂水平与其他各投喂水平相比变化显著($P<0.05$)。特定增长率的最大值出现在 8.49g 体重组，分别为 2%投喂组 3.06%/天$\pm$0.06%/天，3%投喂组 4.13%/天$\pm$0.03%/天，4%投喂组 5.09%/天$\pm$0.12%/天，5%投喂组 6.94%/天$\pm$0.07%/天，饱食组 7.01%/天$\pm$0.07%/天；最小值出现在 170g 体重组，且 3%投喂水平和 4%投喂水平特定增长率差异不显著($P>0.05$)。摄食率最大值出现在

8.49g 体重组，分别为 2%投喂组 10.87%/天±0.31%/天，3%投喂组 14.74%/天±
0.25%/天，4%投喂组 16.63%/天±0.46%/天，5%投喂组 19.47%/天±0.47%/天，
饱食组 20.63%/天±0.35%/天，且各投喂水平变化显著(P＜0.05)；最小值出现
在 170g 体重组，各投喂水平变化显著(P＜0.05)。饵料系数最大值出现在 170g 体
重组，分别为 2%投喂组 3.70±0.11，3%投喂组 4.70±0.44，4%投喂组 4.96±0.05，
5%投喂组 5.35±0.05，饱食组 5.37±0.00，5%投喂水平、饱食投喂水平显著高于
其他各组(P＜0.05)；最小值则出现在 8.49g 体重组，分别为 2%投喂组 1.45±0.05，
3%投喂组 2.58±0.62，4%投喂组 2.95±0.06，5%投喂组 2.96±0.06，饱食组 3.05
±0.06，3%投喂水平与其他各投喂水平差异显著(P＜0.05)。

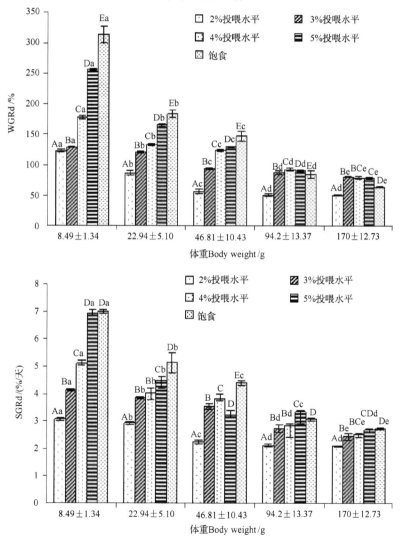

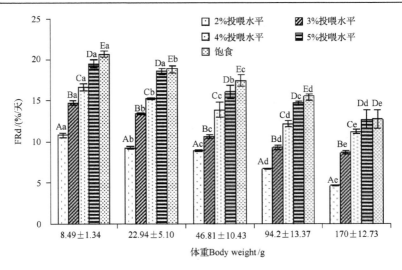

图 5-2　摄食水平和体重(干重)对达氏鳇生长的影响

Fig. 5-2　The effect of dry body weight and ration level on the growth of *H. Dauricus*

　　摄食水平与体重(能量，下同)对达氏鳇生长特性的影响总结于图 5-3。由图 5-3 可知，增重率、特定增长率、摄食率随着达氏鳇体重的增加而显著减小($P<0.05$)；饵料系数随着达氏鳇体重的增加而显著增大($P<0.05$)。增重率、特定增长率、摄食率和饵料系数随着达氏鳇投喂水平的增加而显著增大($P<0.05$)。

　　增重率最大值出现在 8.49g 体重组，分别为 2%投喂组 100.55%±6.05%，3% 投喂组 113.37%±7.63%，4%投喂组 152.64%±2.51%，5%投喂组 265.87%±5.22%，饱食组 309.18%±8.04%，且各投喂水平变化显著($P<0.05$)；最小值出现在 170g 体重组，各投喂水平变化显著($P<0.05$)。特定增长率的最大值出现在 8.49g 体

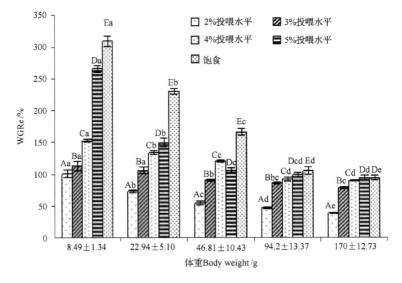

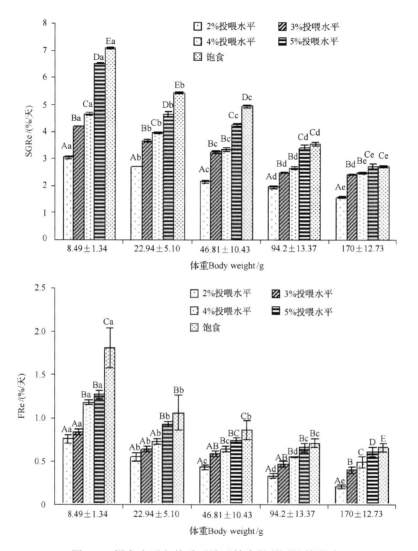

图 5-3　摄食水平和体重对达氏鳇生长(能量)的影响

Fig. 5-3　The effect of dry body weight and ration level on the energy growth of *H. dauricus*

重组，分别为 2%投喂组 3.05%/天±0.05%/天，3%投喂组 4.19%/天±0.01%/天，4%投喂组 4.65%/天±0.05%/天，5%投喂组 6.51%/天±0.01%/天，饱食组 7.08%/天±0.03%/天，且各投喂水平变化显著($P<0.05$)；最小值出现在 170g 体重组，各投喂水平显著高于 2%投喂组($P<0.05$)。摄食率最大值出现在 8.49g 体重组，分别为 2%投喂组 0.75%/天±0.05%/天，3%投喂组 0.83%/天±0.03%/天，4%投喂组

1.17%/天±0.03%/天，5%投喂组 1.26%/天±0.05%/天，饱食组 1.80%/天±0.23%/天；最小值出现在 170g 体重组，各投喂水平变化显著（$P<0.05$）。饵料系数最大值出现在 170g 体重组，分别为 2%投喂组 0.22±0.01，3%投喂组 0.28±0.01，4%投喂组 0.28±0.01，5%投喂组 0.34±0.01，饱食组 0.38±0.01，2%投喂水平显著低于其他各组（$P<0.05$）；最小值则出现在 8.49g 体重组，分别为 2%投喂组 0.06±0.01，3%投喂组 0.13±0.01，4%投喂组 0.13±0.01，5%投喂组 0.13±0.01，饱食组 0.16±0.01，3%投喂水平、4%投喂水平和5%投喂水平差异不显著（$P>0.05$）。

3. 摄食水平和体重对达氏鳇代谢率和排氨率的影响

摄食水平和体重对达氏鳇代谢率和排氨率的影响总结于表5-3。从表5-3可见，达氏鳇代谢率和排氨率随着摄食水平增加而增加，随体重增加而减少。

表 5-3　摄食水平和体重对达氏鳇昼夜间代谢率和排氨率的影响
Tab. 5-3　The effect of the ration level and body weight of metabolic rate and ammonia excretion between day and night in *H. dauricus*

体重 Body weight/g	项目 Item		摄食水平 Ration level				
			2%	3%	4%	5%	饱食
8.49±1.34	OR	D	0.29±0.10[a]	0.46±0.12[b]	0.49±0.09[c]	0.52±0.16[d]	0.68±0.21[e]
		N	0.25±0.03[a]	0.36±0.06[b]	0.40±0.05[c]	0.43±0.05[d]	0.46±0.10[e]
	AR	D	0.032±0.02[a]	0.034±0.02[b]	0.037±0.03[c]	0.045±0.03[d]	0.054±0.04[e]
		N	0.018±0.01[a]	0.021±0.003[b]	0.022±0.003[b]	0.022±0.003[b]	0.025±0.002[c]
22.94±5.10	OR	D	0.21±0.02[a]	0.24±0.03[b]	0.28±0.03[c]	0.29±0.03[c]	0.30±0.04[c]
		N	0.23±0.02[a]	0.24±0.01[a]	0.28±0.02[b]	0.29±0.01[b]	0.31±0.02[c]
	AR	D	0.024±0.01[a]	0.029±0.01[b]	0.032±0.003[c]	0.034±0.01[d]	0.034±0.01[d]
		N	0.027±0.002[a]	0.029±0.001[b]	0.029±0.004[b]	0.026±0.003[a]	0.032±0.002[d]
46.81±10.43	OR	D	0.16±0.02[a]	0.16±0.03[a]	0.21±0.03[b]	0.20±0.05[b]	0.23±0.03[c]
		N	0.21±0.02[a]	0.24±0.02[b]	0.26±0.02[c]	0.28±0.02[d]	0.28±0.02[d]
	AR	D	0.025±0.01[a]	0.027±0.01[b]	0.024±0.01[a]	0.031±0.011[c]	0.039±0.022[d]
		N	0.017±0.01[a]	0.017±0.01[a]	0.023±0.01[b]	0.021±0.01[c]	0.019±0.01[d]
94.20±13.37	OR	D	0.14±0.05[a]	0.17±0.03[b]	0.27±0.03[c]	0.27±0.04[d]	0.35±0.07[e]
		N	0.12±0.02[a]	0.23±0.02[b]	0.30±0.03[c]	0.30±0.03[d]	0.38±0.04[e]
	AR	D	0.017±0.01[a]	0.017±0.01[a]	0.016±0.003[a]	0.019±0.01[b]	0.021±0.01[c]
		N	0.010±0.003[a]	0.009±0.001[a]	0.011±0.004[b]	0.009±0.002[a]	0.011±0.002[b]

续表

体重 Body weight/g	项目 Item		摄食水平 Ration level				
			2%	3%	4%	5%	饱食
170.00±12.73	OR	D	0.10±0.03[a]	0.12±0.09[b]	0.17±0.05[c]	0.17±0.06[c]	0.18±0.10[d]
		N	0.08±0.02[a]	0.17±0.01[b]	0.24±0.02[c]	0.25±0.02[c]	0.23±0.01[c]
	AR	D	0.008±0.002[a]	0.009±0.002[b]	0.010±0.003[c]	0.009±0.001[b]	0.010±0.003[c]
		N	0.008±0.001[a]	0.009±0.002[ab]	0.008±0.002[a]	0.010±0.002[c]	0.010±0.002[c]

注：不同鱼体重同一摄食水平的显著差异用不同小写字母表示；而不同摄食水平相同鱼体重的显著差异用大写字母表示；OR. 代谢率；AR：排氨率；D. 日间；N. 夜间

Note: Data with the different lower case letters at the same ration level are significantly different （P<0.05） among different fish body weight, and data with the different capital letters at the same fish body weight are significantly different （P<0.05） among different ration level；OR. metabolic rate；AR. ammonia excretion rate；D. day；N. night

4. 能量收支

由表 5-4 可知不同规格的达氏鳇幼鱼在各个投喂水平条件下摄食能在体内的分配情况。在不同投喂水平下获得生长能、代谢能、排泄能与排粪能的均值，建立体重在 8～170g 内达氏鳇幼鱼的能量收支方程。

$$2\%投喂水平：100C=41G+33R+6U+20F$$

$$3\%投喂水平：100C=37G+32R+5U+26F$$

$$4\%投喂水平：100C=35G+32R+4U+29F$$

$$5\%投喂水平：100C=35G+28R+4U+34F$$

$$饱食：100C=32G+25R+4U+39F$$

表 5-4　摄食水平和体重对达氏鳇能量收支的影响

Tab.5-4　The effect of ration level and body weight on energy budget of *H. dauricus*

体重 Body weight/g	摄食水平 Ration level /%	C /(kJ/天)	G /(kJ/天)	R /(kJ/天)	U /(kJ/天)	F /(kJ/天)
8.49±1.34	2	470.41±6.25	199.76±6.54	163.19±10.23	28.82±3.45	78.64±7.65
	3	564.50±8.26	221.09±10.21	228.58±9.89	43.30±6.78	106.80±8.24
	4	893.78±10.33	275.08±10.78	387.42±11.75	53.78±7.29	177.50±9.45
	5	1176.03±12.51	381.35±11.21	455.63±10.28	61.84±8.16	277.21±10.24
	饱食	1568.04±13.45	562.23±12.53	513.05±12.45	89.30±10.24	403.46±9.24

体重 Body weight/g	摄食水平 Ration level /%	C /(kJ/天)	G /(kJ/天)	R /(kJ/天)	U /(kJ/天)	F /(kJ/天)
22.94±5.10	2	1066.26±9.78	353.71±16.45	441.99±12.36	84.89±11.45	185.68±7.74
	3	1599.40±10.24	643.84±15.42	470.96±10.27	111.26±10.78	373.34±10.21
	4	1865.97±14.62	592.59±17.28	473.29±11.18	119.73±12.45	680.37±11.11
	5	2332.46±17.28	741.27±15.46	506.14±15.42	128.99±12.89	956.06±13.12
	饱食	2606.86±10.16	746.53±14.78	527.07±15.55	157.32±13.16	1175.94±21.12
46.81±10.43	2	1881.65±9.25	574.52±10.89	791.37±16.34	115.41±10.12	400.35±7.42
	3	2469.66±15.42	672.68±10.91	828.39±13.18	143.26±10.10	825.34±18.12
	4	3292.88±20.16	991.28±11.91	981.03±10.27	158.44±8.19	1162.13±19.10
	5	4116.11±22.12	1407.08±20.16	986.43±11.18	184.08±9.10	1538.51±27.65
	饱食	5017.73±15.24	1769.31±21.12	1125.97±19.77	233.73±12.17	1888.73±23.45
94.20±13.37	2	2028.82±16.28	1060.56±23.45	332.85±10.91	122.08±7.98	513.33±10.10
	3	4324.22±20.16	1547.29±16.24	1406.31±18.91	128.29±10.19	1242.32±15.42
	4	5172.57±25.42	2032.42±18.19	1940.55±20.12	147.19±9.71	1052.41±17.81
	5	5738.77±22.18	2122.32±20.12	2076.51±22.78	148.84±10.25	1391.10±20.12
	饱食	7460.19±30.24	2262.45±21.45	2647.17±21.45	174.63±7.19	2375.95±22.19
170.00±12.73	2	2866.29±14.67	1361.49±18.47	830.78±17.65	61.02±5.42	612.99±10.28
	3	4030.72±18.27	1881.00±19.24	1095.99±15.48	75.62±7.45	978.11±15.43
	4	5374.30±17.28	2364.69±20.16	1193.32±14.27	76.16±8.45	1740.13±17.89
	5	6717.87±16.43	2549.89±20.89	1299.04±15.46	77.77±8.46	2791.17±20.61
	饱食	8957.16±23.15	2578.56±17.46	1342.69±16.78	89.39±9.72	4946.52±23.19

5.3.3　讨论

1. 摄食水平与体重对达氏鳇鱼体生化组成的影响

目前已知的生物体内的储能物质为蛋白质、脂肪和碳水化合物，在鱼类体内碳水化合物的含量很低，有报道称仅为 0.5%左右(Black，1958)，因此在研究鱼类体内的储能物质时，一般只关注蛋白质和脂肪的变化。在鱼类摄食正常的情况下，蛋白质主要用于生物体的生长，脂肪主要用于为生物体供应能量。在饥饿的情况下，大部分鱼类首先利用脂肪和糖原作为机体能量的补充来源，对蛋白质的利用较少(谢小军等，1998)，但有少数鱼类在饥饿期间主要利用蛋白质作为能源物质(Mcmmsen et al.，1980；张波等，2000；朱小明等，2002；胡先成等，2008)，达氏鳇幼鱼在饥饿时首先利用哪一部分能源还未见报道，有待进一步研究。

导致鱼类生化组成发生变化的因素有很多种，如张敏等(1999)研究指出季节、鱼的性别、摄食、繁殖、年龄和个体大小等因素变化均能使海洋鱼类生化组成发生变化。尤宏争等(2009)研究表明，不同盐度条件下星斑川鲽幼鱼肌肉生化组成为：水分 73.98%～75.04%、脂肪 6.49%～6.66%、蛋白质 15.83%～16.76%。杨严鸥等(2006)指出沙塘鳢干物质含量为 19.47%～22.90%、脂肪含量为 3.70%～7.00%、蛋白质含量为 11.48%～14.67%。吴立新等(2006)得出泥鳅生化组成为：水分 74.56%～78.97%、脂肪 1.93%～3.80%、蛋白质 10.82%～16.80%、灰分 3.63%～4.41%。楼宝等(2008)在对鲈的研究中发现，饲喂频率对生化组成也有影响，其生化组成为：水分 70.86%～71.32%、蛋白质 18.44%～18.92%、脂肪 3.33%～5.00%、灰分 4.11%～5.74%。郝世超等(2008)报道杂交鲟幼鲟体生化组成为：蛋白质 50.43%～65.79%、脂肪 13.74%～24.38%、灰分 16.99%～28.93%。本书主要研究投喂水平和体重两个因素对达氏鳇幼鱼生化组成的影响，得到了达氏鳇幼鱼的生化组成(以下为各生化组成成分占干重的比例)。随着体重的增加，不同投喂水平下的达氏鳇幼鱼粗蛋白质含量为 51.22%～66.47%，粗脂肪含量为 6.91%～29.24%，能值为 19.18～23.37kJ/g，并且随着体重的增加达氏鳇幼鱼粗蛋白质含量逐渐从 66.47%下降到 51.22%，下降幅度为 15.25%，随着体重的增加脂肪含量逐渐从 6.91%上升到 29.24%。由于蛋白质和脂肪含量发生变化，体能值随着体重的增加而升高。在 8.49～170g 体重内 5 个规格的达氏鳇幼鱼实验组中，以 3%投喂水平达氏鳇幼鱼的蛋白质含量最高，脂肪含量高于 2%投喂水平，但低于其他投喂水平。达氏鳇幼鱼新陈代谢迅速，具有较高的生长率，在 8.49～170g 体重的幼鱼阶段是幼鱼生长最为迅速的阶段，通过本次实验研究表明，结合生产效益和鱼苗的生长阶段确定适宜的投喂水平，可以促进幼鱼更好的生长。

2. 摄食水平与体重(湿重)对达氏鳇生长特性的影响

目前对于特定生长率和摄食水平关系的研究，有不同的结论。线薇薇和朱鑫华(2001)研究表明，梭鱼的特定生长率和摄食水平呈线性关系 $SGR=aR+b$。有研究表明，异育银鲫(朱晓鸣等，2000)、卵形鲳鲹(Cui et al.，1999；黄建盛等，2010)等鱼类的特定生长率和摄食水平呈对数关系 $SGR=a+b\ln(R+c)$。一些研究(Comes and Gruber，1994；Xie et al.，1997；朱晓鸣等，2001)表明，稀有鮈鲫等鱼类的特定生长率和摄食水平呈指数关系 $SGR=a[1-e-b(R+c)]$。Rafail(1968)的研究表明 *Pleuronectes platessa* 的特定生长率和摄食水平呈正弦关系 $SGR=a+b(R-R_{\mathrm{m}})^{1/2}$。本书研究表明，达氏鳇幼鱼特定生长率和摄食水平为线性关系 $SGR=aR+b$，即达氏鳇幼鱼增重率随着投喂水平的增加而增大，随着实验鱼体重的增加而降低。增重率的变化与特定生长率和摄食率的变化趋势相同。这与和朱鑫华等(2001)对梭鱼的研究结果相一致。有资料研究表明（Jobling，1983），鱼类的特定增长率随鱼体体重的增加而减小。崔奕波和解绶启（1998）研究认为造成特定增长率下降的因素有两个：其一，由于体重的增长，能值上升；其二，由于摄食率降低，特定增长率下降。本书研究表明第二种原因是造成达氏鳇幼鱼特定生长率随着体重的增加而下降的主要原因，这与彭树峰等（2008）的研究相符。实验结果表明，达氏鳇幼鱼特定生长率，在最小体重组最高，在最大摄食水平组最高。因此，在达氏鳇幼鱼养殖阶段，应保持较高的投喂水平，以保证幼鱼获得足够的营养，提高幼鱼的生长率。随着达氏鳇幼鱼体重的增长，体重较大时的特定增长率差异不显著（$P>0.05$），应逐步减少投饵量，这与规格小的鱼类比规格大的鱼类新陈代谢能力强、生长迅速有关（谢小军和孙儒泳，1992）。根据鱼体规格的不同，采取适宜的投喂水平，既可以获得最适的特定生长率，也可以节约饵料，减轻残饵污染对水环境的压力，因此根据养殖的具体情况，最适投喂水平有待进一步研究。

许多研究结果表明（崔奕波，1989），摄食率（单位体重摄食率）随体重的增加而减小，其关系式为：$C=aWb$，其中 b 值一般都小于 1（多在 0.7～0.8）。目前对这一结论的分析有 3 种：①谢小军和孙儒泳（1992）对南方鲇的最大摄食率及其与体重和温度的关系分析，认为个体小的鱼类代谢强度较高，消耗能量的强度大，其食欲相对旺盛，造成了摄食率较高，而个体大的鱼类代谢强度低，消耗能量的强度小，其摄食率低，但是摄食量较大。②有些研究认为（Cui and Liu，1990a，1990b），内源性控制和消化道表面积对最大耗饵量有影响，内源性控制起着主要作用。③还有部分研究用静止代谢的"体面积法则"来解释这一现象。本实验研究中达氏鳇幼鱼摄食率随体重的增加而显著减小（$P<0.05$），与目前的研究结论相符。

摄食率的变化除了和体重有密切关系外，还受到多种因素的影响，如饵料种类、水温、投喂水平等（徐云和马珶，2009；雷思佳和李德尚，2000）因素。本实验研究结果表明，在一定的温度范围内，摄食率随摄食水平增加而升高。

随着投喂水平的升高，鱼类的饵料系数会出现不同的变化，一般有 3 种情况：①饵料系数随着投喂水平的升高而增加（王书磊等，2012）；②饵料系数随着投喂水平的升高而下降（Cui et al.，1994）；③饵料系数在中间投喂水平最大（Brett and Groves，1979；Meyer-Burgdorff et al.，1989）。对于这些不同的结论，有的研究认为由于实验时投喂水平梯度设置的范围较小，因此实验结果没有达到最低水平或者最高水平（Cui et al.，1994；王书磊等，2012）。另外，有研究也认为出现这种情况是由饲料的营养不同或者鱼类的种类不同造成的（王书磊等，2012）。本书研究结果表明，随着投喂水平的升高达氏鳇幼鱼的饵料系数增加，但以湿重表示的饵料系数变化不明显，以干重和能量表示的饵料系数变化较大。很多研究表明，随着鱼类体重的增加，用于维持耗能的比例增加，饵料系数会逐渐增大（Jobing，1994），饲料的转化效率会降低（朱晓鸣等，2001；叶富良和张健东，2002），本实验结果与这些观点相一致。

3. 摄食水平和体重对达氏鳇代谢率和排氨率的影响

有研究资料(Clausen，1963；廖朝兴和黄忠志，1986；罗相中等，1997)表明，鱼类昼夜耗氧率的变化规律预示着在自然状况下鱼类的生活状况。耗氧率高，说明该鱼处于觅食、摄食或者活动较为激烈的状态，而耗氧率低，则说明该鱼活动力较弱。鱼类昼夜耗氧率的变化规律直接或者间接地反映了鱼类在所处环境中的生理状况和代谢水平。本书研究结果表明，达氏鳇幼鱼的耗氧率昼夜变化明显，且夜间耗氧率高于日间耗氧率，这说明达氏鳇幼鱼在夜间的摄食活动要强于日间，因此在幼鱼养殖过程中，加强夜间的投喂次数和投喂量。目前已发表的研究资料中(徐绍钢等，2010)鱼类的耗氧率随摄食水平变化情况的有两种结果：①耗氧率随着摄食水平的增加而下降；②耗氧率随着摄食水平的增加而增大。本书的研究结果与第二种结论符合，即达氏鳇幼鱼耗氧率随着摄食水平的增加而增大。体重也是影响耗氧率的主要因子，现有的资料表明鱼类的耗氧率随体重的增加而减小，本书研究结果表明达氏鳇幼鱼耗氧率随体重的增加而下降。

对牙鲆(Kikuchi et al.，1992)、哲罗鱼幼鱼(杨贵强等，2012)、草鱼(周洪琪等，1999)、南方鲇(李治等，2005)、大黄鱼(沈勤等，2008)等的研究表明，鱼类的排氨率与耗氧率的昼夜变化有着相似的趋势，即先升高后降低。而达氏鳇幼鱼昼夜的排氨率存在由高到低变化的趋势，个别组别这一规律表现得不是很明显，这可能与鱼的种类、个体大小、饲料质量及水环境有关。通过对 5 个规格的达氏鳇幼鱼昼夜排氨率数据的统计分析表明，达氏鳇幼鱼的日间排氨率显著高于夜间排氨率，昼夜变化明显($P<0.05$)。关于体重对鱼类排氨率的影响，已有很多报道，如 Gerking(1955)研究表明，氨排泄随体重增加而降低；Jobling(1994)研究表明，体重和鱼体氨排泄量呈指数函数关系，氨排泄量随体重的增加而下降。本书研究结果表明，达氏鳇幼鱼排氨率随体重的增加而下降，结合已发表的资料(姜祖辉等，1999)和对本实验过程的分析得知，造成这种结果的原因有二，①肾和肝等脏器器官占身体比例不同，鱼体小脏器占鱼体的比例大，鱼体大脏器占鱼体的比例小，脏器的新陈代谢速度快，是鱼体排泄废物的主要场所，因此肾和肝等脏器器官占鱼体比例发生变化，引起达氏鳇幼鱼排氨率随体重的变化而变化；②与鱼类所处的生长阶段有关系，规格小的鱼新陈代谢快，摄食率、特定生长率和饲料系数高，而规格大的鱼摄食率、特定生长率和饲料系数要显著低于个体小的鱼，导致排氨率随体重的变化而变化。O/N 值为 8.28～23.13，说明达氏鳇幼鱼利用能源物质的方式有两种：第一，主要利用蛋白质；第二，主要利用蛋白质和脂肪。在 22.94g 和 46.81g 体重组实验期间天气多处于多雨季节，实验鱼摄食较差，O/N 值变化幅度较大是否由这个原因造成，还有待于进一步的研究。

4. 能量收支

Brett 和 Groves(1979)根据已发表的结果，计算得出肉食性和植食性鱼类的平均能量收支方程式：

$$肉食性鱼类：100C=29G+44R+7U+20F$$

$$植食性鱼类：100C=20G+37R+2U+41F$$

本书研究得到的达氏鳇幼鱼能量收支方程如下：

$$2\%投喂水平：100C=41G+33R+6U+20F$$

$$3\%投喂水平：100C=37G+32R+5U+26F$$

$$4\%投喂水平：100C=35G+32R+4U+29F$$

$$5\%投喂水平：100C=35G+28R+4U+34F$$

$$饱食：100C=32G+25R+4U+39F$$

可以看出，本书得到的收支方程与平均能量收支方程存在较大差异。线薇薇和朱鑫华(2001)、Cui 和 Wootton(1988)对梭鱼、真鲹的研究发现，环境因子变化对鱼类的能量分配有显著影响，如本书得到的能量收支方程，随鱼类摄食水平的变化，鱼类体内的能量分配也发生了较大的变化。

5.4 人工养殖和野生达氏鳇肌肉营养成分的比较

关于人工养殖达氏鳇与野生达氏鳇的营养成分是否存在显著差异尚未见报道，本团队研究了人工养殖和野生达氏鳇肌肉的一般营养组分、脂肪酸和氨基酸组成，旨在比较两者的差异，为优化达氏鳇人工养殖的饲料配方，保持和改善其品质提供科学依据。

5.4.1 材料与方法

1. 材料

本实验所采用的达氏鳇为云南阿穆尔鲟鱼集团有限公司自繁自育的健康幼鱼和来自黑龙江的野生幼鱼。体长为 33cm±1.10cm，每尾平均重约 145g。将人工养殖和野生达氏鳇实验鱼分别先在暂养池(半径为 1m 的圆形槽)内暂养以适应环境，待摄食和活动正常后，挑选大小均匀、健康的幼鱼置于实验水槽内。实验水温为 13~18℃，溶解氧为 4.3~7.0mg/L，pH 为 6.8~7.8。暂养 7 天后挑选健康、没有外伤的达氏鳇作为实验用鱼。实验开始前，停止投饵，饥饿处理两天排空鱼体肠内粪便。实验开始，分别取人工养殖和野生达氏鳇 4 尾用于鱼体生化组成分析，取背侧同一部位肌肉，磨碎混匀，密封后于–20℃冰箱内保存备用。

2. 方法

(1) 粗蛋白质含量的测定

采用凯氏定氮法，称取 0.5～1.0g 风干样品于凯氏烧瓶中，放入硫酸铜 ($CuSO_4$) 0.13g、浓硫酸 10～15mL 及无水硫酸钾 (K_2SO_4) 2.5g，再加玻璃珠 3 粒，置于电炉上加热消化至溶液呈青绿色，冷却后缓缓加入蒸馏水 20mL，摇匀，然后将凯氏烧瓶中的溶液无损地移入 100mL 容量瓶中，用蒸馏水定容，同时做试剂空白。取 10mL 硼酸吸收液于 100mL 锥形瓶内，将凯氏蒸馏器冷凝管末端浸入硼酸吸收液内，将消化好的待检样品移入凯氏蒸馏器内，再加入氢氧化钠溶液，然后进行蒸馏，蒸馏完毕后，以 0.05mol/L HCl 滴定锥形瓶中的溶液，至溶液从蓝绿色变成灰色为止，记下所消耗的体积，并做空白对照。

粗蛋白质含量 (%) $= (V_1 - V_0) \times C \times 0.014 \times 6.25 / (WV'/V) \times 100$。

式中，W 为样品质量，g；V_1 为实验滴定时所需标准溶液体积，mL；V_0 为空白滴定时所需标准溶液体积，mL；C 为盐酸标准溶液的浓度，mol/L；V 为消化液体积，mL；V' 为样品消化液蒸馏用体积，mL；0.014 代表 1mL 1mol/L 盐酸标准溶液相当于 0.014g 氮；6.25 为氮换算成蛋白质的平均系数。

(2) 粗脂肪含量的测定

采用索氏抽提法，用脱脂滤纸包质量 (W) 为 1g 经干燥处理的样品，经干燥箱干燥至恒重后称重 (W_1)，放入索氏抽脂仪中，装好乙醚后，将其转移至恒温水浴锅上，接通电源，抽提 4h 左右，样品中所含脂肪可全部被浸提出来。提取完毕后，把样品包晾于玻璃皿中，待乙醚挥发后，移入 100～105℃烘箱烘 1h 左右，取出称重 (W_2)。

$$脂肪含量 (\%) = (W_2 - W_1) \times 100 / W$$

式中，W 为样品质量 (即测定干物质的样品质量)，g；W_1 为称量瓶质量 + 样品质量；W_2 为抽提后称量瓶质量 + 样品质量。

(3) 粗灰分含量的测定

称重干燥样品 (W) 约 1g，称重坩埚和干燥样品 (W_1)，先将坩埚放在电炉上灼烧完全，再将灼烧后的坩埚放入 600℃马弗炉中灼烧 4h，待样品全部变为白色为止，冷却称重 (W_2)。

$$粗灰分 (\%) = [W_2 - (W_1 - W)] / W \times 100$$

式中，W 为样品质量，g；W_1 为带盖坩埚质量 + 样品质量，g；W_2 为带盖坩埚质量 + 灰分质量，g。

（4）脂肪酸含量的测定

用气相色谱法对上述样品进行脂肪酸含量测定。所有样品都被冷冻在–20℃，并被低温运送到检测中心进行脂肪酸含量测定。

（5）氨基酸含量的测定

采用国标《食物中氨基酸的测定方法》（GB/T 14965—1994)中方法测定。称取样品 100～150mg，加 6moL HCl，抽真空封管，在 110℃烘箱水解 24h，过滤定容至 50mL，取 0.5mL 蒸干，用 Na-S 缓冲液 1.0mL 溶解，经离心后采用 Beckman 6300 型氨基酸分析仪进行测定。其中，色氨酸用分光光度法测定(GB/T 15400—1994)：称取 250～300mg 样品置 25mL 容量瓶，加 10% KOH 溶液 12.5mL，40℃水解 16～18h，定容后取 10mL 离心，取上层清液比色。

（6）数据统计

用 EXCEL 2013 统计软件对数据进行处理。利用成对样本采用 t-检验进行人工养殖和野生达氏鳇之间的比较。

5.4.2　结果与分析

1. 一般营养成分分析

一般营养成分的测定结果见表 5-5。由表 5-5 可见，人工养殖和野生达氏鳇肌肉中粗蛋白质含量分别为 0.60%和 0.67%，粗脂肪含量分别为 3.94%和 2.22%，粗灰分含量分别为 5.82%和 5.42%。经过统计分析发现，人工养殖和野生达氏鳇的一般营养成分除了粗脂肪有显著差别(养殖达氏鳇显著高于野生达氏鳇，$P<0.05$)外，其余组分差异不显著。

表 5-5　人工养殖和野生达氏鳇的肌肉中的一般营养组分
Tab. 5-5　The general nutritional composition of muscle in cultured and wild
H. dauricus

组成 Composition	营养成分 Nutritional composition/%		
	养殖达氏鳇 Cultured Kaluga	野生达氏鳇 Wild Kaluga	P
粗蛋白	0.60±0.19	0.67±0.18	0.711
粗脂肪	3.94±1.67	2.22±1.07	0.002
粗灰分	5.82±0.39	5.42±0.48	0.207

2. 达氏鳇肌肉脂肪酸组成

达氏鳇肌肉中脂肪酸组成总结于表 5-6。从表 5-6 可见，人工养殖达氏鳇肌肉中测出 15 种脂肪酸,其中有 3 种饱和脂肪酸(SFA),含量为 18.45%,软脂酸(C16:0)含量最高,为 14.59%;有 12 种不饱和脂肪酸(UFA),UFA 中有 4 种单不饱和脂肪酸(MUFA),有 8 种多不饱和脂肪酸(PUFA)。野生达氏鳇肌肉中测出 15 种脂肪酸(C18:1n-9 含量最高,占 21.75%),其中有 3 种饱和脂肪酸(SFA),含量为 28.36%;有 12 种不饱和脂肪酸(UFA),UFA 中有 4 种单不饱和脂肪酸(MUFA),有 8 种多不饱和脂肪酸(PUFA)。从脂肪酸组成上看,野生达氏鳇的 $\sum$SFA (28.36%)和 $\sum$MUFA 含量(36.85%)明显高于养殖达氏鳇(18.45%和 27.47%),而 $\sum$PUFA (16.8%)却显著低于养殖达氏鳇(22.75%)($P<0.05$),除此之外从表 5-6 中可以发现,养殖达氏鳇 $\sum$UFA 含量(53.65%)高于野生达氏鳇(50.22%)。另外,野生达氏鳇中的 $\sum$(EPA+DHA)总量(16.02%)高于养殖达氏鳇(10.22%)。

表 5-6　人工养殖和野生达氏鳇肌肉中脂肪酸组成
Tab.5-6　The fatty acid composition of muscle in cultured and wild *H. dauricus*

脂肪酸 Fatty acid	脂肪酸组成 Fatty acid composition/%		
	养殖达氏鳇 Cultured Kaluga	野生达氏鳇 Wild Kaluga	P
C14:0	0.21±0.05	4.03±3.05	0.115
C16:0	14.59±10.32	19.56±5.97	0.591
C16:1	1.47±1.74	4.72±3.51	0.252
C18:0	3.65±2.19	4.77±0.75	0.539
C18:1n-9	22.89±25.80	21.75±19.26	0.962
C18:1n-7	2.00±1.59	3.72±1.88	0.378
C18:2n-6	14.46±17.37	2.83±1.12	0.308
C18:3n-3	1.61±2.16	1.10±0.50	0.738
C20:1n-9	1.11±1.27	6.66±3.58	0.077
C20:2n-6	1.08±0.97	1.82±2.16	0.670
C20:3n-6	0.57±0.46	0.49±0.02	0.775
C20:4n-6	2.03±0.72	4.00±1.35	0.156
C20:5n-3	2.10±1.35	4.64±2.75	0.313
C22:5n-3	0.90±0.71	1.92±0.55	0.232
C22:6n-3	7.22±4.07	9.46±2.65	0.595
$\sum$SFA	18.45	28.36	
$\sum$MUFA	27.47	36.85	
$\sum$PUFA	22.75	16.80	
$\sum$(EPA+DHA)	10.22	16.02	

3. 达氏鳇肌肉中氨基酸组成

达氏鳇肌肉中氨基酸组成的分析结果见表 5-7。从表 5-7 可见，人工养殖达氏鳇与野生达氏鳇肌肉中氨基酸组成种类是相同的，有 7 种必需氨基酸（苏氨酸、缬氨酸、蛋氨酸、异亮氨酸、亮氨酸、苯丙氨酸、赖氨酸），含量分别为 26.69g/100g

表 5-7 人工养殖和野生达氏鳇的肌肉中氨基酸组成

Tab.5-7 The amino acid composition of muscle in cultured and wild *H. dauricus*

氨基酸 Amino acid	氨基酸组成 Amina acid composition/（g/100g）		
	养殖达氏鳇 Cultured Kaluga	野生达氏鳇 Wild Kaluga	P
天冬氨酸 Asp⊕	6.25±0.26	6.52±0.32	0.196
苏氨酸 Thr*	2.97±0.13	3.09±0.12	0.118
丝氨酸 Ser	3.01±0.13	3.09±0.10	0.168
谷氨酸 Glu⊕	9.31±0.38	9.57±0.38	0.090
甘氨酸 Gly⊕	3.61±0.30	3.36±0.37	0.243
丙氨酸 Ala⊕	3.71±0.20	3.73±0.17	0.633
胱氨酸 Cys	0.77±0.11	0.84±0.13	0.601
缬氨酸 Val*	3.22±0.41	3.20±0.30	0.967
蛋氨酸 Met*	3.12±0.40	3.19±0.17	0.798
异亮氨酸 Ile*	2.97±0.14	3.05±0.12	0.242
亮氨酸 Leu*	4.77±0.23	4.94±0.24	0.258
酪氨酸 Tyr	2.71±0.18	3.72±0.51	0.046
苯丙氨酸 Phe*	3.39±0.10	3.47±0.11	0.235
赖氨酸 Lys*	6.25±0.27	6.42±0.30	0.406
组氨酸 His	2.46±0.13	2.55±0.22	0.628
精氨酸 Arg	4.67±0.24	4.74±0.16	0.325
脯氨酸 Pro	4.27±0.13	4.2±0.15	0.451
氨基酸总量 W_{TAA}	67.46	69.68	
必需氨基酸总量 W_{EAA}	26.69	27.36	
非必需氨基酸总量 W_{NEAA}	40.77	42.32	
鲜味氨基酸总量 W_{DAA}	22.88	23.18	
W_{EAA}/W_{TAA}/%	39.56	39.27	
W_{DAA}/W_{TAA}/%	33.92	33.27	
W_{EAA}/W_{NEAA}/%	65.46	64.65	

⊕ 表示鲜味氨基酸，*表示必需氨基酸

⊕ indicated flavor amino acid,

* indicated essential amino acid

和 27.36g/100g，占氨基酸总量的 39.56%和 39.27%；有 10 种非必需氨基酸(天冬氨酸、谷氨酸、甘氨酸等)，含量分别为 40.77g/100g 和 42.32g/100g，占氨基酸总量的 60.44%和 60.73%。人工养殖达氏鳇肌肉中 4 种鲜味氨基酸含量为 22.88g/100g，占氨基酸总量的 33.92%，野生达氏鳇肌肉中 4 种鲜味氨基酸含量为 23.18g/100g，占氨基酸总量的 33.27%，两者 4 种鲜味氨基酸占氨基酸总量的百分比相差很小，说明人工养殖达氏鳇与野生达氏鳇在风味上几乎没有太大的区别。两者非必需氨基酸的组成及含量相差也不明显。从表 5-7 可见：处在两种不同生长环境中的达氏鳇其肌肉中氨基酸的组成及各种氨基酸的含量相差很小。

5.4.3　讨论

1. 人工养殖和野生达氏鳇的一般营养成分的比较

人工养殖和野生达氏鳇的一般营养成分中粗脂肪差别大(人工养殖达氏鳇含量高，野生含量低)，其余组分差异不显著。人工养殖和野生鱼类肌肉的常规营养成分通常有一定的差别，野生鱼的生活活动空间范围广阔、摄食范围广，而养殖鱼在池塘中的活动空间比较小，能量消耗比较少，另投喂饲料中可以人为地添加一些含脂质的物质，因此养殖鱼的脂肪含量通常会高于野生鱼，而蛋白质含量通常会低于野生鱼。对中华鲟(*Acipenser sinensis*)(宋超等，2007)、大黄鱼(*Pseudosciaena crocea*)(徐继林等，2005)等鱼类养殖与野生群体肌肉的一般营养成分测定的结果均证实了这一点。但是也有一些研究得出了不同的结论，可能与养殖期间投喂的饵料不同有关。

2. 人工养殖和野生达氏鳇脂肪酸组成的比较

人工养殖和野生达氏鳇的肌肉分别共检测出 15 种脂肪酸，主要脂肪酸是 C16:0、 C18:1n-9、C18:2n-6、C22:6n-3 4 种。野生达氏鳇 $\sum$SFA 含量(28.36%)显著高于人工养殖达氏鳇(18.45%)，这与鳙(戴阳军等，2012)的测定结果相似。饱和脂肪酸是生物体内重要的供能物质，但是摄入量过多会提高血液中血脂、低密度脂蛋白和胆固醇的浓度，导致动脉粥样硬化。另外增加食物中的多不饱和脂肪酸有益于人体健康，并能够减少心血管疾病的发生(Ellis et al.，2006；戴志远，1993)。人工养殖达氏鳇 $\sum$UFA 含量(53.65%)略高于野生达氏鳇(50.22%)。但野生达氏鳇 $\sum$MUFA 含量(36.85%)显著高于人工养殖达氏鳇(27.47%)，而人工养殖达氏鳇 $\sum$PUFA (22.75%)显著高于野生达氏鳇(16.8%)。有医学实验研究证明，EPA 和 DHA 对阿尔茨海默病和心血管疾病具有保健和治疗的作用(蒋汉明等，2005)。野生达氏鳇肌肉中 $\sum$(EPA + DHA) 总量为 16.02%，远高于野生黄颡鱼肌肉中的 $\sum$(EPA + DHA) 总量(8.07%)(梁琍等，2015)，略高于含有较高 EPA (12.5%)

和DHA（14.4%）的鲢（*Hypophthalmichthys molitrix*）（罗永康，2002），其他淡水鱼（鲤（*Cyprinus carpio*）、草鱼（*Ctenopharyngodon idellus*）、青鱼（*Mylopharyngodon piceus*）、鲫（*Carassiusauratus*）等中 EPA 和 DHA 的含量相对较低。从保健和营养的角度来看，达氏鳇具有一定的开发利用价值。

3. 人工养殖和野生达氏鳇氨基酸组成的比较

人工养殖与野生达氏鳇肌肉氨基酸组成中有 7 种必需氨基酸（苏氨酸、缬氨酸、蛋氨酸、异亮氨酸、亮氨酸、苯丙氨酸、赖氨酸），有 10 种非必需氨基酸（天冬氨酸、谷氨酸、甘氨酸等），并且在人工养殖和野生达氏鳇肌肉中，谷氨酸含量都是最高的，其次为天冬氨酸、赖氨酸、亮氨酸，这一结论与长吻鮠（*Leiocassis longirostris*）（曹静等，2015）、黄颡鱼（*Pelteobagrus fulvidraco*）（黄峰和严生安，1999）、南方人工养殖的大口鲶（*Silurus soldatovi meridionalis*）（张凤枰等，2012）等的结果较为一致。达氏鳇以其味道鲜美而著称，然而动物蛋白质的鲜美在一定程度上取决于鲜味氨基酸的组成和含量。由表 5-7 可见，人工养殖和野生达氏鳇其鲜味氨基酸含量占总氨基酸的33%左右，显著高于南方大口鲶（31.52±1.20）%（张凤枰等，2012）、瓦氏黄颡鱼（*Pelteobagrus vachelli*）（25.52%）（袁立强等，2008）等。由此可见，达氏鳇的鲜味氨基酸含量较为丰富，表明达氏鳇具有较高的食用价值。

4. 综合比较

人工养殖和野生达氏鳇的一般营养成分除了粗脂肪具有显著差别（人工养殖达氏鳇含量高于野生达氏鳇）外，粗蛋白质、粗灰分含量并无显著差异。人工养殖和野生达氏鳇的肌肉分别检测出 15 种脂肪酸，野生达氏鳇的 $\sum$SFA（28.36%）和 $\sum$MUFA 含量（36.85%）明显高于人工养殖达氏鳇（18.45%）和（27.47%），而 $\sum$PUFA 含量（16.8%）却显著低于养殖达氏鳇（22.75%），除此之外可以发现人工养殖达氏鳇 $\sum$UFA 含量（53.65%）高于野生达氏鳇（50.22%）。另外，野生达氏鳇中的 $\sum$(EPA + DHA) 总量（16.02%）略高于人工养殖达氏鳇（10.22%）。无论野生还是人工养殖，达氏鳇肌肉中不饱和脂肪酸含量显著高于其他淡水鱼，并且氨基酸组分中人体必需氨基酸含量丰富，尤其是鲜味氨基酸的丰富含量使得达氏鳇具有较高的食用价值。本实验分别进行了人工养殖和野生型达氏鳇肌肉中一般营养组分、脂肪酸组分和氨基酸组分的分析，比较了两种不同生长模式下达氏鳇组分含量的不同。对于造成这种现象的原因，目前还没有相关报道，作者仅对达氏鳇在人工养殖和野生这两种不同生长模式下的肌肉组分分析，对于出现这种结果的原因尚需进一步研究，如可能是由于达氏鳇的生活活动空间范围、摄食范围不同，这些都可以作为后续的研究工作，对提升达氏鳇的营养价值，从而使达氏鳇为人类提供更高的食用价值具有重要意义。

第6章 达氏鳇的人工养殖技术

6.1 达氏鳇人工养殖发展史

苏联鲟人工养殖历史较长，规模较大。苏联已经对闪光鲟、俄罗斯鲟、西伯利亚鲟和小体鲟等进行了超过两代的人工繁殖和养殖。在1898年，Berg报道了人工培育闪光鲟亲鱼的实验(Birstein and Bemis, 1997)。苏联对不同种类的鲟进行组合杂交(Nikol'skaya and Sytina, 1974)。实践证明其杂交优势明显——生长速度快，可选育并能提早成熟，因此成为特别适合进行商品养殖的品种。已进行人工杂交的品种还有裸腹鲟×闪光鲟、欧洲鳇×裸腹鲟等。在养殖模式上，苏联也是多种多样，主要有大水面移养、池塘养殖、网箱养殖和温流水养殖。鲟养殖场在苏联时期发展很快，1962年仅建成1个，而在1972年初就有17个，1983年建成23个，1993年建成26个(Barannikova et al., 2003)。培育的鲜鱼苗种除用于人工养殖外，其余均放流到自然水域。苏联鲟放流规模和数量是其他国家无可比拟的，用于人工养殖的只是其中很少的一部分，据统计从1972年的7000万尾增至1985年的13 000万尾左右，其中9000万尾放流到里海，4400万尾放流到亚速海，实际人工养殖总产量不足1000t。

美国鲟人工养殖起步较晚，但发展速度较快，已进行高首鲟的高密度养殖(Binkowski and Czesklleba, 1980; Shigekawa and Logan, 1986)。在加利福尼亚州有许多鲟人工养殖场，现已达到全电脑自动控制和150kg/m^3水体的单位高产，1998年实际产量估计在1000t以上。该品种现广泛进行池塘养殖和水库放养。高首鲟是美国加利福尼亚州、法国、意大利很重要的人工养殖品种，其商品鱼养殖和鱼子酱的产量1996年分别达到600t和1.0t(Bronzi et al., 1999)。在美国和苏联匙吻鲟的人工养殖是十分成功的，该品种现广泛进行池塘养殖和水库放养。1999年西方国家鲟养殖产量达到1300t(Williot et al, 2001)。2000年美国加利福尼亚州高首鲟和鱼子酱的产量分别为750t和3.5t；意大利分别为750t和2.5t；而法国分别为150t和5t。总之，2002年这些地区的商品鲟和鱼子酱的产量分别为2000t和9t。

从20世纪60年代开始，保加利亚、匈牙利、德国、日本、法国、爱沙尼亚、乌克兰、意大利、罗马尼亚、丹麦、西班牙、比利时、伊朗、奥地利等国先后开展了鲟的人工养殖。

中国鲟人工养殖起步较晚，但发展速度快。1990年黑龙江省特产鱼类研究所开展了史氏鲟人工养殖实验研究，此后，我国先后在大连、北京、四川、广东、湖北、福建、江苏、黑龙江等地也开展了规模不等的鲟人工养殖，主要品种为史氏鲟、俄罗斯鲟、杂交鲟、西伯利亚鲟、匙吻鲟和黑龙江鳇及其杂交种，目前养殖产量已达 5000t 以上。

为保护和利用鲟类资源，发展鲟类养殖业，世界各国学者对鲟类的种质资源和生物学、细胞学、生态学、生理学及遗传工程学等方面进行研究并已取得可喜的成果。根据核细胞学的研究结果，鲟类具遗传特异性，所有的鲟类都是多倍体，即 4 倍体、8 倍体、16 倍体(Birstein，1993)。细胞核含有大量的染色体，一般为 120 或 240 条染色体，据估计有的可达 500 条，含 120 条染色体的种类核型都相似，这种染色体模式使鲟科鱼类的杂交很容易进行(Blacklidge and Bidwell，1993)。1997 年俄罗斯学者 Sudakov 成功研制出两种鲟专用饲料，效果甚佳。国内学者在幼鲟开口料方面做了初步研究。鲟形目鱼类的一些基础科学研究已在世界各地广泛开展，研究成果也逐渐应用于鲟的保护、繁殖和增养殖领域。据了解，国外已研制出活体鲟取卵加工鱼子酱技术并将之应用于生产。随着人们认识的提高，发展鲟形目鱼类人工增养殖和加强自然资源保护的呼声越来越高，鲟人工增养殖业必将成为 21 世纪水产业的一大热点。

最近几年，对西伯利亚鲟 A. baerii (Charlon and Alami-Durante，1991)、高首鲟(A. transmontanus) (Charlon and Alami-Durante，1991)的研究表明，用人工配合饲料开口进行集约化养殖是可行的。理论上，达氏鳇苗种培育可分 4 个阶段：前期仔鱼(水花，70～100mg)、仔鱼(100～3000mg)、稚鱼(3～5g)；幼鱼(5g 以上)。由于前期仔鱼是内营养阶段，因此所谓苗种培育主要就是指仔鱼和稚鱼培育。在生产实践中，达氏鳇苗种培育是一个连续的过程，很难把它分开来。达氏鳇是肉食性凶猛鱼类，苗种培育首先需改变食性，使达氏鳇由食肉转变成食人工配合饲料，而这个转变过程必须在达氏鳇苗种培育阶段完成。

达氏鳇肉味鲜美，营养丰富，软骨食之可口且具有保健功能，鱼子酱质量上乘，国际市场供不应求。达氏鳇生长速度快、抗病能力强，是极具养殖潜力的优良品种。国外有关达氏鳇人工养殖技术的研究未见报道，国内尚属空白。

6.2　达氏鳇仔、稚鱼的培育

达氏鳇属于大个体较凶猛的鱼类，其具有生长速度快、抗病力强等特点，市场前景好，成为理想的人工养殖对象。但其苗种培育技术并不成熟，苗种成活率不高，特别是仔稚鱼阶段。鱼苗按生长情况大致可分前期仔鱼、仔鱼、后期仔鱼、稚鱼 4 个阶段。每个阶段结束要重新筛鱼饲养，对鱼苗进行分池，筛选出体弱、不摄食或摄食极少的鱼苗，先用活饵扶壮一段时间，待鱼苗体质有所恢复后再用配合饲料投喂。对于那些摄食积极、体质健壮的鱼苗也应挑选出来另行饲养。同时温度对达氏鳇前期仔鱼培育有影响，水温在一定范围内对前期仔鱼的成活率有显著的影响。水温在8~12℃时，前期仔鱼的成活率显著低于1~24℃时的成活率；而当水温为26℃时，成活率开始降低，生长也受到了不同程度的抑制。这说明达氏鳇前期仔鱼培育的适宜温度为14~24℃。高温加速仔鱼死亡的原因是高代谢强度加速内部能源消耗，高温较低温养殖仔鱼卵黄利用率高，生长速度加快，转口时间缩短(Kamler，1992)。

第一阶段：进行水花暂养。由于鱼苗个体小、游泳能力弱、对外界各种变化适应能力差，早期发育阶段的死亡率较高，在易感阶段鱼苗受到不良因素的侵扰，将会影响鱼苗的成活率和下一阶段健康状况(Claramunt and Wahl，2000)。自然界中鲟前期仔鱼体质弱，游动能力差，加上在自然水域中敌害生物多，以及其他各种不利因素(持续低温、水污染等)的影响，开口时鱼苗的成活率很低。在人工养殖环境中通过人为干预，创造鱼苗生长发育的最适环境，使鱼苗能够有效地吸收卵黄，顺利过渡到开口期。从水花到开口阶段，水位保持25cm，水流量为20L/min，放养密度为200尾/m²，该阶段鱼体生长靠卵黄，为内源性营养，不需投喂，该阶段水温为14~16℃。

第二阶段：仔鱼开口阶段，即从1.75cm培育至2cm。水花全长达1.75cm时，部分仔鱼开口，长至2cm时全部开口。该阶段为混合营养期，水位保持30cm，水流量仍为20L/min，饵料粒径为0.2~0.4mm，达氏鳇仔鱼卵黄栓没有完全排出时开始投喂，如果开口时鳇仔鱼吃不饱，将彼此吞食，严重影响仔鱼开口期成活率；用枝角类开食时，投喂的密度应高，枝角类个体要小；用水丝蚓开食时，要注意碎度并进行消毒，因为水丝蚓是水污染指示生物，其污染水环境的程度很高；湿卤虫卵孵化前用1:5的双氧水溶液处理10min可以取得较理想的孵化效果。每天投喂12次，每次投喂30min，投喂时，停止供水、供氧，鱼吃完食后及时清污，以免污染水质。该阶段水温为16~17.5℃，该阶段也是苗种培育的关键阶段。

第三阶段：仔鱼全摄食阶段。鱼全长为2~3cm，水位保持35cm，水流量增至25L/min，饵料粒径为0.4~0.6mm，每天投喂8次，每次投喂40min，水温为17.5~19.5℃，密度为1500尾/m²。

第四阶段：稚鱼培育阶段。此阶段仔鱼卵黄吸收完毕，已完全由内源性营养过渡到外源性营养，完全靠摄食来获得生长发育所需要的营养。在自然界中，此阶段主要摄食底栖动物、水蚤等生物饵料，随着生长发育开始摄食其他鱼类。人工养殖情况下，达氏鳇仔鱼仅靠摄食水蚯蚓、水蚤等生物饵料是不能满足其快速发育的营养需求的，这时用人工全价配合饲料进行驯化势在必行。因此用人工全价配合饲料进行驯化是稚鱼培育的关键，也是商品达氏鳇人工养殖的关键。此时期鱼全长3~5cm，水位保持40cm，水流量为30L/min，饵料粒径为0.6~1mm，每天投喂 8 次，每次投喂 30min，密度为 1000 尾/m²。

总之，鱼苗在各阶段，投喂次数和每次投喂时间不同，这与鱼的生物学习性和所处消化系统发育阶段有关。刚开口仔鱼处在混合营养期，摄食量少，所以投喂时间短。根据生长情况，开口时间不一致，故要频投，每天达 12 次，以免鱼开口时吃不到饲料。鱼全长达 2cm 时已完全开口，该阶段鱼要饱食。随着鱼体增长，消化系统逐渐发育完善，胃排空时间延长，在投喂时间和投喂次数及投喂量上都应有相应的变化。每天投喂次数减少到 8 次，但每次投喂量增加，投喂时间延长。饲料的配制要符合鱼的活动习性。前期仔鱼上浮较多，特别是晚上，所以采用仿生料。此饵料先上浮，后渐渐下沉，随着饵料下沉，仔鱼也被逐渐驯化为到池底摄食，这样上层鱼和下层鱼都能吃到饵料，后期用沉性饲料即可。保持适当水位，有利于鱼的活动，同时可增加池中溶解氧浓度。适宜的水流可使鱼逆流锻炼，增强鱼体质。

在鲟仔鱼的培育方面，国内外学者做了大量的研究工作。用活饵成功地培育鲟仔鱼的事例很多，早年曾用寡毛类、大型溞或卤虫成功地培育过高首鲟（Monaco et al.，1981）、俄罗斯鲟（Krivobok and Starozhuk，1970）、列娜河西伯利亚鲟（Evgrafova et al.，1982）。鲟开口可以只用干燥的商品饲料（Semenkova，1983；Buddington and Doroshov，1984），尽管这些仔鱼生长速度较喂活饵时慢，但其成活率仍然较高。Dabrowski 等（1985）发现开口喂活水蚯蚓时体重增长最快，这是因为其较其他人工配合饲料具有优势，但随着鲟年龄的增长，单一投喂水蚯蚓的特定生长率要低于投干燥单细胞蛋白料。这也说明，水蚯蚓的营养不全面，不能长时间投喂，否则容易造成营养缺乏，影响仔鱼的生长。Dabrowski 等（1985）在水温 17.5℃时用活饵和人工饲料培育西伯利亚鲟仔鱼，最大特定生长率是 14.2%/天和 12.9%/天。Monaco 等（1981）、Buddington 和 Doroshov（1984）培育 42mg、46mg 高首鲟仔鱼，经过 42 天达到 3.7～5.7g，喂水蚯蚓的最大特定生长率为 11.7%/天。用颗粒饲料开口鲟效果极不稳定。Deng（2000）用商品饲料投喂开口的中吻鲟，35 天的死亡率仅为 7%。Gisbert 和 Williot（1997）用饲料投喂开口的西伯利亚鲟，13 天其死亡率高达 13.3%。大西洋鲟（Mohler et al.，1996；Bardi et al.，1998）和湖鲟（Di Lauro et al.，1998）在适宜的养殖条件下，仔鱼的死亡率远高于高首鲟、中吻鲟和西伯利亚鲟。

通过上述介绍可将达氏鳇鱼苗开口饲料分为生物饵料和人工配合饲料两大类。生物饵料包括轮虫、卤虫、水蚤及水蚯蚓等。用不同的开口饲料，鱼的特定生长率存在很大差异。从成活率可看出不同开口饲料投喂达氏鳇仔鱼的效果。Evgrafova 等（1982）用大型溞或水蚯蚓和卤虫混合培育列娜河西伯利亚鲟，水温 19～20℃，体重分别达到 560mg 和 756mg，最大特定生长率分别为 14.7%/天和 14%/天。最好的饲料是枝角类和卤虫幼体（以下简称卤幼），其次是水丝蚓和鸡蛋黄，较差的为轮虫，最差的是颗粒料和鲜鱼肉，卤虫与水蚤对于刚开口的达氏鳇仔鱼来说比较适口，营养也较全面，饲喂枝角类和卤幼时，幼鱼的整个器官系统都进行正常发育，因为水蚤体内含有丰富的酶系统和蛋白质（石振广，2008）。这与 Mohler 等（1996）意外发现使用活卤虫对海湾鲟进行喂养可在 35 天左右即可转食各种配合饲料的结果相同，可见活饵料对开口时期的达氏鳇有着重要的影响，也是影响成活率的关键。卤幼投喂开口 1 周海湾鲟成活率高于 95%，特定生长率为 10.4%/天，再转食人工饲料其成活率和特定生长率分别达到 83.8%、10.0%/天，明显高于达氏鳇仔鱼特定生长率 5.2%/天（17～19℃），这可能是因为达氏鳇仔鱼的最佳生长温度高于海湾鲟或者投饵率偏低。若喂活饵 4～5 周就可以很容易转食颗粒饲料，成活率高于 70%；喂 3～4 周活饵，仔鱼再转食其他颗粒料就没有死亡，但投喂枝角类和卤幼时必须达到一定的密度，鳇鱼苗才能摄食到，因为此时的仔鱼摄食主动性不高。水蚯蚓和鸡蛋黄也是较好的鳇开口饵料，饲喂水蚯蚓，鱼体长生长迅速，而相应的器官系统发育不同步，体质较弱，鸡蛋黄营养较为全面但易于败坏水质。水蚯蚓对刚开口的鳇鱼苗来说，规格稍大些，在投喂前应先将水蚯蚓切成小段，用干净水清洗几次至无污液时再投喂。轮虫对达氏鳇仔鱼来说个体太小，难以适口。达氏鳇仔鱼开口时，其个体要比家鱼鱼苗开口时的规格大得多，所以用轮虫作为开口饵料效果较差，即使用，最多只能维持 1～2 天。以新鲜碎鱼肉为主，添加部分辅料做成的混合饲料也可作为达氏鳇鱼苗的开口饲料，这种饲料极易败坏水质，所以效果差。达氏鳇仔鱼直接使用配合饲料作为开口饵料，虽然配合饲料营养全面，能弥补活饵营养的不足，但达氏鳇仔鱼对配合饲料较难接受，直接投喂拒食的比例较高，必须经过一个很长的适应期，因此效果差。鲟仔鱼死亡率不同是由种内和种间差别、环境因素、饵料和水质及管理质量等综合因子造成的。来自 20 尾不同雌性西伯利亚鲟的仔鱼的死亡率变化很大，为 4.6%～21.6%（Gisbert et al.，2000）。大西洋鲟和湖鲟在适宜的养殖条件下其仔鱼的死亡率远高于高首鲟、中吻鲟和西伯利亚鲟，似乎是其仔鱼卵粒小和体重轻难以在开口阶段接受人工饲料的缘故，其他的影响因素还不清楚，有待于进一步研究。高首鲟仔鱼投饵率最低时死亡率最高，长时间投喂不足时仔鱼会互相咬尾、残食。在池中的高首鲟仔鱼停食和投喂劣质饲料时也有类似情况发生（Lindberg，1988；Gawlicka et al.，1996）。除此之外，石振广（2008）认为达氏鳇养殖对培育水体的形状和水温也有一定的要求，这对仔鱼成活率均有影响。圆形水体的成活率较高，16～20℃水温培育效果最好，同样不同材质的容器对达氏鳇仔鱼培育也有影响，不同材质同一种形状的容器对仔鱼的成活率也有明显的影响。用圆形、方形玻璃钢树脂容器养殖达氏鳇前期仔鱼成活率较相同形状的水泥容器高，这可能是因为玻璃钢容器内涂的树脂胶无毒性作用，而水泥的构成成分复杂，再者是其光滑度也远不及玻璃钢容器，容易对稚嫩的幼苗造成伤害（石振广，2008）。而相同材料不同形状的培育池对前期仔鱼的成活率也有明显的影响，圆形池的成活率明显高于方形池，这可能是因为方形池角水流不畅，造成或局部形成死角致使溶解氧水平偏低，而圆形培育池就不存在这个问题(石振广，2008)。在人工养殖条件下，环境因素诸如温度、水质、食物丰度都会影响鲟的行为，同时影响鲟的生长和成活率。

在稚鱼期的达氏鳇需要的营养较为丰富，此阶段也是商品达氏鳇人工养殖的关键时期。此阶段主要用人工全价配合饲料进行驯化转口。石振广(2008)发现用枝角类、卤幼浆汁浸颗粒饲料进行驯化是行之有效的，但用水丝蚓开口的达氏鳇稚鱼单独用颗粒饲料驯化成功率和存活率都很低，这与 Lindberg 和 Doroshov(1986)将喂水蚯蚓的高首鲟仔鱼(59～100g)转饲人工配合饲料后成活率和相对生长率显著降低的结果一致。石振广(2008)采用颗粒饲料+水丝蚓、水丝蚓浆汁浸颗粒饲料投喂，驯化率分别达 80%和 90%，成活率分别为 96%和 95%；而用卤幼和枝角类采用相同方法进行驯化，驯化、成功率都在 90%以上，转食时间较短，10 天左右，稚鱼的成活率也相对较高达到 95%，这与 Bardi 等(1998)在海湾鲟饲养实验发现用卤幼虫开口 7 天，其成活率高于 95%、特定生长率为 10.4%/天，再转食人工饲料其成活率和特定生长率分别达到 83.8%、10.0%/天的结果比较一致。从生长情况看，除了用颗粒饲料驯化处理的生长差外，其他处理的生长相差无几。但使用卤幼及枝角类开口的达氏鳇稚鱼进行驯化其生长较由水丝蚓开口的快，这可能与卤幼的营养较水丝蚓全面及幼鲟对卤幼依赖程度低有关，这也在 Bardi(1998)用活卤虫喂养海湾鲟 35 天后其可迅速转食各种配合饲料不用驯化的实验中得到印证。用卤虫、枝角类开口的达氏鳇仔鱼较用水丝蚓开口的驯化时间短，驯化成功率高，同样用枝角类、卤幼进行驯化的仔鱼的成活率、生长率都较水丝蚓高，这说明卤幼、枝角类是达氏鳇仔鱼较好的开口及驯化诱饵，也说明卤幼、枝角类可能较水丝蚓营养丰富(石振广，2008)。

6.3　达氏鳇商品鱼的人工养殖

在黑龙江省特产鱼类研究所广大科技人员的共同努力下，史氏鲟的人工养殖于 20 世纪 90 年代中叶悄然兴起，并迅速在全国范围内发展起来。目前鲟人工养殖已遍及全国二十几个省(直辖市、自治区)——广东、福建、北京、四川、湖北、辽宁等。鲟渔业的兴起为我国淡水渔业增加了一个新的高品质养殖种类，有助于实现淡水养殖从低质低效向高质高效转变，给我国淡水养殖注入新的活力和生机。而达氏鳇又是鲟形目鱼类中最优良的品种之一，它具有生长速度快、经济价值高、抗病能力强等优点，具有很高的养殖推广价值。

从表 6-1 可以发现，流水池和网箱养殖的效果基本相同，5 龄后达氏鳇体重分别达到 45.96kg 和 44.87kg，而土池只长到 37.9kg，明显较流水池和网箱养殖生长慢。但饵料系数网箱的 1.2 高于流水池的 1.0，而低于土池的 1.4，这是因为网箱投饵时有的没被吃到就散到水中而浪费，土池更是如此。Zahra Asgharzadeh 等(2005)在 2003 年实验养殖欧洲鳇，把体重 1400g 的欧洲鳇 250 尾放入面积为 650m^2 的土池塘，水温为 9.8～20.5℃，投饵率为 1.0%，经过一年的饲养平均体重达到 2273g，饵料系数为 2.43，这与我们土池养殖的实验结果接近。流水池和网箱养殖的体重基本相同，而体长却相差 14cm，这是由于网箱中养殖的达氏鳇活动空间小，相反在土池中养殖的达氏鳇体重虽小但体长达到 203cm。这说明养殖空间对体长影响是比较大的。另外，空间太小对人工养殖达氏鳇的健康也有影响。网箱养殖达氏鳇进行活体运输比较困难，而流水池养殖达氏鳇进行活体运输就没有问题。从养殖密度看，流水池和网箱养殖较土池高 30 多倍，其效益可想而知。从养殖存活率看，流水池和网箱养殖分别为 60% 和 56%，而土池只有 42%。从实验结果分析看，人工养殖商品达氏鳇最好的方式是流水池，其次是网箱和土池。

表 6-1　不同养殖方式下达氏鳇的情况

Tab. 6-1　The result of Kaluga culture in different culture mode

养殖方式 Culture mode	体长 Length (L)/cm		体重 Body weight (W)/kg		养殖时间 Culture time	存活率 Survival rate (SR)/%	投饵率 Feeding rate (FR)/%	饵料系数 Food coefficient (FC)	密度 Density (D)/ (kg/m^3)
	出池 Out (F)	入池 Intake (I)	出池 Out (F)	入池 Intake (I)					
流水池	196	30	45.96	0.05	2001 年 7 月～ 2006 年 2 月	60	3～0.5	1.0	50
网箱	182	30	44.87	0.05	2001 年 7 月～ 2006 年 2 月	56	3～1.0	1.2	48.9
土池	203	30	37.90	0.05	2001 年 7 月～ 2006 年 2 月	42	3～1.0	1.4	1.5

对比表 6-1 和表 6-2 我们可以发现，人工养殖的达氏鳇 5 龄就可达到 45.96kg，而黑龙江野生达氏鳇需要 11～13 年才能长到 45.38kg，6～7 龄的体重只有 2.75～3.75kg。这是因为人工养殖条件下的达氏鳇摄食有规律且摄食量足，而黑龙江野生达氏鳇经常处于饥饿的状态。另外重庆的积温远比黑龙江高。从表 6-2 中还可以发现，黑龙江野生达氏鳇的生长速度差异很大，河口区和勤得利的远较萨武斯噶耶(俄)快，这是因为河口区及黑龙江下游江段的饵料资源较萨武斯噶耶(俄)丰富，积温也高。

小鲟鳇杂交种当年体重可达 80～100g，在亚速海第二年冬季达 800～1000g，在巴伦支海达 400～500g。在温热水中(18～25℃)，当年鱼个别的体重可达 500g；3 龄可达 530～4500g，均重可达 2060g；6 龄的体重可达 5～14kg；14～16 龄，1998 年出池体重为 33kg、体长 178cm(Steffens et al.，1990)。商品鱼养殖场，12 月龄的高首鲟体重可达 500g，24 月龄达 2800g，36 月龄达 7400g(Shigekawa and Logan，1986)。无论是欧洲鳇还是小鲟鳇杂交种在养殖条件下的生长速度都远远低于达氏鳇，饵料系数却高于达氏鳇。这说明达氏鳇是较欧洲鳇和著名的小鲟鳇杂交种更适合于人工养殖的优良品种，具有生长速度快、饵料利用率高、抗病能力强等特点。

表 6-2　黑龙江野生和养殖达氏鳇生长情况的比较

Tab. 6-2　A comparison of the growth Kaluga between the cultured and the wild one from Amur River

产地 Origin	水温 Water temperature (T)/℃	样本数/尾 Sample number	年龄 Age	体重 Body weight (W)/kg	平均体重 Mean body weight/kg	体长 Body length (L)/cm	平均体长 Mean body weight /cm
勤得利	0～24	4	6～7	2.75～3.75	2.85±0.72	72～100	87.75±0.21
萝北段		4	11～13		45.38	180～200	194
重庆鲟养殖场	11～22	18	6	41.0～48.5	45.96	177～200	196
耶拉噶(俄)			17～19		44.50		
河口区(俄)			11～13		45.00		
勤得利江段			11～13		43.60		
萨武斯噶耶(俄)			11～13		9.30		

注：黑龙江野生达氏鳇生长情况摘于张觉民(1985)

Note: The growth data of wild Kaluga in Heilongjiang cited by Zhang(1985)

6.4　达氏鳇养殖系统水质、浮游植物和附着藻类的研究

达氏鳇养殖一般是利用山溪水作为水源，建造水泥池，在养殖过程中附着藻类附着于池壁，对养鱼池水质具有重要影响。因此，本研究团队于 2012 年研究了达氏鳇生态养殖过程中水体内浮游植物、附着藻类的种类组成、密度、生物量及优势种，旨在为解决达氏鳇生态养殖过程中附着藻类在养殖设施内过度繁殖和生长影响水质等问题提供科学依据。

6.4.1　材料与方法

实验在云南阿穆尔鲟鱼集团有限公司盘溪分养殖场进行，选取代表性养鱼池，测定水质、浮游植物和附着藻类。

1. 理化指标测定

2012 年 4～5 月测定水体理化指标，选择放养密度较大的养鱼池、水源处和经过逐级曝气的进水口等采样点，对水温、pH、溶解氧、氨氮、碱度、亚铁离子、硬度、CO_2 等各项指标进行测定。

2. 浮游植物测定

在盘溪养殖场内设置 3 个采样点，分别为进水口、排水口和鱼池内（随机设置），水样每月采集一次。水源处进水流量受当地降雨量和农业灌溉的影响很大，流量变幅为 0.5~1.5m³/s，浮游植物定量水样用水生-80 型采水器采集 1L，加入 15mL 鲁哥氏液（Rugol's solution）摇匀，放置在实验室内静置 24h 以上，然后浓缩定量至 50mL，加 5%甲醛保存。测定时充分摇匀，用定量吸管吸取 0.10mL 置于浮游植物计数框内，用 Olympus CX21FS1 型显微镜，在 10×40 倍下全片计数 50 个或 100 个视野，具体视浮游植物丰度大小计算生物量。计算方法参照《内陆水域渔业自然资源调查手册》（张觉民和何志辉，1992）和赵文（2005，2011）的文献进行。浮游植物鉴定参照胡鸿钧等（1980）的文献进行。

3. 附着藻类测定

在 A 区 1 排 1#鱼池内垂直设置 3 个采样点，该鱼池内放养约 1500 尾达氏鳇，规格在 3kg 左右，鱼池面积为 100m²，水深 1.5m，水交换量为 50m³/h（估测值）。用毛刷或硬胶皮采集每个点人工基质上所着生的藻类及其他生物（直径为 3cm），每月采集一次，采集好的样品装入 50mL 样品瓶，使用 95%乙醇固定，如需长期保存再加入 4%甲醛溶液。鉴定方法同浮游植物。

6.4.2　结果

1. 水体理化指标

（1）水温

A 区 5 排 3#鱼池测定水温 20~22℃，平均水温 21℃。

（2）溶解氧

A 区 5 排 3#鱼池昼夜溶解氧 5.7~7.04mg/L，平均溶解氧 6.25mg/L；最大值出现在日间 14:00，为 7.04mg/L；最小值出现在夜间 22:00，为 5.7mg/L。18:00~22:00 池内溶解氧含量从 6.66mg/L 逐渐下降至 5.70mg/L，24:00 开始溶解氧含量逐渐上升，并在日出前恢复到 6mg/L 以上。

投喂时溶解氧含量下降幅度很大，特别是投喂期间 1h 内，溶解氧含量变化明显，如果投喂结束后不开增氧机，则个别放养密度大的鱼池溶解氧含量会很低，一般在 4~5mg/L，甚至达不到 4mg/L。

放养密度小的鱼池日间光合作用产生的氧气足以维持池内溶解氧的稳定，溶解氧水平一般在 7~8mg/L，密度大的鱼池关停增氧机后，溶解氧水平不高，一般在 4~5mg/L。

（3）碱度

测定养殖用水碱度，为重碳酸盐碱度，水源处碱度为 4.15mmol/L，符合养殖用水标准要求。

（4）pH

水源处 pH 在 7～7.2，经过逐级曝气后 pH 略有上升，养鱼池内 pH 日间测定为 7.6 左右，符合养殖用水标准要求。

（5）氨氮

测定水样（D 区 3 排 6#鱼池）氨氮含量为 0.8mg/L，养殖用水标准要求≤0.05mg/L。据相关资料表明，养殖用水氨氮含量超过 0.5mg/L 鱼苗停止摄食，鱼种耐受能力强于鱼苗，但长时间处于氨氮含量超过 0.5mg/L 的环境时，对鱼体健康有影响。

（6）非离子氨

据资料表明，在温度为 20～22℃，pH 为 7.5 时，氨氮中非离子氨为 1.2%，换算值为 0.0096mg/L，养殖用水标准要求≤0.02mg/L，符合养殖用水标准要求。

（7）亚铁离子

养鱼池内（D 区 3 排 6#鱼池）亚铁离子含量测定为 0.045mg/L。据资料可知，可溶性铁含量＜0.05mg/L 的养殖用水可保证鲟苗种安全。

（8）硬度

测定水源硬度为 4mmol/L，根据天然水硬度分类，测定水样在 2.8～5.3mmol/L 内，属于硬水。钙硬度为 3.2mmol/L，镁硬度为 0.8mmol/L。

（9）CO_2

水源处游离 CO_2 含量在 50～60mg/L，经过逐级曝气后游离 CO_2 含量逐渐下降，养鱼池 CO_2 含量日间测定为 25mg/L。

（10）pH 和水中游离 CO_2 的关系

经过多次测定游离 CO_2 含量和 pH 呈负相关关系（表 6-3）。

表 6-3　pH 和水中游离 CO_2 的关系

Tab. 6-3　The relationship between pH with carbon dioxide in the water

pH	7.0	7.1	7.2	7.3	7.4	7.5	7.6	7.7	7.8	7.9	>8.0
CO_2/(mg/L)	61.9	55.9	49.8	43.7	37.6	31.5	25.5	19.4	13.3	7.2	0

6.4.3 浮游植物

1. 浮游植物种类组成及分布

盘溪养殖场浮游植物种类组成及分布总结于表 6-4。从表 6-4 可见，2011 年 11 月至 2012 年 11 月在盘溪养殖场采集浮游植物水样 36 个，其中冬季(12 月，1 月，2 月)水样未检出浮游植物，其余 9 个月共鉴定浮游植物 88 种，其中硅藻门 55 种，占 61.80%；绿藻门 16 种，占 17.98%；蓝藻门 7 种，占 7.87%；裸藻门 5 种，占 5.62%；甲藻门 3 种，占 3.37%；金藻门 1 种，占 1.12%；黄藻门 1 种，占 1.12%。组成上蓝藻门、绿藻门与硅藻门占优势，其中优势种为小颤藻(*Oscillatoria tenuis*)、小球藻(*Chlorella vulgaris*)、隐头舟形藻(*Navicula cryptocephala*)、尖针杆藻(*Synedra acus*)、肘状针杆藻(*Synedra ulna*)、微绿舟形藻(*Navicula viridula*)、偏肿桥弯藻(*Cymbella ventricosa*)、细小曲壳藻(*Achnanthes gracillina*)、椭圆舟形藻(*Navicula schonfeldii*)。

表 6-4 盘溪养殖场浮游植物种类组成及分布
Tab. 6-4 The Species composition and distribution of phytoplankton in Panxi Fish Farm

序号 No.	种类 Species	学名 Latin name	2012 年								
			3 月 Mar	4 月 Apr	5 月 May	6 月 Jun	7 月 Jul	8 月 Aug	9 月 Sep	10 月 Oct	11 月 Nov
	蓝藻门	**Cyanophyta**									
1	微小色球藻	*Chroococcus minutus*					+				
2	优美平裂藻	*Merismopedia elegans*			+	+					
3	美丽小颤藻	*Oscillatoria formosa*	+								
4	巨颤藻	*Oscillatoria princeps*								+	
5	小颤藻	*Oscillatoria tenuis*	+	+	+	+	+	+		+	
6	小席藻	*Phormidium tenue*	+	+	+	+	+				
7	中华尖头藻	*Raphidiopsis sinensia*				+					
	硅藻门	**Baccillariophyta**									
8	优美曲壳藻	*Achnanthes delicatula*	+								
9	短小曲壳藻	*Achnanthes exigua*	+	+							
10	细小曲壳藻	*Achnanthes gracillina*	+	+	+		+		+		+
11	曲壳藻	*Achnanthes* sp.									+
12	月形藻	*Amphora* sp.			+	+	+				
13	美丽星杆藻	*Asterionella formosa*				+					
14	透明卵形藻	*Cocconeis pellucida*		+		+					

续表

序号 No.	种类 Species	学名 Latin name	2012 年								
			3 月 Mar	4 月 Apr	5 月 May	6 月 Jun	7 月 Jul	8 月 Aug	9 月 Sep	10 月 Oct	11 月 Nov
15	卵形藻	*Cocconeis* sp.		+	+	+	+	+			+
16	梅尼小环藻	*Cyclotella meneghiniana*		+							
17	小环藻	*Cyclotella* sp.		+	+	+	+			+	
18	具星小环藻	*Cyclotella stelligera*			+						
19	肿胀桥弯藻	*Cymbella tumida*		+	+	+					
20	偏肿桥弯藻	*Cymbella ventricosa*	+	+	+	+	+	+		+	+
21	普通等片藻	*Diatoma vulgare*					+				
22	钝脆杆藻	*Fragilaria capucina*	+	+	+						
23	缢缩脆杆藻	*Fragilaria construens*			+	+					
24	中型脆杆藻	*Fragilaria intermedia*		+	+	+					
25	脆杆藻	*Fragilaria* sp.	+		+	+	+				
26	尖异极藻	*Gomphonema acuminatum*		+							+
27	缢缩异极藻	*Gomphonema constrictum*	+		+						
28	微细异极藻	*Gomphonema parvulum*					+				
29	异极藻	*Gomphonema* sp.					+				
30	短楔形藻	*Licmophora abbreviata*									+
31	颗粒直链藻	*Melosira granulata*			+						
32	变异直链藻	*Melosira varians*		+		+	+				+
33	舟形藻	*Navicula* sp.									+
34	头端舟形藻	*Navicula capitata*	+								
35	隐头舟形藻	*Navicula cryptocephala*	+	+	+	+	+	+	+	+	+
36	尖头舟形藻	*Navicula cuspidata*	+	+							
37	双头舟形藻	*Navicula dicephala*		+	+	+					+
38	平滑舟形藻	*Navicula laevissima*					+				
39	膜状舟形藻	*Navicula membranacea*	+	+							
40	扁圆舟形藻	*Navicula placentula*					+			+	+
41	瞳孔舟形藻	*Navicula pupula*		+		+					
42	喙头舟形藻	*Navicula rhynchocephala*					+				+
43	椭圆舟形藻	*Navicula schonfeldii*	+	+	+	+					
44	微绿舟形藻	*Navicula viridula*	+	+	+	+					+
45	针状菱形藻	*Nitzschia acicularis*					+				

续表

序号 No.	种类 Species	学名 Latin name	2012 年								
			3 月 Mar	4 月 Apr	5 月 May	6 月 Jun	7 月 Jul	8 月 Aug	9 月 Sep	10 月 Oct	11 月 Nov
46	丝状菱形藻	*Nitzschia linearis*	+				+				
47	线状菱形藻	*Nitzschia linearis*	+	+							
48	长菱形藻	*Nitzschia longissima*					+	+			
49	奇异菱形藻	*Nitzschia paradoxa*				+	+				+
50	菱形藻	*Nitzschia* sp.					+	+	+	+	+
51	新月菱形藻	*Nitzschia closterium*	+		+	+					
52	羽纹藻	*Pinnularia* sp.									+
53	弯棒杆藻	*Rhopalodia gibba*	+	+	+	+					
54	美丽双菱藻	*Surirella elegans*	+	+	+	+					
55	粗壮双菱藻	*Surirella robusta*	+				+		+		+
56	粗壮双菱藻纤细变种	*Surirella robusta* var. *splendida*		+							
57	双菱藻	*Surirella* sp.					+				
58	尖针杆藻	*Synedra acus*	+	+	+	+	+				
59	双头针杆藻	*Synedra amphicephala*	+	+	+		+				+
60	针杆藻	*Synedra* sp.									+
61	肘状针杆藻	*Synedra ulna*	+	+	+	+					
62	平板藻	*Tabellaria* sp.	+				+		+		+
	金藻门	**Chrysophyta**									
63	锥囊藻	*Dinobryon* sp.	+								
	黄藻门	**Xanthophyta**									
64	拟气球藻	*Botrydiopsis* sp.		+							
	甲藻门	**Pyrrophyta**									
65	多甲藻	*Peridinium* sp.					+				
66	双足多甲藻	*Peridinium bipes*				+					
67	韦氏多甲藻	*Peridinium willei*		+							
	裸藻门	**Euglenophyta**									
68	尖尾裸藻	*Euglena axyuris*						+			
69	三星裸藻	*Euglena tristella*					+				
70	绿裸藻	*Euglena viridis*	+	+							
71	扁裸藻	*Phacus* sp.	+				+		+		+

续表

序号 No.	种类 Species	学名 Latin name	2012 年								
			3 月 Mar	4 月 Apr	5 月 May	6 月 Jun	7 月 Jul	8 月 Aug	9 月 Sep	10 月 Oct	11 月 Nov
72	陀螺藻	*Strombomonas* sp.						+	+		
	绿藻门	**Chlorophyta**									
73	集星藻	*Actinastrum hantzschii*		+							
74	狭形纤维藻	*Ankistrodesmus angustus*							+		
75	小球藻	*Chlorella vulgaris*	+	+	+		+		+		
76	空星藻	*Coelastrum sphaericum*					+				
77	多芒藻	*Golenkinia* sp.		+							
78	包氏卵囊藻	*Oocystis borger*	+								
79	单球卵囊藻	*Oocystis eremosphaeria*	+								
80	卵囊藻	*Oocystis* sp.					+				+
81	实球藻	*Pandorina morum*			+						
82	双列栅藻	*Scenedesmus bijugatus*			+		+				
83	斜生栅列藻	*Scenedesmus obliquus*					+	+			
84	椭圆栅藻	*Scenedesmus ovalternus*		+	+		+				
85	四尾栅藻	*Scenedesmus quadricauda*		+			+				
86	螺旋弓形藻	*Schroederia spiralis*					+				
87	月牙藻	*Selenastrum bibraianum*		+							
88	微小四角藻	*Tetraedron minimum*					+	+			

2. 浮游植物密度、生物量及优势种类

浮游植物生物量和密度见表 6-5。从表 6-5 可见，春季(3 月，4 月，5 月)盘溪养殖场浮游植物生物量和密度均处于较高的水平，其中 3 月最高，进水口、排水口和养鱼池内各采样点浮游植物密度分别为 0.63×10^6 cells/L、2.84×10^6 cells/L、2.46×10^6 cells/L，3 个采样点都是硅藻门最高，分别占总量的 50.00%、95.14%、61.60%；绿藻门次之，分别占总量的 31.25%、排水口水样未检出、36.80%；裸藻门紧随其后，分别占总量的 9.38%、2.78%、养鱼池内水样未检出。浮游植物生物量进水口、排水口和养鱼池内各采样点平均分别为 1.44mg/L，8.36mg/L、3.26mg/L，3 个采样点以硅藻门最高，分别占总量的 83.33%、91.97%、92.92%；裸藻门次之，分别占总量的 12.30%、7.54%、养鱼池内未检出。

表 6-5　浮游植物密度和生物量的时空变化

Tab. 6-5　The temporal-spatial dynamics of density and biomass of phytoplankton in Panxi Fish Farm

时间 Time	盘溪养殖场 Panxi Fish Farm	密度 Density /(×10⁴cells/L)	蓝藻 Cya.	硅藻 Bac.	金藻 Chr.	黄藻 Xan.	隐藻 Cry.	甲藻 Pyr.	裸藻 Eug.	绿藻 Chl.	生物量 Biomass /(mg/L)	蓝藻 Cya.	硅藻 Bac.	金藻 Chr.	黄藻 Xan.	隐藻 Cry.	甲藻 Pyr.	裸藻 Eug.	绿藻 Chl.
3 月	进水口	63.02	9.38	50.00					9.38	31.25	1.44	4.10	83.33					12.30	0.27
	排水口	283.57		95.14	2.08				2.78		8.36		91.97	0.49				7.54	
	养鱼池	246.15	1.60	61.60						36.80	3.26	0.72	92.92						6.36
4 月	进水口	10.50		93.75					6.25		0.52		98.75						1.25
	排水口	187.73	2.10	77.62			0.70	0.35		19.23	3.51	0.49	97.38		0.22		1.68		0.22
	养鱼池	147.69		87.11					1.78	11.11	2.76		92.20					7.60	0.20
5 月	进水口	42.67	3.08	60.00						36.92	0.79	0.33	95.95						3.72
	排水口	82.05	0.80	99.20							1.17	0.04	99.96						0.20
	养鱼池	108.31	3.64	83.64						12.73	1.92	1.78	98.02						
6 月	进水口	74.83		100.00							1.98		100.00						
	排水口	191.67	3.77	96.23							4.58	0.74	99.26						
	养鱼池	107.65		99.39				0.61			1.93		96.94				3.06		
7 月	进水口																		
	排水口	85.33	2.31	75.38				0.77	1.54	20.00	1.28	0.18	89.46				4.63	3.09	2.65
	养鱼池	36.10	9.09	70.91					5.45	14.55	0.65	3.33	86.26					10.16	0.25

续表

时间 Time	盘溪养殖场 Panxi Fish Farm	密度 Density /(×10⁴cells/L)	各门浮游植物密度占总量的百分数 Percentages of total density/%								生物量 Biomass /(mg/L)	各门浮游植物生物量占总量的百分数 Percentages of total biomass/%							
			蓝藻 Cya.	硅藻 Bac.	金藻 Chr.	黄藻 Xan.	隐藻 Cry.	甲藻 Pyr.	裸藻 Eug.	绿藻 Chl.		蓝藻 Cya.	硅藻 Bac.	金藻 Chr.	黄藻 Xan.	隐藻 Cry.	甲藻 Pyr.	裸藻 Eug.	绿藻 Chl.
8 月	进水口	1.31		50.00					50.00		0.03		13.04					86.96	
	排水口	7.88		83.33						16.67	0.12		98.08						1.92
	养鱼池	3.94	16.67	66.67					16.67		0.14		25.93					69.44	
9 月	进水口	3.28		20.00						80.00	0.00		78.95						21.05
	排水口	8.53		100.00							0.35		100.00						
	养鱼池	9.19		57.14					14.29	28.57	0.18	4.63	77.29					21.77	0.94
10 月	进水口	0.66		100.00							0.00		100.00						
	排水口	5.91	22.22	77.78							4.02	98.22	1.78						
	养鱼池	4.59	28.57	71.43							0.06	21.45	78.55						
11 月	进水口																		
	排水口	36.10		100.00							1.05		100.00						
	养鱼池	15.10		91.30					4.35	4.35	0.27		91.54					7.25	1.21

夏季(6 月，7 月，8 月)7 月由于降雨增多，导致水源混浊，进水口、排水口和养鱼池内各采样点浮游植物密度及生物量均处于较低水平。其中以 9 月最高，浮游植物密度分别为 0.33×10^5cells/L、0.85×10^5cells/L 和 0.92×10^5cells/L，进水口以绿藻门最高，占总量的 80%，其次为硅藻门，占 20%；排水口全部为硅藻门种类；养鱼池内硅藻门占总量的 57.14%，其次为绿藻门，为 28.57%。其余各月均是硅藻门和绿藻门种类最多。浮游植物生物量 3 个采样点分别为 0.003mg/L、0.35mg/L 和 0.18mg/L，3 个采样点均以硅藻门最高，分别占总量的 78.95%、100% 和 77.29%。

进入秋季(11 月)，由于降雨减少，水质转好，浮游植物密度和生物量逐渐恢复。排水口和养鱼池内浮游植物密度分别为 0.36×10^6cells/L 和 0.15×10^6cells/L；排水口和养鱼池内浮游植物生物量为 1.05mg/L、0.27mg/L。浮游植物组成仍然是以硅藻门种类最多。

浮游植物各月优势种如下。

3 月：小球藻、隐头舟形藻。

4 月 16 日：小球藻、隐头舟形藻、尖针杆藻、肘状针杆藻。

4 月 20 日：小球藻、隐头舟形藻、绿舟形藻、棒杆藻(Rhopalodia gibba)、偏肿桥弯藻、细小曲壳藻。

6 月：隐头舟形藻、绿舟形藻、椭圆舟形藻。

7 月：隐头舟形藻、偏肿桥弯藻。

8 月：卵形藻(Cocconeis sp.)、隐头舟形藻、菱形藻(Nitzschia sp.)、偏肿桥弯藻。

9 月：隐头舟形藻、小球藻、细小曲壳藻。

10 月：隐头舟形藻、菱形藻、偏肿桥弯藻、小颤藻。

11 月：隐头舟形藻、平板藻(Tabellaria sp.)。

6.4.4　浮游植物多样性指数

从表 6-6 可见，多样性指数中的 H' 全年在 0.60～4.29，最小值出现在 8 月的进水口(水源处)，最大值出现在 7 月的排水口。多样性指数中的 J 全年在 0.60～0.97，最小值出现在 8 月的进水口(水源处)，最大值出现在 8 月的养鱼池内。

6.4.5　附着藻类

1.　附着藻类种类组成及分布

盘溪养殖场附着藻类种类组成及分布总结于表 6-7。从表 6-7 可见，冬季(12 月，1 月，2 月)及 4 月水样未检出附着藻类，其余 8 个月共鉴定附着藻类 54 种，其中硅藻门 36 种，占 66.67%；绿藻门 9 种，占 16.67%；蓝藻门 6 种，占 11.11%；裸藻门 1 种，占 1.85%；黄藻门 2 种，占 3.70%。

表 6-6　盘溪养殖场浮游植物多样性指数的时空分布
Tab. 6-6　The temporal-spatial dynamics of diversity index of phytoplankton in Panxi Fish Farm

时间 Time	进水口 Intake		时间 Time	排水口 Outfall		时间 Time	养鱼池 Fish pond	
	H'	J		H'	J		H'	J
3 月	2.69	0.90		4.05	0.94		3.00	0.87
4 月	1.72	0.74		4.00	0.84		3.61	0.79
5 月	2.37	0.66		3.09	0.79		3.62	0.85
6 月	2.52	0.76		3.67	0.82		3.42	0.86
7 月				4.29	0.87		3.92	0.92
8 月	0.60	0.60		2.40	0.93		2.25	0.97
9 月	0.72	0.72		1.33	0.84		1.92	0.83
10 月				2.20	0.95		2.24	0.96
11 月				3.41	0.85		3.11	0.87
总计	1.77	0.73		3.16	0.87		3.01	0.88

表 6-7　盘溪养殖场附着藻类种类组成及分布
Tab. 6-7　The species composition and distribution of periphyton in Panxi Fish Farm

序号 No.	种类 Species	拉丁学名 Latin name	3 月 Mar	5 月 May	6 月 Jun	7 月 Jul	8 月 Aug	9 月 Sep	10 月 Oct	11 月 Nov
	蓝藻门	**Cyanophyta**								
1	微小色球藻	*Chroococcus minutus*				+				
2	平裂藻	*Merismopedia* sp.				+				
3	念珠藻	*Nostoc* sp.	+			+				
4	小颤藻	*Oscillatoria tenuis*	+			+	+		+	+
5	小席藻	*Phormidium tenue*	+	+	+	+	+	+	+	
6	螺旋藻	*Spirulina* sp.		+	+					
	硅藻门	**Baccillariophyta**								
7	优美曲壳藻	*Achnanthes delicatula*	+	+	+					
8	细小曲壳藻	*Achnanthes gracillina*	+			+	+	+		
9	曲壳藻	*Achnanthes* sp.				+	+	+	+	+
10	透明卵形藻	*Cocconeis pellucida*	+	+						
11	卵形藻	*Cocconeis* sp.							+	

续表

序号 No.	种类 Species	拉丁学名 Latin name	2012 年							
			3 月 Mar	5 月 May	6 月 Jun	7 月 Jul	8 月 Aug	9 月 Sep	10 月 Oct	11 月 Nov
12	小环藻	*Cyclotella* sp.	+	+						
13	桥弯藻	*Cymbella* sp.				+	+		+	+
14	偏肿桥弯藻	*Cymbella ventricosa*	+	+	+	+				
15	普通等片藻	*Diatoma vulgare*	+							
16	椭圆双壁藻	*Diploneis elliptica*		+						
17	钝脆杆藻	*Fragilaria capucina*	+	+	+					
18	中型脆杆藻	*Fragilaria intermedia*			+					
19	脆杆藻	*Fragilaria* sp.		+				+	+	+
20	尖异极藻	*Gomphonema acuminatum*	+			+		+		
21	短楔形藻	*Licmophora abbreviata*								+
22	变异直链藻	*Melosira varians*	+	+	+	+				
23	舟形藻	*Navicula* sp.				+				
24	隐头舟形藻	*Navicula cryptocephala*	+	+					+	
25	双头舟形藻	*Navicula dicephala*	+	+			+			
26	扁圆舟形藻	*Navicula placentula*	+			+	+	+	+	+
27	瞳孔舟形藻	*Navicula pupula*		+						
28	喙头舟形藻	*Navicula rhynchocephla*				+		+	+	+
29	椭圆舟形藻	*Navicula schonfeldii*	+	+	+					
30	绿舟形藻	*Navicula viridula*	+	+	+	+	+	+	+	+
31	线状菱形藻	*Nitzschia linearis*	+							
32	奇异菱形藻	*Nitzschia paradoxa*			+					
33	菱形藻	*Nitzschia* sp.				+		+		
34	羽纹藻	*Pinnularia* sp.				+	+	+	+	+
35	弯棒杆藻	*Rhopalodia gibba*	+	+	+					
36	美丽双菱藻	*Surirella elegans*		+		+				
37	粗壮双菱藻	*Surirella robusta*					+	+	+	+
38	双菱藻	*Surirella* sp.						+	+	
39	近缘针杆藻	*Synedra affinis*						+	+	+
40	尖针杆藻	*Synedra acus*	+	+	+					
41	双头针杆藻	*Synedra amphicephala*	+	+		+		+		
42	平板藻	*Tabellaria* sp.		+		+				+

续表

序号 No.	种类 Species	拉丁学名 Latin name	2012 年							
			3 月 Mar	5 月 May	6 月 Jun	7 月 Jul	8 月 Aug	9 月 Sep	10 月 Oct	11 月 Nov
	黄藻门	**Xanthophyta**								
43	黄管藻	*Ophiocytium* sp.	+		+					
44	黄丝藻	*Tribonema* sp.				+	+	+		
	裸藻门	**Euglenophyta**								
45	囊裸藻	*Trachelomonas* sp.		+						
	绿藻门	**Chlorophyta**								
46	狭形纤维藻	*Ankistrodesmus angustus*	+							
47	小球藻	*Chlorella vulgaris*	+		+					
48	四角十字藻	*Crucigenia quadrata*			+					
49	空星藻	*Coelastrum sphaericum*	+							
50	卵囊藻	*Oocystis* sp.	+		+	+				
51	双列栅藻	*Scenedesmus bijugatus*						+		
52	椭圆栅藻	*Scenedesmus ovalternus*				+	+			+
53	微小四角藻	*Tetraedron minimum*				+				
54	四角藻	*Tetraedron* sp.								+

2. 附着藻类密度、生物量及优势种类

由表 6-8 可知，3 月、5 月附着藻类数量明显高于其他月份，其中以 5 月最高，密度为 4.4×10^9 个/m²；生物量则 7 月最高，达 3.78×10^3 g/m²。蓝藻门和硅藻门组成优势种，具体各月优势种类如下。

3 月：小颤藻、扁圆舟形藻和细小曲壳藻。

5 月：绿舟形藻。

6 月：绿舟形藻、变异直链藻。

7 月：小颤藻、小席藻、绿舟形藻、喙头舟形藻、羽纹藻、扁圆舟形藻。

8 月：小席藻、绿舟形藻、扁圆舟形藻、羽纹藻、华美双菱藻。

9 月：小席藻、绿舟形藻、羽纹藻、双菱藻、华美双菱藻、喙头舟形藻。

10 月：隐头舟形藻、扁圆舟形藻、羽纹藻、喙头舟形藻、绿舟形藻、华美双菱藻。

11 月：喙头舟形藻、扁圆舟形藻、羽纹藻。

表6-8 盘溪养殖场附着藻类密度和生物量的时空变化

Tab.6-8 The temporal-spatial dynamics of density and biomass of periphyton in Panxi Fish Farm

时间 Time	采样点设置 Sample side	密度 Density /(10⁹个/m²)	各门附着植物数量占总量的百分数 Percentges of total density/%					生物量 Biomass /(g/m²)	各门附着植物数量占总量的百分数 Percentages of total biomass/%				
			蓝藻 Cya.	硅藻 Bac.	黄藻 Xan.	裸藻 Eug.	绿藻 Chl.		蓝藻 Cya.	硅藻 Bac.	黄藻 Xan.	裸藻 Eug.	绿藻 Chl.
3月	上	3.02	15.38	66.15			18.46	335.85	13.85	83.07			3.07
	中	3.14	11.85	85.93	0.74		1.48	425.95	7.65	92.03	0.11		0.22
	下	3.40	10.27	79.45			10.27	855.65	3.21	96.45			0.34
5月	上	4.42	3.16	90.00			6.84	792.01	0.68	95.53			3.79
	中	3.37		99.31		0.69		663.61		99.86		0.14	
	下												
6月	上	2.58	1.80	77.48	2.70		18.02	304.57	1.15	96.31	0.45		2.09
	中	1.49	1.56	92.19			6.25	310.29	0.15	98.95			0.90
	下												
7月	上	3.72	3.13	96.88				3779.23	0.09	99.91			
	中	1.93	19.28	61.45	4.82		14.46	822.65	2.94	95.02	1.13		0.90
	下	2.14	4.35	95.65				1866.63	0.25	99.75			

续表

时间 Time	采样点设置 Sample side	密度 Density /(10⁹ 个/m²)	各门附着植物数量占总量的百分数 Percentages of total density/%					生物量 Biomass /(g/m²)	各门附着植物数量占总量的百分数 Percentages of total biomass/%				
			蓝藻 Cya.	硅藻 Bac.	黄藻 Xan.	裸藻 Eug.	绿藻 Chl.		蓝藻 Cya.	硅藻 Bac.	黄藻 Xan.	裸藻 Eug.	绿藻 Chl.
8 月	上	1.37	13.56	84.75	1.69			1295.53	0.43	99.39	0.18		
	中	1.44	8.06	88.71			3.23	1129.57	0.21	99.77			0.02
	下	1.14	24.49	75.51				645.64	0.86	99.14			
9 月	上	2.37	9.80	90.20				1782.95	0.26	99.74			
	中	1.44	16.13	79.03	1.61		3.23	380.07	1.22	97.92	0.61		0.24
	下	1.74	9.33	90.67				940.87	0.35	99.65			
10 月	上	1.60	2.90	97.10				1116.18	0.01	99.99			
	中	2.56	5.45	94.55				465.32	3.00	97.00			
	下	2.40	9.71	90.29				860.10	1.62	98.38			
11 月	上	1.72	4.05	95.95				1122.42	0.62	99.38			
	中	2.02	5.75	93.10			1.15	1215.40	0.96	98.99			0.06

3. 附着藻类多样性指数

从表 6-9 可见，多样性指数中的 H' 全年在 1.42～4.36，最小值出现在 8 月，最大值出现在 3 月。多样性指数中的 J 全年在 0.55～1.07，最小值出现在 8 月，最大值出现在 3 月。

表 6-9　盘溪养殖场附着藻类多样性指数
Tab. 6-9　The temporal-spatial dynamics of diversity index of periphyton in Panxi Fish Farm

时间 Time	池壁上 Upper		池壁中 Middle		池壁下 Lower	
	H'	J	H'	J	H'	J
3 月	3.57	0.86	3.87	0.99	4.36	1.07
5 月	3.39	0.92	—	—	2.96	0.86
6 月	1.93	0.58	—	—	3.35	0.86
7 月	2.47	0.71	2.47	0.71	1.78	0.56
8 月	1.64	0.58	1.42	0.55	2.35	0.78
9 月	1.85	0.56	2.20	0.66	2.12	0.64
10 月	2.16	0.77	2.28	0.76	1.84	0.66
11 月	2.16	0.68	1.96	0.62	3.57	0.86
平均	2.40	0.71	2.37	0.72	2.79	0.78

第 7 章　达氏鳇的病害及防治技术

7.1　鲟鳇病害的主要特点及发生原因

7.1.1　鲟鳇病害的主要特点

与常规养殖鱼类相比，鲟鳇在生物学特性和生态习性方面均有其自身的特点，如鲟鳇出膜后静卧的时间较长、鲟鳇在养殖过程中要经过食性转化期、鲟鳇对养殖水体水质要求较高等，所以鲟鳇病害与常规养殖鱼类病害有很大不同。只有正确认识鲟鳇病害的特点，才能有效预防和治疗鲟鳇的疾病。一般来说，鲟鳇的病害有以下特点：①鲟鳇的疾病多发生在稚、幼鱼期，鲟鳇成鱼阶段发病较少。尤其仔鱼开口期和幼鱼转食期是鲟鳇苗种培育过程中两个敏感时期，往往会造成鲟鳇鱼苗的大量死亡。②环境因素对疾病发生的影响更大。许多种养殖鲟鳇的人工场地与其自然栖息地位置相距很远，生态环境差异较大，如史氏鲟、西伯利亚鲟在广东福建等地养殖发病率较高。③鲟鳇病害的研究滞后于鲟鳇养殖的发展速度。关于鲟鳇病害病原体的分离、鉴定及对药物的敏感性实验未见报道。目前，大多数鲟鳇病害的防治都采用经验方法。

7.1.2　鲟鳇病害的发生原因

鲟鳇病害发生是养殖水体环境、病原体和鲟鳇机体自身免疫力互相作用的结果，养殖水体环境、病原体是外因，机体自身免疫力是内因，只有当养殖水体恶劣，病原体大量滋生，鲟鳇鱼自身免疫力下降时，鲟鳇病害才会发生。

1. 环境因素

(1) 水温

鲟鳇和其他常规养殖鱼类一样，也是变温动物，其体温随着环境水温的变化而变化。实践证明，鲟鳇对水体水温和水体温差极敏感，如果养殖水体长期高温或低温，或水温变化较大的情况都会引起鲟鳇不适，生理机能失调，导致病害发生甚至大批死亡。另外，水环境的温度还影响水中污染源的毒性或病原体的消长。有人做过实验，温度每升高 1℃，污染源的毒性就会增加 2～3 倍；此外，当温度升高时大部分病原体的繁殖速度成倍增长，鲟鳇被感染的概率就会大大增加。

(2)溶解氧

水中溶解氧水平的高低对鲟鳇的生长和生存都有直接的影响。适当的高溶解氧量不但可以降低水中有毒物对鲟鳇的毒性,促进水中有害因子的无害化,还可能提高鲟鳇对饲料的利用率,使鲟鳇体质增强,抗病力增加。当水中溶解氧量小于 3mg/L 时鲟鳇对饲料利用率降低,体质减弱,对疾病抵抗力降低,当水中溶氧量小于 3mg/L 时,鲟鳇开始出现浮头,如不及时采取增氧措施,水中溶解氧量继续降低至 2.8mg/L 时鲟鳇会窒息而亡。值得注意的是,鲟鳇缺氧时的浮头症状不像常规养殖鱼类那样明显,要仔细观察才能发现。水中溶解氧量过高,达到过饱和状态时,则又会使鲟鳇苗种患上气泡病。

(3)pH

鲟鳇养殖的最适宜 pH 范围为 7.2~8.0,适应范围为 6.5~8.5。pH 太低会侵蚀鲟鳇鳃组织,使鳃部发生凝固性坏死;pH 太高使蛋白质发生玻璃样变性,鳃组织失去呼吸功能。养殖水体的 pH 对药物和毒物的作用具有影响。因为任何药物均可视为酸或碱,有发挥其药效的最适 pH。对毒物而言,过低的 pH 会加重水中重金属的毒性;pH 越高,总氨氮一定时,水中分子氮的浓度增加,易导致鲟鳇中毒。

生产实践中测试 pH,现场用 pH 试纸测试盒和便携式水质分析仪,一般需校准。如用 pH 试纸测试,一定要注意试纸的密封保存和试纸比色读数的正确性。调节 pH 方法相对简单,pH 小于 7 时,可依情况施用适量的熟石灰或粉碎的熟石灰;pH 如大于 8.5,可以施用适量的石膏、酸(乙酸、盐酸等),在鲟鳇的土塘养殖中,培养适当丰度的藻类也有一定的作用。

(4)其他化学成分和有毒物质

水中的其他化学成分主要包括氨氮、亚硝酸盐、硫化氢等,这些化学成分含量超标,均会导致鲟鳇中毒死亡。在养殖水体中,因水体交换量太小,若未及时排污清池,池底堆积大量的粪便和残饵等有机质,在微生物的分解过程中,消耗池中大量氧气,同时产生上述有害的化学物质。有些养殖场,鱼池的土壤中金属盐类含量过高或水源受工业废水污染,在这种水体中养殖的鲟鳇容易发生畸形甚至中毒死亡。

(5)人为因素

人为因素也能造成不利于鲟鳇生存的环境,导致鲟鳇病害的发生。例如,鲟鳇养殖场所设计建造不合理,易导致鲟鳇病害交叉感染;鲟鳇苗种池的池壁粗糙,易导致仔鲟及幼鲟体表划伤,易继发性感染某些疾病;鲟鳇放养密度不当或饲料管理不善,会造成同池中鲟鳇规格不整齐,瘦小的鲟鳇易致病死亡;在鲟鳇病害的防治规程中,不正确地施用药物,不仅不能治愈和预防疾病,反而会影响水体环境，导致更严重的病害发生。

2. 病原体

(1)病毒

病毒是目前已知最小的一类微生物，衡量病毒大小的单位为纳米，其只有在电子显微镜下才能看到。病毒结构简单，为非细胞形态，无核糖体等细胞结构；它没有完全的代谢酶系统，不能单独进行物质代谢，必须寄生在活细胞内才能生长繁殖。病毒所引起处疾病传染性强、死亡率高。目前，还缺乏特效的抗病毒药物。有报道显示鲟鳇致病病毒至少有4种，如彩虹病毒、腺病毒等。

(2)细菌

细菌是一种单细胞，生物个体微小，要在显微镜下才能看到。衡量细菌大小的单位为微米或纳米。细菌的形状有球状、杆状和螺旋状3种，分别称为球菌、杆菌和螺旋菌。目前发现对鲟鳇危害最大的细菌主要是杆菌，如嗜水气单胞菌等。

(3)真菌

真菌是一大类结构比较复杂的微生物，是均有细胞壁、真核的单细胞或多细胞体。真菌通过无性或有性生殖过程产生各种孢子进行繁殖。感染鲟鳇的真菌主要是水霉属和绵酶属的一些种，如丝水霉、鞭毛绵霉等。

(4)寄生虫

寄生虫是营寄生生活的动物，无论是单细胞的原虫还是多细胞的寄生虫，它们都具有摄食、代谢、呼吸、排泄、运动及生殖等全部功能。寄生虫具有完整的生活史，它们的寄生生活与环境和中间宿主有密切关系。寄生在鲟鳇上的寄生虫有6门10纲若干种。

(5)其他敌害生物

能对鲟鳇产生伤害的敌害生物有藻类(水网藻、青泥苔、卵甲藻等)、鱼类(如圆口桶鱼、黄颡鱼等)、鸟类(麻雀、翠鸟等)。

3. 自身免疫力

鲟鳇的苗种质量、体质强弱和人为因素都能影响鲟鳇自身的免疫能力，在人工养殖条件下，鲟鳇苗种质量下降、营养不良及日常管理不善等多方面原因使鲟鳇体质减弱、免疫力下降，对病害的易感力增加。

(1)苗种质量与免疫力的关系

人工生产繁殖的鲟鳇苗种由于繁殖技术差异质量也会参差不齐，质量差的鲟鳇易得病，存活率极低。

(2) 饲料营养缺乏致免疫力低下

人工配合饲料的营养不全、质量不稳定也会导致鲟鳇体质下降，免疫力降低。例如，鲟鳇在各个生长阶段所需要的无机盐、微量元素和维生素得不到及时补充，造成鲟鳇的代谢失调，直接导致鲟鳇肝变黑、身体弯曲等，间接使鲟鳇体质变弱，易感染病害。

7.1.3　鲟鳇养殖疾病的发展趋势

在鲟鳇养殖过程中，无论是苗种培育还是成鱼养殖，最容易暴发的病害主要为细菌性病害，引起鲟鳇细菌性病害的细菌种类很多，最常见的有点状气单胞杆菌、嗜水气单胞杆菌、爱德华氏菌等。同一种病原体在不同地区、不同季节、不同养殖品种其致病力也不同，对药物的敏感性也有差异，而且细菌性病害多为混合感染，如病毒与细菌混合感染，寄生虫与细菌混合感染，多种细菌混合感染等。

7.2　鲟鳇病害的预防和治疗技术

7.2.1　鲟鳇常见病害及防治对策

目前报道的鲟鳇病害主要由病毒、细菌、真菌、寄生虫、藻类和其他有害生物引起。现将各种疾病及防治对策分述如下。

1. 病毒性疾病

在鲟鳇病害中，病毒性疾病所占比例较大，是造成鲟鳇苗种大批死亡的重要原因之一。例如，20 世纪 90 年代史氏鲟养殖过程中曾暴发过一次大规模的高死亡率的流行性病害，初期病鱼头、背部变白，有的头部皮肤颜色全部变浅，有的头顶出现小拇指大小的白色区域。

病鱼多消瘦，肠道无食物。发病后期，游动缓慢，腹部、胸鳍、鳃及体侧出血，有明显的出血斑形成，个别严重者出血见于鼻孔及口腔周围处，某养殖场在1997～1998 年 210 000 尾鱼苗死亡，2000 年又有 200 000 尾鱼苗死于类似病害，造成了累积数百万元的损失。在该病发过程中，对病死鱼进行了大量的检测分析工作，但是并没有在病死鱼体内分离到细菌、真菌及寄生虫等相关致病性病原体，而水体和饲料中重金属检测和毒理学实验结果也未表明重金属中毒是导致该病发生的直接和主要原因。根据该病的流行病学特征、临床症状、病鱼病理解剖特点和所进行的药物治疗控制实验及感染实验等实验结果，推断本病极有可能是由病毒感染所致，对此还需进行进一步的深入研究。由病毒引起的鲟鳇病毒性病害的共同特征是：死亡率高，发病快速，季节性和地域性显著。

（1）高首鲟虹彩病毒（WSIV）

WSIV 是一种感染皮肤、鳃和上消化道上皮的病毒。病害经常在 12 月龄以下的高首鲟鱼苗中暴发，并引起大量死亡，而在成年鲟中不引起感染。目前，鲟鳇虹彩病毒是导致北美养殖高首鲟和欧洲俄罗斯鲟死亡的最常见病原体。一些证据显示出该病毒引起的疾病在高首鲟聚居的一些地区时有发生。据报道，养殖场鱼群感染该病后，累积死亡率可以达到 95%，而被病毒感染后的鱼类大批死亡大多是由原生动物和细菌在鱼体表继发感染造成的。研究人员怀疑该病原体来自作为种鱼而被捕捉的美国加利福尼亚州的萨克拉曼多河中的野生成年鲟鳇。该病的主要外观特征是口腔黏膜和呼吸道上皮感染，大面积的感染致使鲟鳇停止进食，从而导致持续消瘦甚至饥饿致死。

WSIV 最早报道于 1990 年，是从北美养殖的高首鲟体内分离到的。Hedrick 等（1992）报道，实验室方法可使湖鲟感染 WSIV，但是该病毒能否感染其他种类的鲟鳇目前仍不十分清楚。目前 WSIV 的诊断主要通过观察被感染鲟鳇组织切片中的特征性细胞，以及从鲟鳇培养细胞中分离出病毒来进行。细胞培养通常采用 WSS-2（高首鲟脾细胞系）或者 WSSK-1（高首鲟表皮细胞系）两种。另外，通过将临床病史和感染鱼组织学及超微结构特征结合对该病进行检测、调查的方法也曾见报道。Hedrick 等（1991）也曾试图设计了一对引物来检测 WSIV，但是该对引物在扩增 WSIV 模板 DNA 的 PCR 检测中不是非常灵敏和有效。

虹彩病毒是目前发现的最主要的鲟鳇的致病性病毒。虽然在我国周围水域没有关于鲟鳇感染 WSIV 的报道，但是其他鱼类感染虹彩病毒的报道较多，而且与其有一定的相关性。Mao 等（1996）曾报道大口鲈和医生鱼（*Labroides dimidiatus*）的虹彩病毒之间主要衣壳蛋白（MCP）序列有很密切的关系，这就增大了病毒从亚洲通过观赏鱼类传入北美的可能性。通过对检测用的 PCR 扩增产物序列的分析，发现传染性脾肾坏死病毒（ISKNV）PCR 扩增产物与真鲷虹彩病毒（RSIV）的核糖核苷酸还原酶小亚基（RNRS）基因相应序列同源性很高，可达到 92.5%，台湾鲶虹彩病毒（TGIV）也与真鲷虹彩病毒有很高的序列相似性。这些都说明亚洲鱼类感染的虹彩病毒之间可能有着很密切的联系，因此可尝试采用其他鱼类虹彩病毒的诊断方法来鉴定亚洲养殖及野生鲟鳇是否携带同种或相似的新型虹彩病毒。

（2）高首鲟疱疹病毒-Ⅰ、Ⅱ（WSHV-Ⅰ、Ⅱ）

WSHV-Ⅱ最初是从一尾成体鲟鳇的卵巢液中分离到的，后被确认为是导致养殖高首鲟鳇鱼苗死亡的最主要病毒。WSHV-Ⅱ的实验性感染率低于 10%，铲鲟和白鲟对该病毒比较敏感，而其他鲟鳇种类则不被感染。WSHV-Ⅱ出现在老年鲟鳇体内，外观表现为体表出现白色小水泡，并且逐渐造成鱼体表面严重的创口。这些开放性的创口经常会导致细菌和外源寄生虫的继发感染，鱼体内部的胃肠部分则充满了液体，其他组织表现正常。感染 WSHV-Ⅱ 的野生高首鲟通常行动迟缓，并停止进食。目前仍没有有效的 WSHV-Ⅰ、Ⅱ 管理策略和通过细胞培养检查潜在携带病毒鱼类的方法。通常对感染 WSHV-Ⅱ 的鲟鳇用盐和杀虫剂等预防溃疡处的继发感染。

WSHV-Ⅰ 与 WSHV-Ⅱ 之间的差别在于：①导致的细胞病变类型不同，WSHV-Ⅰ 产生一种球状的大的细胞合胞体，没有噬斑形成，而 WSHV-Ⅱ 产生的合胞体是葡萄簇状的，并且在半固体的覆盖物下形成噬斑；②WSHV-Ⅱ 可通过血清中和实验来诊断，而抗血清中和实验能够区别 WSHV-Ⅰ 和 WSHV-Ⅱ 这两种病毒。

(3) 铲鲟虹彩病毒(SSIV)

2001 年，MacConnell 等报道在养殖铲鲟和白鲟体内发现了一种新型虹彩病毒。感染了这种病毒的白鲟和铲鲟并未出现感染了 WSIV 的高首鲟的典型临床症状，诸如厌食和皮肤创伤等。这种新型病原体引起的病害，外观与 WSIV 很相似，并已在密苏里河流域中的鲟鳇体内检测到。因此称这种新型虹彩病毒为铲鲟虹彩病毒(SSIV)。

感染了 SSIV 的鱼类消瘦并且在吻及鳃部有真菌感染。将鳃、皮肤、肝和肾组织用戴维斯氏液(Davidson's solution)固定后，苏木素和伊红染色，并用显微镜检查垂死鲟鳇的体表细胞，可以看到增大的双染色的嗜碱性上皮细胞被透明的胞周基质包被。被感染细胞的典型特征包括细胞核增大，胞质增多，核位置异常和胞质内有折光的棒状组织出现，有包涵体的细胞质内还可以看到纤维状组织。这些细胞表现出了与感染 WSIV 的鲟鳇的细胞较相似的特征。SSIV 与 WSIV 在形态学上也非常相似，都是直径大约为 262nm，有一个直径为 148nm 的高电子密度的核。

一些学者试图从培养细胞中分离到 SSIV，如高首鲟细胞系或白鲟/铲鲟细胞系等，但是都没有获得成功。这增加了对该病毒进行更深入研究的难度。

(4) 其他鲟鳇病毒性疾病

据报道，高首鲟腺病毒(White sturgeon adenovirus，WSAV)与 1984～1986 年养殖鲟鳇鱼苗消化道黏膜感染有关。但是自此以后没有发现相关报道。

LaPatra 等(1995a)曾经报道，高首鲟能够携带棒状病毒，即传染性造血器官坏死病病毒(infectious hematopoietic necrosis virus，IHNV)，但是没有关于高首鲟感染此病毒死亡的报道。

在最近几十年内，鲟鳇病毒性疾病给鲟鳇养殖业带来了巨大的损失。虽然鲟鳇死亡率高原因众多，但是通过分析各种鲟鳇病害的历史可以发现，病毒感染后的鲟鳇，体表有开放性创口或免疫力降低，继而发生严重的细菌继发感染是大多数病原体致死的最主要原因。由于许多病毒性疾病在鱼体上没有明显的临床症状，因此早期诊断十分困难，加之病毒性疾病没有行之有效的治疗方法，所以在条件允许的情况下，采用早期免疫的方法控制疾病的发生来减少相应的损失。

随着分子生物学的不断发展，许多高效、迅速的诊断方法开始应用于病毒性疾病的检测。例如，PCR 比目前常用的如酶联免疫反应等免疫学检测方法敏感性要好得多。PCR 方法已经用于检测对鱼类具有致病性的病毒，如流行性造血器官坏死病病毒(EHNV)和虹彩病毒科的 Bohle 虹彩病毒，还有许多鱼类病毒如传染性造血器官坏死病毒(IHNV)、Channel catfish 病毒(CCV)、传染性胰坏死病毒(IPNV)、Striped jack 神经坏死病毒(SJNNV)。Oshima 等(1996)还克隆了 RSIV 的核糖核酸还原酶一个小亚基(RNRS)。结果用一对根据 RNRS 序列设计的引物，采用 PCR 成功地扩增了病毒特异性核酸序列。用 RSIV 的基因组序列设计的引物进行 PCR 的方法提供了一种快速、简便、敏感的诊断方法。

综上所述，由于鲟鳇病毒性疾病研究起步较晚，相关的研究报道还不多见。目前，细胞培养分离病毒和病毒中和实验一直是鲟鳇上述传染病的主要检测方法，因此，建立一些高效、快捷、灵敏的检测方法用于病毒感染检测、疾病诊断是十分必要的。

2. 细菌性疾病

(1)细菌性败血症

症状：体外检查病鱼嘴四周、眼睛、腹部、鳞基部出血，个别病鱼尾柄鳞基部有突出体外的充血泡；肛门红肿；鳃颜色较淡，有的呈花斑状。剖检腹腔内有淡红色混浊腹水，肝大呈土黄色，剖面有肉眼可见的油珠，个别病鱼肝有白点状弥散坏死；肠系膜、脂肪组织、生殖腺及腹壁有出血斑点；肠内多无食物，肠壁及后肠螺旋瓣充血，后肠充满泡沫状黏液物质。病鱼不食，呼吸困难，浮在岸边水面不动，或急剧阵发性狂游，最后衰竭而死。

病因：鲟鳇细菌性败血症由嗜水气单胞菌所引发。

防治方法：换水消毒，24h 后全场所有水体用 0.1mg/L 乙烯吡咯烷酮(PVP)碘消毒。3 天后再消毒一次。内服治疗，每 100kg 鱼每天用恩诺沙星 2.0g 拌饵，分 4 次投喂，6 天为一个疗程。

(2)细菌性肠炎

症状：病鱼腹部膨大，行动缓慢，不摄食，肛门红肿、突出，粪便中带脓，严重者脓中有血，无食欲，行动迟缓，死亡较快。剖开鱼腹可见局部发炎或全肠呈红褐色，肠里没有食物，肠壁弹性差。在患病严重时腹部膨大，有黄色黏液流出。

病因：鱼体体质较弱，摄入变质饵料导致细菌感染。

防治方法：加强饲养管理，保证水质清新，当水温达到 25℃ 左右时，每隔 10～15 天投喂抗生素药饵 1～2 天，并严格控制投喂量。发现病鱼后，采取内服与外用药物结合治疗，可用 $0.6g/m^3$ 漂白粉全池泼洒，1h 后换注 4/5 的新水，并保证每天换水 1 次。同时，连续 6 天投喂抗生素药饵，每天 100kg 鱼体投放药物 500mg，药饵中加入适量大蒜汁效果更好。

(3) 细菌性肿嘴病

症状：病鱼口部四周充血、肿胀，不能活动，体表伴有水霉着生，肛门红肿。

病因：病原为单胞菌。由于养殖时间长，病菌累积。

防治方法：保持良好水质，加强日常管理，及时清除淤积粪便、残饵，加注新水。每千克饵料添加 4～6g 诺氟沙星，同时外泼杀菌药，连续 3 个疗程。恩诺沙星拌饵料投喂，添加量为 0.1%～0.15%，同时泼洒其他杀菌药消毒。

(4) 细菌性烂鳃病

在人工养殖过程中，因水质恶化，鳃部损伤易感染柱状嗜纤维菌或气单胞菌而导致该病的发生。患病鲟鳇行动迟缓，呼吸困难，鳃丝肿胀、呈斑块状溃疡。鳃上黏液增多，鳃的某些部位因局部缺血而呈淡红色，某些部位因局部瘀血而变黑；严重者鳃丝末端腐烂，软骨外露。当鲟鳇食量突然较少时，若伴有该病的其他典型症状，应立即进行检查和诊断。及时采取相应的治疗措施，如可用氟苯尼考按 10～15mg/kg 体重拌料投喂，5 天为 1 个疗程。

3. 真菌性疾病

(1) 卵霉病

症状：鲟卵表面长有黄白色毛样絮状物，严重时鱼卵在水中像一个个圆球。

病因：由水霉属和绵霉属等水生真菌引起，常见的有丝水霉、鞭毛绵霉等。

防治方法：主要是提高受精率，清除坏卵，保持良好水质，孵化用具严格消毒。苏培义(1993)用 500mg/L 的孔雀石绿浸洗鲟卵 15min 可以控制该病的发生；张德志和王军红(2009)报道用 1～3mg/L 的亚甲基蓝溶液浸洗鲟鳇鱼卵 15～30min 可有效控制病情发展。

(2) 水霉病

症状：鱼体表擦伤处可看到灰白色棉毛絮状物，病鱼开始焦躁不安，随着病情加重会发生游动迟缓，食欲减退甚至停食，鱼体逐渐消瘦，最后瘦弱而死。

病因：鱼体受伤或水质不良引起体表感染，滋生水霉。

防治方法：用生石灰水对养殖池进行清池可减少此病的发生。在捕捞、搬运、放养等操作过程中，尽量仔细，避免鱼体体表受伤；及时对养殖池进行排污、清污，保持养殖池水质清新；用 1∶1 配比的食盐和小苏打混合溶液对鱼体进行消毒，可预防此病的发生。每立方米水体中用 2g 五倍子煮汁淋洒。将抗生素拌在饵料中投喂，药饵比为 1∶100，连喂 3 天，可以治疗此病。5%的食盐浸浴 0.5h，效果很好。

4. 寄生虫类疾病

(1) 车轮虫病

症状：少量车轮虫寄生时，病鱼无明显症状，当有大量车轮虫寄生时，鱼体消瘦，游动迟缓，车轮虫常见于鲟鳇苗种鳃、尾部等处，导致这些部位黏液增多。

病因：病原体为车轮虫。

防治方法：加强饲养管理，注意水质，提高鱼体抵抗力。用 2%~4%盐水浸浴 2~15min 或使用 10~20g/m³ 高锰酸钾药浴 10~15min，浸浴后转入流水池中进行养殖，但应注意不可使用硫酸铜。

(2) 拟马颈鱼虱病

该病的病原体为拟马颈鱼虱，徐克清等(1966)首次报道我国金沙江野生鲟鳇鳃上寄生拟马颈鱼虱。苏培义(1993)发现溯江入川的中华鲟几乎都感染该病，部分达氏鲟幼苗和扬子江白鲟也感染该病。张德志和王军红(2009)报道在人工养殖条件下，中华鲟也感染拟马颈鱼虱，其主要寄生在鲟鳇的鳍基部、肛门、鳃弓、口腔、鼻腔、咽、食管等部位，尤以鳃弓、口腔等部位最多。虫体寄生部位四周红肿、发炎，严重者出现溃烂。目前较为常见的治疗方法为人工拔除病原体，然后涂抹红霉素软膏。

(3) 小瓜虫病

症状：肉眼观察在躯干、头、鳍、鳃、口腔等处有小白点，同时伴有大量黏液，表皮糜烂、脱落，甚至可能蛀鳍、瞎眼，患病鱼鱼体日益消瘦，游泳能力大大降低，且浮躁不安，食欲减退，最后鱼窒息死亡。

病因：病原体为小瓜虫。小瓜虫侵袭鱼的皮肤和鳃瓣，在组织里以组织细胞为营养，引起组织坏死，形成白色浓泡，当鳃组织被大量寄生时，引起鳃组织坏死，阻碍呼吸，导致鱼窒息死亡。

防治方法：用 50g/m³ 甲醛溶液浸泡治疗较安全和有效，或者全池泼洒亚甲基蓝，池水中浓度 2mg/L，连续数次，每天 1 次。

(4) 锥虫病

症状：患病鲟鳇行动缓慢，摄食停止，体表无光泽、呈黑色，停卧水底，身体在水中呈"S"形或"L"形弯曲，有时急剧在水中上下旋游，若不医治，3~5天后死亡。

病因：病原体为锥虫。

防治方法：青霉素 G 盐按 5kg 水体中加入药物 20 万～40 万 IU，每天 1 次，每次浸浴 2h 左右。第 1、2 天用高剂量(40 万 IU)，第 3 天后用低剂量(20 万 IU)，连续 3 天出现明显好转，约 7 天后恢复正常，并开始摄食。早期治愈率可达 100%。

(5)三代虫病

症状：患病鱼苗嘴部四周充血，鳃充血，体表有一层白色的黏液，鱼体失去光泽，游泳极不正常，鱼苗有缺氧、浮头现象。

病因：由投喂未消毒的水蚤造成。

防治方法：用 0.25g/m³ 晶体敌百虫治疗三代虫病，效果较好，可控制住病情。

(6)斜管虫病

症状：病鱼在水中急躁不安，体表呈蓝灰色薄膜样，口腔、眼腔有黑色素增多现象。

病因：斜管虫大量寄生在中华鲟体表、口腔、鳃部。

防治方法：转入流水池饲养，自然死亡率约为 3.6%。尚无有效治疗方法。

5. 其他类病害

(1)营养性病害

1)萎瘪病

症状：鱼体消瘦发黑，身体干瘪，呈现出头大身子小，背似刀刃，两侧骨板突出、清晰可数，病鱼游动缓慢，鳃丝苍白，最终衰竭而死。

病因：主要是因为养殖密度过高，鱼摄食不够，或饵料成分不合理。在高密度养殖和大水面养殖中容易发生此类疾病，尤其是在过冬期间，容易发生此种情况。

防治方法：加强饲养管理，控制放养密度，投喂的饵料营养全面。发现此类病鱼，挑选出后单独使用添加了促进消化和诱食剂药物的饵料进行喂养，或者使用天然饵料如水丝蚓、红虫等进行喂养。

2)营养性贫血

饲料中的营养成分不平衡，不能满足鲟鳇的营养需求时引起营养性贫血。病鲟食欲减退，生长缓慢；肉眼可见体色变淡，鳃丝呈粉红色，肝、肾颜色变淡；血红蛋白含量降低至 20～25g/L，红细胞数量减少至 3×10^5 个/μL 甚至更少，幼红细胞比例由 20% 增至 40% 甚至更高。该病死亡病例不多，但会造成鱼体免疫力下降，易感染其他疾病。因此，在人工养殖过程中，应结合鲟鳇的营养需求选择适合的专用饲料，并严格控制饲料的质量。

3）脂肪肝病

症状：病鱼食欲不振，生长缓慢，抗病力下降。解剖后可以发现，肝、胰有大量脂肪淤积，肝、胰器官肿大，表面色彩黄白相间，不是正常的灰黄色，手摸有较重油腻感。

病因：主要是饵料中的脂肪含量过高或高密度养殖长期处于低氧状态。

防治方法：使用营养全面的饵料，强调配合饵料的营养平衡性，尤其是少用脂肪含量高的饵料及外喷油饵料。通常在投喂饵料中添加抗脂肪肝物质或适量胆碱、护肝药物，有利于防治脂肪肝。

4）黑身病

症状：身体发黑，瘦弱无力，腹部瘦小，解剖发现胃内无食物，肠道半透明，充满淡黄色黏液。

病因：代谢不正常或营养不良。

防治方法：改善水体环境，增加水体流动性。将病鱼单独收集在一起，改喂线虫，或投喂营养较好的饵料。

5）心外膜脂肪织炎

Guarda 等（1997）详细研究了 235 尾高密度养殖的高首鲟心脏，显示所有的高首鲟都存在脂肪织炎，虽然其体表、肌肉等无任何病理变化，但心脏具有明显的病理变化，70%的高首鲟心脏表面呈灰褐色到黑色，组织病理切片表明炎性细胞浸润，损害细胞由血管周围向中心集中，或呈带状沿着心外膜边缘脂肪组织分布；严重者炎性细胞大量浸润，组织增生，脂肪组织被炎性细胞和增生组织所替代，而脂肪组织下面的心肌层未见异常。关于该病的病因尚不清楚，可能与营养不均衡和摄入过量脂肪有关。

（2）中毒性疾病

1）氨氮中毒

症状：在冬季进行人工孵化时容易发生氨氮中毒。由于冬季孵化容易受水温的影响，很多单位采用重复用水方法进行孵化，避免造成大量热量散失，降低成本。在孵化过程中，卵膜和一些卵大量溶解在水中，经过累积、腐败后产生大量氨气，非常容易造成氨氮中毒，尤其是在孵化完成后的 1～3 天内容易发生。一旦发生，造成的危害十分严重。

病因：当水中氨超过 0.5mg/L 时就容易引起此病。

防治方法：及时、定期更换孵化用水或使用生化循环过滤系统进行孵化。

2）肝性脑病

症状：体色正常，体表及黏液正常，偶有头部前端和吻部的腹面表皮脱落，背面粉红，或胸鳍基部周围有一增生物，或者肛门红且稍外突的个体，肝紫色或褐色或灰色，严重者肝糜烂，胆囊正常，肝病变较轻者(活力较好者)脑形状正常可辨，眼观无异常，解剖针可挑起脑；肝病变严重者(濒死、死亡者)脑糜烂、破碎，难辨结构，颜色呈乳白色。

病因：致鱼类肝损害物质来源广泛，种类繁多，往往是多种因素协同作用的结果，已见诸多有关饵料及其有毒成分、药物添加剂和水污染等对养殖鱼类造成危害的报道，史氏鲟发生中毒性肝坏死主要由饵料的有毒成分和药物作用。

防治方法：投喂人工养殖的水蚯蚓，减少或避免饵料中药物添加，可有效控制与预防鲟幼鱼肝性脑病。另外，水质调节注重 pH(6.5~8.5)和溶解氧(5~8mg/L)指标的控制，尽量采用生物技术处理水，保持水中具有一定的生物活性物质，建立良好的水环境。

3)心外膜脓肿

症状：该病主要危害体长 15~30cm、体重 15~200g 的鲟鳇幼鱼，患病种类为杂交鲟、俄罗斯鲟和史氏鲟。鲟鳇体色正常，体表除心脏部位外突外无其他结构上的异常，肝的外形略显肿大，颜色因个体大小而有程度不同的瘀血点，个体较大者呈紫黑色，小的则为红色，或局部出现灰红色。心脏外表呈不规则凹凸瘤状，腹面颜色由白到红，动脉球红紫色。个体大的鱼体，心脏前端为灰色，后部为紫色。稍小的鱼体表现出心房肿大。鲟鳇前肠空，后肠食物饱满。患病初始阶段，食量减少，散游或独游于池中，后期游动日渐缓慢，停食，最终死亡。

病因：Guarda 等(1997)根据前人对其他动物类似疾病研究的结果，推测饵料中的氧化脂肪是高首鲟发生心外膜脂肪织炎的原因。

防治方法：致病的具体物质及机制还尚未弄清楚，投喂人工养殖的水蚯蚓、减少或避免在饵料中添加药物会有效控制鲟鳇心外膜脓肿。

(3)多种环境因素所致疾病

1)气泡病

症状：发病时游动缓慢、无力、上浮、贴边。严重者在口前两侧的两条沟裂内肉眼就可以看到里面呈线形排列的许多气泡。镜检鳃发白，鳃丝间黏液增加，有许多小气泡，鳃丝完整，肝较白，胃内有食物，肠内有黄色黏液和气泡。外观无其他症状，如同失血而死，有的则表现为整个头部都充血，口的四周红肿，口不能闭合。

病因：由于水中氮气或氧气含量过饱和(10mg/L)，鱼的肠道、鳃、肌肉等组织内形成微气泡，再汇聚成大气泡。

防治方法：主要方法是先改善水质，解决水源中过饱和氮气或氧气，然后用内服药饵继续进行治疗。

2)大肚子病

该病是由消化不良或气单胞菌感染引起的。患病鲟鳇体色正常，腹部膨大，向上浮，在水面无力游动，解剖可见有的病鲟胃中食物较多，有气体，且肠道边也有气泡，而有的病鲟胃中食物较少，但有大量气体存在。该病的预防方法为改善养殖环境，降低养殖密度，加大水流速度。治疗按每千克饲料中添加 3～5g 恩诺沙星、8～12g 干酵母、3g 大黄拌料，连续投喂 5 天，为一个疗程，若发现鱼群粪便变稀，可减量或停喂大黄。

3) 应激性出血病

当鲟鳇受到应激因子如天气突变、拉网捕捞、水质不良、长途运输等刺激时，即可在短时间内发生全身性体表充血和出血而导致大批鲟鳇死亡。该病在发病前鱼体无明显异常，一旦受到应激因子刺激，病鲟则表现非常敏感，极度不安，腹棱、腹部骨板充血发红并有少量的出血斑，严重者鳃盖、鳍条基部明显充血，腹部肌肉、骨板和腹棱大量出血，解剖可见肌肉和脏器充血。为了防止该病发生，在鲟鳇养殖过程中应改善养殖环境，提高鱼体抗应激能力；投喂优质饵料，避免使用喹乙醇；避免高温期拉网捕捞和长途运输，采用柔软的网具和运输工具且操作时动作要轻柔；天气突变时，应密切关注水质变化和鱼体活动变化，出现异常应及时采取措施。

4) 蛀鳍病

患病鲟鳇游动失去平衡，肉眼可见胸鳍、尾鳍破损，严重者鳍条溃烂，继发水霉病。该病主要发生在稚鲟开口期和幼鲟转食期，由于放养密度过大，规格不整齐，个体大、活动力强的鲟鳇将个体小的鲟鳇鱼鳍条当食物咬伤，形成蛀鳍。该病的防治方法为在鲟鳇的开口期和转食期要保持合理的养殖密度，并少量多次投喂优质的适口饵料。

5) 癌变

姜礼燔(1988)报道水环境污染可导致野生中华鲟幼鱼肝发生癌变，主要症状是肝区浮肿，表面有结节，肝细胞有增生，严重者癌细胞已发生异型化，其比正常细胞增大 1～3 倍，特别是细胞核变大，呈现癌细胞恶化分裂相：胞核呈圆形、椭圆形、多角形等不规则形状，核膜薄厚不均，胞质颜色变深、丰富，细胞界限不清晰，出现浸润性生长、转移，以至于包围邻近血管和肝组织，导致组织变性，失去功能。目前尚未见人工养殖条件下鲟鳇脏器发生癌变的相关报道。

6) 红斑病

患病仔鲟卵黄囊前端或下部，或两侧及背部、尾鳍下端等部位出现血红色的点状斑块。病鲟常于水面缓慢游动，患病后可存活 10 天左右。该病可能是由水蚤、虾类咬伤所致或孵化时水体流速过大受伤引起，不具有传染性。其防治方法为彻底清除水蚤等敌害生物，合理控制孵化池、护养池的水体流速，避免仔鲟受伤。

7) 黑身病

症状：身体发黑，瘦弱无力，腹部瘦小，解剖发现胃内无食物，肠道半透明，充满淡黄色黏液。

病因：代谢不正常或营养不良。

防治方法：改善水体环境，增加水体流动性。将病鱼单独收集在一起，改喂红虫，或投喂营养较好的饵料。

7.2.2　敌害生物

苏培义 (1993) 报道，鲟鳇的敌害生物有 18 种，其中天然产卵场鲟鳇胚胎的敌害生物有圆口铜鱼、长条铜鱼、长吻、黄颡鱼、黄腹吻共 5 种，人工养殖条件下孵化器和培育池中鲟鳇鱼苗的敌害动物共 11 种，分别是麻雀、翠鸟、白顶溪鸲、水鸦雀、白尾斑地鸲、红尾水鸲、黄腹灰脊鸽、鲨鲦、沼虾、家鼠、家猫，敌害植物 2 种，水网藻和水绵。因此，在鲟鳇鱼苗、鱼种下塘前应彻底清塘消毒，下塘后需加强管理，避免受到敌害生物的袭击。

1. 卵甲藻病

症状：鲟鳇得病初期，体表出现稀疏的小白点，以后逐渐增多，严重时像滚了一层面粉，故又称打粉病。病鱼游动缓慢，食欲减退，终致瘦弱死亡，严重时鱼身体上布满了小白点，鱼眼睛被白点盖住，视力变弱，鳃上与口腔内也有许多小白点，呼吸与进食都极其困难，最终导致大批死亡。

病因：发生卵甲藻病地区的一个共同的特点是水的 pH 偏低，一般在 5.0~6.5，危害的对象都是夏花或鱼种，偏酸性的养殖用水是诱发此病的前提，卵甲藻是嗜酸性的，中性及偏碱性水中没有发生此病的先例。

防治方法：pH 较低的水域养鱼必须对此病进行预防，尤其是育苗工作，此病的主要危害对象是夏花及鱼种。在鱼苗未入池前，使用生石灰清塘，使池水的 pH 达到中性或偏碱性，这是土池养鱼必须采取的手段，水泥池流水育苗则需定期向水池中泼洒生石灰，每隔一定时间改变用水的 pH，使卵甲藻无法繁殖；在水池上加盖遮阳棚，藻类的繁殖需要阳光，加遮阳棚后，可以降低藻类的繁殖速度，以便及时发现卵甲藻病的症状，及时加以治疗。

2. 身体畸形

症状：脊索弯曲，身体呈"S"或"V"形，游泳能力差，不利于摄食。

病因：主要是由在苗种阶段受伤所致，苗种分级筛选时操作不慎，计数时无水操作都可引起脊索发生弯曲。

防治方法：鲟鳇处于幼体时，应选择光滑、网目细小的网具，操作轻柔小心，避免动作粗暴。

3. 灰白斑

症状：身体表面出现斑块状或部分灰白色区域，与正常体色分界明显，体表并无其他异状。

病因：可能是由基因突变引起。

防治方法：由于出现的数量极少，研究相对较少，现无有效预防、治疗方法。改变营养供给是否有效还有待进一步研究。

4. 夜晚跑马症

症状：在流水养殖的池中，个体较瘦，白天食欲不振，夜晚绕池狂游。剖检肠内无食物，螺旋瓣受损。

病因：可能由于长期投喂含抗生素的饵料，破坏了肠道微生态平衡，引起肠道结构变化。

防治方法：避免长期使用抗生素，在饵料中增加诱食剂和助消化的成分，改变投喂制度，少量多次。

7.3　达氏鳇养殖病害的防控对策

目前达氏鳇养殖经济效益较高，前景看好。但随着鲟鳇鱼类养殖在国内的规模逐步扩大，其病害也随之增加。而有关其病害的资料较少，不能满足业内人士的需要。解决鲟鳇鱼类病害需要我们对病因、病原体、病理和药物、防治方法等进行更深入的研究；在从国外引进新品种时需要做好检验检疫工作；防止和其他鱼类混养，以避免感染其他鱼类自身所带病，这是保证鲟鳇养殖持续、稳定、健康发展的关键。

7.3.1　消灭和抑制病原体

改善水体生态环境是预防病害的基本前提，做好疫病的防御工作是减少病害的重要措施。只有控制养殖水体中病原微生物的数量，切断外来病原微生物进入养殖水体的一切途径，才能有效预防病害的发生。鲟鳇生活在水体中，它们的活动不易观察，一旦发病及时诊断比较困难，而且有些疾病潜伏期较长，当表现出症状时，治愈很困难。食场是鲟鳇密集的地方，也是寄生虫和病菌密集之处，要有严格的消毒措施。病害流行季节，应定期对工具、水体、苗种、饲料、生物饵料、冰鲜饵料等进行严格消毒，以杀死水体中或鲟鳇鱼体上的病原体，预防病害发生。

7.3.2　倡导生态健康养殖

开展生态健康养殖是达氏鳇养殖产业可持续发展的重要举措，良好的生态环境才能促进鲟鳇快速、健康的生长。鲟鳇规模化养殖的发展应根据养殖水域的营养水平和环境承受能力，选择适宜的养殖容纳量，控制环境中病原体生物量，发展高效、低污染的规模化养殖模式。鲟鳇养殖无论采取哪种方式，水源选择非常重要，首先要选择水质好、水源充足、水位稳定、无污染来源的可控水域进行鲟鳇生态养殖，强化养殖管理，改善养殖环境，增强鲟鳇体质，提高抗病能力。

7.3.3　合理确定放养密度

养殖密度作为一种环境胁迫因子能引起鱼类应激反应，改变鱼类内在生理状况，使养殖群体生长率和存活率下降，增大鱼病发生的可能性，使个体间生长差异增大。高密度养殖会导致种内对空间和食饵的竞争，会加大鱼类的自身抑制作用，影响鱼体的新陈代谢和鱼类对饵料的消化利用，同时极易污染其生活环境，引起养殖池内水质变坏。水体中滋生积累大量的病毒、细菌、浮游生物等微生物，使养殖群体生长率和存活率下降，增大鱼病发生的可能性。应根据水体的生态容纳量来确定放养密度。

7.3.4　筛选优良抗病品种

依靠科技，攻克达氏鳇种苗繁育和养殖关键技术。加强良种选育工作，加大达氏鳇种质资源的基础研究，利用细胞工程、基因工程和分子生物学等技术手段，进行优良达氏鳇品种选育和优质苗种大规模繁育技术的研究开发，培育出优质、抗逆的优良品种，从源头上控制病害的发生。

7.3.5　规范用药

养殖达氏鳇发生病害后，应送科研机构进行检测找出病因，有条件的应先做药物敏感实验后再用药，以便选择有效的药物进行治疗。使用药物时疗程和药物剂量要足，治疗时不要频繁更换药物。此外避免产生抗药性，应采取联合用药或交替用药的办法，以延长药物的使用寿命，达到最佳的治疗效果。

综上所述，达氏鳇鱼养殖应大力推行生态健康养殖，着重围绕建立良好的生态系统，确保养殖环境符合要求，通过物理调控、水质改良、微生态制剂使用、合理确定放养密度等方法来确保良好的水质。同时，在解决鲟鳇病害时，需要我们对病因、病原体、病理和药物、防治方法等进行更深入的研究。从国外或外地引种，需要做好检验检疫工作。从源头上控制病害的发生，是保证鲟鳇养殖持续、稳定、健康发展的关键。

第8章 达氏鳇自然资源及保护策略

8.1 达氏鳇自然资源分布及状况

在 20 世纪初期，达氏鳇自然资源分布是比较广的，主要分布于黑龙江干流，在松花江、乌苏里江及兴凯湖也有栖息，但数量较少，在俄罗斯的结雅河、石勒喀河、额尔古纳河、鄂毕河、音果达河、奥列列湖等也有分布。由于环境污染和水土流失等，达氏鳇的自然分布水域变得相当狭窄，目前达氏鳇全部种群几乎只栖息在黑龙江干流，其他地方均已近绝迹。

目前，达氏鳇在黑龙江的分布主要是在中下游江段，黑龙江上游江段的资源量较少，达氏鳇在黑龙江的分布为上游的黑河、嘉荫江段，中游的萝北、绥滨江段，同江、抚远江段，以及下游的俄罗斯江段。其中，我国每年的捕捞以抚远江段产量最高，其次是绥滨江段，俄罗斯的哈巴罗夫斯克(伯力)江段达氏鳇的年产量也较高，我国黑河、嘉荫江段较低。

目前，达氏鳇自然资源状况总的来说是种群数量越来越少，起捕个体规格越来越小。就自然水域种群的数量而言，达氏鳇已经成为濒危物种。

8.2 达氏鳇资源的保护和利用

鲟形目鱼类自然资源的衰退，使保护、恢复增殖鲟资源提到日程上来，自鲟形目鱼类被列为世界性保护物种以来，各国和地区根据实际情况制定了相应的保护措施和法规。根据我国鲟形目鱼类的保护和利用情况，拟开展的达氏鳇资源保护和利用措施的建议如下。

1. 加强管理，广泛宣传

中华鲟、达氏鲟、白鲟已列入国家一级重点保护动物，要对其生存水域加强管理，严格执行全水域禁捕，对偷捕或误捕不放生者依法惩处，限制科研用鱼。对于生存在黑龙江的达氏鳇继续加强渔业捕捞许可证制度，严格执行《渔业法》关于禁渔期、禁渔区的规定，杜绝违法捕捞。禁止捕捞幼鱼或不达规格的成鱼。广泛宣传渔业法规、《野生动物保护法》和《水生野生动物保护条例》。教育广大渔民充分认识达氏鳇的特性及目前的濒危程度，调动人们保护达氏鳇资源的积极性。

2. 黑龙江达氏鳇保护的具体措施

扩建鲟鳇保护区。在鲟鳇产卵场抚远江段大夹心子网滩上下 1km 建一处常年禁渔区，以保护进入产卵场进行繁殖的达氏鳇、史氏鲟。

修改禁渔期。近年由于水温升高，达氏鳇、史氏鲟繁殖群体提早进入产卵场，将 6 月 11 日至 7 月 5 日的禁渔期改为 6 月 1 日至 7 月 15 日，以保护鲟鳇的自然繁殖。

保护达氏鳇产卵场的生态环境。治理江河污染，保护沿岸植被，减少水土流失，以保护产卵场的生态环境。繁殖期间在产卵场限制机动船只的航行，禁止采沙、采金作业。

开展人工繁殖与放流工作。拟在抚远、萝北各增建一处放流站。开展人工繁殖、人工培育并进行人工放流的工作，放流量应维持在 4000 万尾/年。

降低捕捞强度，控制捕获指标。政府实施职能行为，有计划地对渔民(沿江以捕鱼为生的)分流安排再就业，降低捕捞强度，对黑龙江沿岸鲟鳇生产区严格控制捕捞渔船数量，限制年捕获量。

实行渔获物生产销售许可证制度。对生产、加工、销售、出口鲟鳇及鱼苗和鱼子酱实行许可证制度，指定加工生产和销售点，并收取资源保护费用于人工繁殖鲟鳇。

取缔非法作业。无证生产加工、销售或使用非法渔具(毒鱼、炸鱼、电鱼、钩捕鱼)进行捕捞作业应予以取缔，并移交司法部门追究其刑事责任。

8.3　鲟鳇剥制标本制作

近年来，随着鲟类工厂化养殖技术的发展成熟，鲟作为一种名特优鱼类走进了人们的日常生活中。鲟除了肉质鲜美、营养价值丰富外，其皮可做成优质皮革，卵可加工成上等的鱼子酱，软骨可入药。同时，鲟因其修长的体态和优雅的外形而具有观赏价值，被人们称为"鲟龙"。

在养殖条件下，由于一些不可预测的原因，一些形态较小的鲟鳇不可避免地会出现死亡现象，然而这个阶段的鲟鳇既没有丰腴的鱼肉又不能产卵，似乎毫无价值，因此，我们可以将其做成干标本永久保存，一方面，可供相关专业人员进行形态教学研究，或陈列于标本馆作为大众科普展览；另一方面，将形态万千的鲟鳇标本配上适当的造景做成商品售出，在展现它经济价值的同时体现了其艺术价值和科学价值，实际意义非凡。

鱼类标本的制作涉及多种知识，本书就以 1~2 龄的达氏鳇幼鱼为例进行标本制作及后期造景，以期让更多的标本制作者了解这项简单实用的技术。

8.3.1 小型鱼体剥制标本制作

1. 材料及药品

1～2 龄达氏鳇幼鱼，要求鱼体完整、颜色新鲜、表皮完好，大小在 1m 左右即可。本次实验幼鱼标本体全长为 60cm。与其他鱼类标本制作不同的是，鲟科鱼类体表均被硬鳞骨板，所以不用担心鳞片脱落。药品有明矾、硼酸、10%甲醛溶液、70%乙醇溶液、次氯酸钠溶液。其他材料包括泡沫塑料、铁丝、热熔胶、聚氨酯发泡料、脱脂棉、纱布、樟脑、义眼、丙烯颜料、清亮漆、502 胶、卡纸、造景摆件、玻璃罩等。

2. 常用工具

解剖刀、手术剪、尖头镊子、夹子、载玻片、尺子、针管。

3. 制作步骤

(1)前期准备

本次实验用鱼为 1 龄达氏鳇幼鱼，取出后进行拍照(图版Ⅸ-1)，由于鱼体颜色容易发生变化，因此需要对其体色进行详细拍照记录，并记录其性别、产地、日期、室温。同时测量其体全长、体重、体高、头长、吻长、须长、尾柄长、尾柄高、眼径等指标。鱼体可以直接剔除肌肉，也可以使用 10%甲醛溶液固定防止鱼体腐烂、变质影响制作，制作前使用清水浸泡 24h。建议自然风干鱼体表面的水，以求减少外力作用，最大限度地保护鱼体皮肤的完整性。

(2)皮肤剥离

将鱼体标本腹面朝上放置在解剖盘里，解剖盘里最好铺垫毛巾，以减少鱼体与解剖盘的摩擦。由于达氏鳇幼鱼腹面扁平宽厚，围心腔与肛门位于一条腹中线上，因此可从围心腔顶端向后直线剖开，接近肛门处，刀口应绕过肛门和臀鳍，从臀鳍后骨板基部继续开口至尾鳍前端。取出内脏团后开始剥离皮肉，建议先剥离鱼体胸鳍和腹鳍之间的皮肉，这样当剥离围心腔及胸、腹鳍附近的肌肉时，可减小肌肉间拉扯对鱼皮产生的撕扯力，同时，对于小鱼体来说，更容易伸入解剖刀、镊子等工具进行细致的操作。分离皮肉时，应从腹部两侧的切口处向背部骨板处渐次剥开分离。在剔肉的过程中，注意刀锋偏向肌肉侧，以免划破鱼皮。剥离至鱼体背脊时，用剪刀将背脊连接各骨板的肌肉及背鳍鳍棘一一剪断分离。剥离胸鳍及围心腔部位时，用手术剪剪断鳍基部的鳍棘软骨和围心腔的横膈膜，剥离直至头后部肩带位，将已剥离的肌肉分离下来。剪断脊柱，头、尾部的脊柱应分别留出 2cm 左右，以便接下来鱼体填充时贯穿铁丝构架。用长镊子夹住酒精棉球将脊柱内的脊索掏空。接下来，剥离腹鳍和臀鳍附近肌肉，采用同样的方法将鳍基部的鳍棘软骨剪断，依次剥离肌肉直至尾鳍前端。至此，鱼体的大部分肌肉已与皮肤分离，再仔细将附连在皮肤上的肌肉和各鳍内的肌肉清除干净。

最后清除脑组织和两颊部的肌肉。清除脑组织有两种办法，第一种是从上唇软骨和吻部的连接处开口，伸进长镊子清除干净两颊部和鳃盖骨内侧的肌肉，然后用解剖刀在下颅骨处开口，将脑组织逐次取出，并清除颅顶的肌肉。第二种办法是将枕骨大孔剔大，用注射针管将脑组织吸干净，并用长镊子夹住棉花反复擦拭脑内去除脑髓和肌肉。第二种方法适用于新鲜的鱼体直接清除脑组织，因为新鲜鱼体脑组织柔软，可用针管绞碎，易于用注射针管吸去；第一种方法适用于甲醛固定过的鱼体，脑组织被甲醛固定以后相对于新鲜脑组织要硬，不易绞碎，可能无法用注射针管吸出。本实验采用第二种办法。最后剪断鳃丝并挖去眼球。至此，皮肉剥离步骤全部结束(图版IX-2)。

(3)脱脂

将剥离好的鱼皮平整展开置于解剖托盘内，用脱脂棉蘸取次氯酸钠饱和溶液均匀涂刷在鱼皮内表面进行脱脂，24h 后再次清除鱼皮上脱离下来的余肉和脂肪。再将整张剥离好的鱼皮浸润在 70%乙醇溶液中，隔 3～5h 需翻动一次，以便乙醇能更容易地渗透到各部位，3 天左右取出，鱼皮会因乙醇吸收了皮肤中的水而发硬，可视发硬程度将其浸入水中冲洗 12～24h，待皮肤恢复弹性至柔软后取出。

(4)防腐

常见的标本剥制防腐剂中含有砷元素，如砒霜，这是一种极难得到的高成本、有剧毒的物质，长时间使用会对人体造成伤害，挥发到空气中对周围环境造成污染。本次实验用的防腐剂是由明矾、硼酸和樟脑混合而成的，明矾的功能主要是吸收皮肤水分。硼酸没有毒性，但是防腐效果较差，优点是使用时比较安全。樟脑具有驱除害虫、防止蛀蚀标本及抑制动物产生腥气和臭味的功能。本实验用鱼为幼鱼，皮下脂肪含量较少，但所处环境湿润，故加大明矾比例，防腐剂用明矾、硼酸和樟脑按照 5：3：2 的比例磨成粉末混合制成。根据鱼皮脂肪和水分含量，可适当调整防腐剂各成分的比例。将防腐剂均匀涂抹在鱼皮及颅内外，达到半干状态开始进行鱼体填充。

(5)填充及整形

首先，按照测量得到的鱼体数据做一个泡沫假体，要求长度和围度尽量和鱼体生前状态保持一致(图版IX-3)。再取一根较粗的铁丝做鱼体的脊柱，将铁丝从假体中心穿过，一端插入鱼体头部的脊髓腔内，一端插入尾脊椎骨的脊髓腔内，若头颅内的脑组织和肌肉已剔除干净，插入头部脊髓腔的铁丝可直达吻尖，故应小心穿插以免穿破。假体定型后，鱼体依然不够饱满，需要填充，由于鲟鳇的皮肤较厚，仅用棉花不能完全将凹陷的皮肤撑饱满，因此本次实验采用聚氨酯发泡料进行填充，待聚氨酯发泡料半干时塑型，可将凹陷的鱼皮撑起，再用少量的棉花填补空隙。最后，尾鳍部、两颊部及颅腔内均要填充均匀、饱满。填充完毕后，用夹子将剖口处的皮肤夹合在一起，待皮肤自然干燥后用热熔胶沿剖口黏合。在黏合时，胸鳍处中心的腹面应留出一个缺口，用来插入铅丝做鱼体体外的支架。黏合完毕后，用湿的毛笔刷将鱼体表面的防腐剂粉末、热熔胶等除净。如果体表依然有凹凸不平的地方，可用长镊子通过口腔填充，并用手轻轻挤捏，最终使标本表面平滑饱满，恢复到生前的生态姿势。

(6) 器官的制作

后期处理包括义眼、假鳃的安装及展平鱼鳍。鲟科鱼类眼睛均为黑色，可选用黑玛瑙作义眼，也可选用上色的玻璃珠子代替。可用热熔胶固定义眼。经过甲醛溶液的浸泡，鳃丝的红色会褪去，可将其剪去，换用红色卡纸放入鳃盖骨内代替鳃丝。对于本次实验，由于鱼体较小，甲醛溶液的充分浸泡和充足的防腐剂就可将鳃丝保存完好，因此并未剪掉鳃丝，而是用颜料将鳃丝涂成红色，并剪短鳃盖骨的软膜，以便露出红色鳃丝，这样原汁原味地保留了达氏鳇标本的原始性。展鳍的时候可用毛巾蘸温水将鳍条软化展开，然后用两块载玻片夹在鳍的上下或两侧，用夹子夹住载玻片，向被固定的鳍滴加10%甲醛溶液，反复滴加数次，4～5h取下载玻片，鱼鳍便固定好了。

(7) 上色及干燥

待标本完全干燥后进行上色，以鱼生前的照片作为参照。本次实验用丙烯颜料进行上色，根据达氏鳇特有的颜色，背面的颜色是将花青、藤黄和黑色按照5∶2∶1的比例调和，均匀上色。腹面则将钛白、藤黄按照3∶1的比例调和上色。上色完毕，整体喷上清漆增亮，同时可以隔绝空气防止腐败。最后参考生态学知识和美观原则造景。

制作的标本外部形态自然，无毒，无异味，造景符合生态学原理，可以长期保存(图版IX-4)。

制作标本之前，应该对标本进行浸泡，目的是使皮肤脱水收缩，增大其韧性，但是对标本的浸泡时间有比较严格的要求，如浸泡在甲醛溶液中的鱼体，浸泡时间最好控制在3天内，因为时间过长，在高浓度的甲醛溶液中浸泡的鱼体肌肉和脑组织容易变硬、变脆，给后期剥离皮肉造成难度。在标本制作的过程中，皮肤剥离是一个非常重要的环节，剥皮时一定要细心，以免割破鱼皮。达氏鳇幼鱼脂肪层较少，因此用次氯酸钠饱和溶液脱脂后的鱼皮十分光洁。鲟鳇具有5行骨板，皮肤较薄，当皮肤缩水时，骨板附近的皮肤容易发皱，因此在填充的过程中应先用聚氨酯发泡料将骨板周围的皮肤均匀填充、固定，再安装假体并填充棉花。卢猛等(2011)提出用聚氨酯发泡料代替棉花等填充鱼体,同样适用本实验,聚氨酯发泡料具有质量轻、不吸水、好塑型、不易发霉等特点。可是当我们对鱼体颅内、两颊及细小的地方进行填充时,很难控制聚氨酯发泡料的量,这时可结合泡沫假体和棉花进行填充,以达到最佳填充效果。在缝合阶段,我们用热熔胶黏合代替了传统的针线缝合,一方面针线缝合不紧密会影响标本内部的防腐效果,另一方面缝合的针线会影响标本的整体美观。而热熔胶能完全将剖口封死,结实、美观、易操作。

以往剥制标本主要供教学、研究、博物馆陈列观摩和在家庭等场所陈设,主要观赏价值仅限于标本本身。现在人们生活水平普遍提高,人们开始追求生活质量,近年来家庭式的观赏水族箱日渐兴起,鲟工厂化养殖规模扩大(陈细华,2007),鲟作为名特优鱼种走进千家万户,笔者认为标本制成以后可以结合水族造景,延伸标本的制作,开发标本销售的新方向。发挥制作者的想象力和创造力为人们的生活增添新的景致。现在标本造景在市场上没有出现,可以发展成一个新行业,主要面对那些工作繁忙、没有养殖技术但喜欢观赏鱼类的人。

综上所述,本标本制作方法可行,并且环保,实验材料易得,成本较低。最后,我们将鳇标本配上适当的造景做成商品售出,一方面,给卖家增加了商品销售渠道,提高了企业的生存竞争力;另一方面,在展现标本经济价值的同时体现了其艺术价值和科学价值,让每一条鱼都实现了它的最大价值。

8.3.2　大型鱼体剥制标本制作

早在两千多年前,生活在中国黑龙江东北部的赫哲族人就开始用鲟鳇、鳇条鱼、大麻哈鱼等大鱼的鱼皮制作鱼皮服饰。经过几千年的传承发展,当地族人在鱼衣的制作上已形成了一套以熟软、染色为核心技术的工艺流程。如今,国内外的学者通常采用鞣制的技术将生皮制作成"熟皮子",常应用于哺乳类动物剥制标本的制作上。标本制作是从国外引入中国的舶来技术。自 20 世纪传入我国至今已有将近 120 年的历史,受到越来越多人的喜爱。随着新材料的诞生和使用,标本制作技术与现代模具假体技术交叉融合,现代标本制作技术日臻成熟。在鱼体标本制作领域经常用到的技术手段是浸制标本、剥制标本和骨骼标本。浸制标本常用于观赏鱼、两栖类及小型哺乳动物肝的标本制作,其操作简便易行,但久泡容易造成标本体色消失,标本肿胀而失去自然形态,故该方法的保存技术还有待提高。剥制标本技术常被应用于鸟类和大型哺乳类动物,其做出的动物标本形态较为逼真自然,可以存放很长时间,但在脱脂和防腐技术上都有值得改进的地方。鞣制技术的加入使标本制作工艺彻底提升了一个层次。对于脂肪层较厚的大型鱼体,鞣制技术的加入是一次新的尝试,因此本研究以达氏鳇(*Huso dauricus*)大型成鱼作为研究对象,针对制作过程中遇到的剥制时除肉不干净、脱脂不彻底、防腐剂单一、缝合易破皮、标本伤痕处理等多方面问题进行了探讨。

达氏鳇是一种非常古老的大型淡水鱼类，曾与恐龙生活在同一时期。目前世界上仅分布在黑龙江流域，又名黑龙江鳇，被《世界自然资源保护联盟濒危物种红色目录》列为濒危等级，具有较高的研究价值，其剥制标本将对达氏鳇生物多样性研究、博物馆展览、科普教学等具有重要价值。

1. 材料和方法

（1）达氏鳇的来源与处理

笔者于 2015 年 11 月从云南阿穆尔鲟鱼集团有限公司养殖基地运来 1 尾达氏鳇成鱼，该鱼为自然死亡，背部及胸鳍部皮肤有小部分破裂，背骨板和侧骨板有部分缺失，测量各项鱼体指标，拍照记录后开始剥制。

（2）鱼体指标实测

鱼体指标总结于表 8-1。

表 8-1　剥制前后达氏鳇指标测量数据

Tab. 8-1　Compared before taxidermy index measurement data with after taxidermy

体全长 Body length/cm		体重/皮重 Weight/Tare weight/kg		头长 Head length/cm		眼径长 Length of eye/cm		须长 Length of suko/cm	
剥制前 Before	剥制后 After	体重 Weight	皮重 Tare weight	剥制前 Before	剥制后 After	剥制前 Before	剥制后 After	剥制前 Before	剥制后 After
360	368	217	35.6	85	87	1.5	1.5	13.2/13.7	13.2/13.7
								13.7/13.2	13.7/13.2

（3）工具准备

剥制工具及化学药品：解剖刀、钢刀、骨剪、手术剪、强力斧、防水布、7m 见方纱布、电子台秤、直尺、卷尺、无水乙醇。

浸制工具及化学药品：大型塑料水槽、加热棒、增氧机、pH 计、水泵、水管、盐渍盐、95%工业乙醇、工业漂白粉、工业碳酸钠、脱脂剂、工业氢氧化钙、工业氢氧化钠、KLM 浸灰助剂、工业硫酸铵、工业胰蛋白酶、工业柠檬酸、工业氯化铝、工业碳酸氢钠、加脂剂。

防腐工具及化学药品：中草药粉碎机、明矾、硼酸、樟脑、干燥剂。

标本填充及美化工具：高密度聚氨酯发泡料、长镊子、脱脂棉、气排钉枪、电熨斗、缝针、鞋线、电钻、鱼义眼、热熔胶、皮锤、丙烯油性颜料、防腐清漆、环氧树脂、原子灰、砂纸、石膏、透明泥子。

2. 制作过程

（1）剥制

达氏鳇标本于 2015 年 11 月 18 日开始剥制。整个剥制过程在铺好防水布的干净地面进行(图版 X-1)。达氏鳇属于软骨硬鳞鱼类,无鳞片,身被 5 行硬骨板,因此开口处选择在两行腹骨板正中,用手术刀从围心腔绕过生殖孔向臀鳍基部直线剖开,取出内脏后用钢刀插入皮内脂肪层与肌肉的缝隙开始皮肉分离,躯体部的皮肉分离要剥制彻底,如尾鳍内部的肌肉,各个支鳍骨内部的肌肉等。脑颅部的肌肉剥离较困难,因为脑颅部由软骨和硬骨组成,除外部的额骨、顶骨、翼耳骨、后颞骨、蝶耳骨等硬骨保留外,其余的软骨组织都要剥离干净。达氏鳇成鱼的吻部脂肪层较厚,吻部小骨片大多退化消失,因此在除肉及以后的脱脂过程中,一定要将吻部内的肌肉组织和结缔组织去除彻底。剥离了大块肌肉后,鱼皮上还会残留少部分肌肉组织,可将盐渍盐均匀涂抹在鱼皮上,高浓度的 NaCl 会使蛋白质变性,残肉更容易从皮脂层上分离下来。盐渍盐的用量视皮张大小而定,涂抹均匀即可。

(2)盐渍

将鱼皮在水槽中展平,向水槽中注入饱和食盐水,该步的目的是利用渗透压原理初步析出皮张内的水分,同时减少皮张上滋生的细菌。久泡后皮质纤维层变粗,大量 Na+ 渗入其中使皮张变硬,对于鲟鳇鱼皮比较适合的浸泡时间是 2~3 天。

(3)浸水

采取二次浸水法。第一次浸水时加入适量的漂白粉进行杀菌消毒,漂白粉用量应谨慎,以可保持原有皮色的用量为最佳,本次实验水和漂白粉的比例为 2000∶1。加入工业碳酸钠将 pH 调至 10,水温 20℃,1~2 天。

将鱼皮清洗干净之后进行第二次浸水,根据鱼皮脂肪层厚度加入皮重 2%~4%的脱脂剂作为浸水助剂;加入一定量的工业碳酸钠调节 pH 到 10,漂白粉杀菌消毒;调节水温到 20℃,在此温度下处理 2~3 天。经本次处理,鱼皮吸水软化,颜色未发生改变。

(4)乙醇脱脂

采取乙醇梯度浸泡法。将鱼皮平展完全浸入 30%、70%、90%工业乙醇溶液中,每隔 6h 翻动一次鱼皮,使乙醇渗透进鱼皮各组织,12~24h 换新浓度梯度的乙醇,温度 20℃(图版 X-2)。

(5)再脱脂

再脱脂采用人工脱脂结合皂化乳化法。人工脱脂时要待鱼皮半干时向鱼皮涂抹少量的乙醇溶液,然后用手术刀剔除局部残脂残肉,剔除的过程中尤其要剔干净支鳍骨附近的肌肉组织和头骨内的脂肪组织,若这些部位处理不彻底,将会严重影响后期标本的防腐效果。本次人工脱脂后,鱼皮的平均厚度为 0.8cm,脂肪层变薄,初步达到预期目的。

皂化乳化法用到的试剂是工业碳酸钠和脱脂剂，其用量比例为水(H_2O)：脱脂剂：工业碳酸钠(Na_2CO_3)=100：4：1，将温度控制在25℃处理8～12h，重复4次。

(6)浸灰、闷水与脱灰

浸灰采用氢氧化钙与氢氧化钠联合浸灰法。浸灰是在碱性条件下，让Ca^{2+}和Na^+在浸灰助剂的作用下渗透进皮中，使胶原纤维束结构得到适度的松散，但不能破坏其结构，降低裸皮的膨胀程度，为鞣质工艺做好准备。用到的试剂比例为水(H_2O)：熟石灰[$Ca(OH)_2$]：KLM浸灰助剂：工业氢氧化钠($NaOH$)=3000：30：10：1，浸灰本身是一个急剧放热的过程，故不需人为给水体升温，水温控制在20℃，浸灰液最适的pH为12.5～13.5，浸泡时间控制在24h以内。在浸灰的过程中要及时翻检鱼皮，尤其注意检查后颞骨和躯干的连接部位和鱼鳍鳍条，这些部位在温度较高的碱水中容易被烧坏。浸灰充分后的皮张膨胀，与浸泡前相比平均增重5%(图版X-3)。

闷水的目的是清洗掉皮质纤维层中的Ca^{2+}和Na^+以中止浸灰过程。闷水时要升温，但要控制在45℃以下，以40℃为最佳。将皮料充分展开浸泡在水中，每2h翻动一次鱼皮，当水变得混浊时立即换水。闷水时间长度与浸灰时间长度成正比，通常闷水24～48h，以鱼皮上不再附着碱性药品为终点。

脱灰用到的药品是工业硫酸铵。用药比例为水(H_2O)：工业硫酸铵[$(NH_4)_2SO_4$]=100：3，最终要求pH达到8.0，在水温为25℃的条件下浸泡8～12h。脱灰的目的是消除碱性皮张的膨胀状态，通过硫酸铵与氢氧化钙中和作用进一步去除纤维间的皮垢。与浸灰后相比皮重减轻10%～15%(图版X-4)。

(7)软化与降温

裸皮脱灰后，皮内胶原蛋白有一定程度的变性或降解，仍有大部分以皮垢的形式残存在纤维间质中，采用工业胰蛋白酶对其进行软化降解，可以使纤维松散。所用比例为水：胰蛋白酶=25：1，pH8.0，水温35℃，软化12～18h，每隔1h检查鱼皮的软化情况。

软化后立刻水洗逐步降温，停止胰蛋白酶的作用，切勿直接将皮张浸入冷水，防止鱼皮因骤冷而收缩使表面褶皱。

(8)浸酸与鞣制

浸酸溶液的成分是水(H_2O)、氯化钠($NaCl$)和柠檬酸($C_6H_8O_7$)，比例是水：氯化钠：柠檬酸=100：10：1，浸酸溶液pH应在2.8附近，于25℃处理3～5天。浸酸时裸皮如果出现酸性膨胀，应继续加入一定量的氯化钠缓解酸胀(图版X-5)。

鞣制液的成分是氯化铝($AlCl_3$)、硫酸铵[$(NH_4)_2SO_4$]、氯化钠($NaCl$)，比例是水：氯化钠：氯化铝：硫酸铵=20：2：1：1，温度为24℃，当pH为4.5时，检查皮张，将裸皮取出，向内折压，压尽水分，若折处呈白色绵纸状，则说明鞣制结束(图版Ⅹ-6)。

(9)中和与加脂

鞣制后的裸皮仍呈酸性，长时间处于酸性环境会破坏胶原蛋白的肽链结构，使胶原纤维剧烈膨胀，所以加入碳酸氢钠进行中和，将水温调节到 35℃，当 pH 调节到 5.0 即完成中和过程。

加脂也称加油，是制革工艺的名词术语。根据裸皮的大小和预期效果加入一定量的加脂剂，本书选择水与加脂剂的比例为 25∶1。在水温为 55℃的条件下，浸泡 4h，油脂能充分地渗入纤维间质，形成包裹体补充熟裸皮所流失的脂肪，以阻止皮质纤维在干燥时摩擦断裂，同时增强了标本表面的光泽度。

(10)回软

因制作假体或其他原因耽搁时间，鞣制好的裸皮无法及时进行填充，时间久了会发硬、缩水，所以要对其进行回软。用碳酸钠和加脂剂进行皮质回软能获得良好的效果，其中碳酸钠的量为皮重的 2%，加脂剂的量为皮重的 10%，逐步升温至 30℃，回软时间长短根据皮张具体情况而定。

(11)防腐与缝合

在进行假体填充前需要对皮张进行阴干、展鳍和防腐。将各个鳍的鳍条末端用蒸汽电熨斗熏至柔软，涂抹少许甲醛溶液，用两块厚玻璃板夹住鳍条固定48h(图版Ⅹ-7，图版Ⅹ-8)。做防腐时，将皮张展开平铺在干燥的防水布上，将明矾、硼酸和樟脑按照 5∶3∶1 的比例研成粉末，再加入一定量的干燥剂混合，均匀地涂抹在皮张内侧(图版Ⅹ-9)，硼酸会使皮张发硬、缩水，所以应控制好硼酸的用量。

在防腐的同时要仔细检查皮张的完整度，如发现鱼皮破损或残缺，要及时进行缝合和补皮，由于鲟鳇成鱼皮较厚，用普通的钩针根本无法穿透，因此采用电钻打孔的方法进行操作，再用缝鞋线进行缝合，制作时正值北方冬季，气温很低，所以缝合速度要快，避免在低温下时间过久导致鱼皮干硬，待皮张阴干至半干状态开始填充。

(12)塑型与补色

填充用到的材料是高密度发泡料，这种材料常用于大型哺乳动物剥制标本的假体制作，材料轻便结实，便于后期修改，但需要标本制作人员具有一定的雕刻功底。填充的过程中可用脱脂棉配合发泡料进行细节处的填充塑型，力求每个填充部位都要饱满，再用皮锤将填充部位均匀地夯实。标本缝合部位在腹中线部，采用针线缝合结合气排钉的方法缝合，边填充边缝合。鱼体填充缝合完毕后，用

70%乙醇将鱼皮通体擦拭一遍，待乙醇挥发彻底用干净的砂纸打磨鱼皮粗糙部分，再涂抹一遍 70%乙醇，阴干 24～48h，鱼皮变得坚硬结实。由于缝合后的皮张有针脚痕迹，因此要用原子灰将针脚处、补丁和破损处覆盖打磨，凹凸处用透明泥子抹平。安装义眼(图版 X-12)，并粘贴人造毛代替嗅毛，用热熔胶棒拉出 13～14cm 的假须(图版 X-10)。

达氏鳇与其他鲟体色有明显区别。大部分达氏鳇头部从眼眶骨至蝶耳骨上区的整个硬骨区为黑色或黑褐色；鳃部及下颌区为乳白色或灰白色；脊背部至侧骨板上沿呈灰褐色；侧骨板下沿至腹骨板部呈乳白色，或呈灰绿色，或呈黄绿色；腹骨板部多为淡黄色或乳白色。胸鳍、腹鳍和背鳍边缘通常为白色。用丙烯油性颜料直接在鱼皮上补色，在补色的过程中，应结合达氏鳇生前的真正颜色进行调配。对于达氏鳇成鱼来说，经常用到的颜色是中黄、黑、大白、花青、墨绿和赭石，具体颜色配比需要按实际情况调配(图版 X-11)。

(13)后期保养

标本的后期保养十分关键，如果保养不到位，很可能使之前的工作全部成为徒劳。为此可将制作好的标本喷涂三层防腐清漆，待清漆彻底干后再刷一层薄薄的环氧树脂。一方面环氧树脂隔绝了空气，最大限度减缓了标本的氧化速度，另一方面环氧树脂本身的透明度增强了标本皮肤的光泽度，使标本栩栩如生。到此为止，一条达氏鳇成鱼标本制作完成(图版 X-13)，再经过 15～30 天的阴干，可以将其放入标本室进行展览、收藏，保存在干燥的环境下，控制在 15℃的恒温，若遇剧烈的温差变化会对标本产生不可逆转的破坏，要避免阳光直射。定期除尘上油，检查鳃盖部、吻部及鳍部。

3. 剥制及脱脂工艺的改进

脱脂是否彻底与前期皮肉剥制的程度关系密切。达氏鳇是世界上最大的淡水鱼之一，成鱼躯干部的肌肉很容易和鱼皮部剥离，头颅部的肌肉较难去除干净，同时由于皮张的脂肪层较厚，简单的机械除肉无法彻底清除皮张内的脂肪，时间久了皮张表面会渗出黄色油脂，严重影响标本的形态和观赏性。因此，本次标本制作采用"不用有毒试剂，少用易挥发试剂"原则，在整个工艺流程中，不用砒霜、甲醛、铬酸钾等有毒试剂，同时经过鞣制后皮张由于自身蛋白质结构被破坏，因此在防腐的过程中明矾和樟脑等挥发试剂的用量减少，这样若成批制作生产，可减少试剂对环境的污染。

在脱脂过程中，大部分学者采用乙醇浸泡脱脂法进行操作，对脂肪少、易剥制的小型鱼体来说，这种方法可以有效地脱去皮张内的脂肪，但后期仍需要进行严格的防腐。对于大型哺乳动物和脂肪层较厚的大型鱼类来说，单一的乙醇浸泡脱脂无法达到彻底脱脂的效果，因此本次标本制作利用机械除脂法、乙醇梯度浸泡法和皂化乳化法共 3 种方法，根据达氏鳇皮张本身的组织结构特点调整试剂用量配比，如在二次浸水时加入脱脂剂作为浸水助剂，延长浸水时间，达到了初步脱脂的效果；在乙醇浸泡过程中，采用浓度梯度浸泡法，一方面提高了脱脂效率，另一方面使皮张在逐级浸泡的过程中得到缓冲，头颅部分脂肪层比躯干部脂肪层厚，脱脂时可对头颅和躯干部脱脂分别采取不同的浓度和次数，可以达到比较满意的效果。

实际上，在整套标本制作的工艺流程中，从盐渍、浸灰、软化、浸酸到鞣制的每一个环节，都在进行着脱脂，盐渍过程中高浓度的无机盐、浸灰过程中大量的-OH 等都会结合油脂分子的烃基，胰蛋白酶参与的软化过程可显著地去除皮层里的可溶性蛋白质，加快脂肪的分解和脱落。也只有通过多方面、多流程的脱脂，把脱脂的理念贯穿于整个标本制作流程中才能达到比较满意的脱脂效果。

4. 皮革鞣制技术的应用

对于大型鱼类剥制标本来说，最让人困惑的地方就是在标本陈列展览的过程中出现"冒油""脱象""发焦"等状况。出现这种状况，一方面是因为剥制时脱脂不到位，另外一方面是因为处理过的皮张仍为生皮，生皮的稳定性很差，容易受到保存环境的影响，从而使标本发生形变，失去了标本制作的价值。因此，本次标本制作采用国外最先进的皮张鞣制技术，借鉴了宋小晶(2012)处理大型布氏鲸皮张的鞣制方法和李文靖等(2009)处理成年哺乳动物皮张的鞣制方法，设计出一套适合达氏鳇成鱼皮张的鞣制技术，鞣制过程中所用的试剂均为工业试剂，价格低廉，有效，无毒，降低了制作成本的同时保证了标本质量。经过鞣制的皮张为熟皮，皮张的稳定性高，耐高温湿热，皮革丰满有弹性，不易受到外界环境的影响。剥制标本皮张的生熟与否是区别现代皮张处理与传统皮张处理的标志之一。

常用的鞣制方法有铝鞣、醛鞣和铬鞣，相比较而言，铬鞣制技术较为常用，鞣制出的皮张效果较好，缺点是重铬酸盐毒性较大，无铬鞣制技术逐渐被开展应用。铝鞣制较为温和，鞣制出的皮张弹性较好，同样可以应用到本次达氏鳇鱼皮鞣制中。在本次标本制作中，鞣制是否成功关键要看浸酸是否充分，浸酸的目的是析出皮层纤维中的可溶性蛋白质，而鞣制的目的则是使鞣酸进入皮层纤维中替代原有蛋白质。所以，根据皮张厚度适当延长浸酸时间，调稳 pH，可以为鞣制做好准备。本次达氏鳇鱼皮鞣制过程中，由于脑颅内脂肪层较厚，块状脂肪聚积在颊部和鳃盖骨部，浸酸的时间要长于其他部位，柠檬酸与氯化钠的浓度比为 5：1，当发现浸酸后头骨处的皮张略有膨胀时，可继续加入一定量的氯化钠缓解酸胀，鞣制时的关键是 pH、温度与时间的协调控制，检查皮张是否达到鞣制的标准是看 pH 是否从 2.8 附近上升至 4.5 附近，这一过程要控制在 2 天之内。北方的冬天气温很低，鞣制过程中将温度维持在 24℃，若温度过低、鞣制时间过长，则皮张变硬，影响标本塑型。

5. 防腐剂的探讨

中国的传统标本制作技术，素来就有"南唐北刘"之说，从 20 世纪至今，也确实出现了一些标本制作方面的艺术大师。评价一个标本的好坏，一方面，要看标本师对标本形态匠心独运的设计，另一方面，标本的保存期限也是鉴定一个标本价值高低的因素之一，因此，防腐的工艺就成了整个标本制作过程中一个至关重要的环节。传统的砒霜和砷化物防腐剂虽然可以较为长久地保存标本，但因其毒性巨大早已被淘汰，如今每个专业的标本师都有其独特的一门防腐技术，但几乎不外传。国际上在 20 世纪 70 年代就已经用优兰代替砒霜对皮张进行防腐，优兰无毒，不会对环境和人体造成危害，保存年限可达 30 年以上，已经广泛被博物馆标本制作人员采用。对于本次标本制作，采用的防腐剂为明矾、硼酸和樟脑，并在以往的标本制作中表现出了较好的防腐效果，由于鞣制技术的加入，本次防腐剂的用量可以相应减少，尤其要控制好硼酸的用量。

一件优秀的标本作品除了可以加深公众对物种知识的了解、给人以美的享受外，也一定能够唤起人们认知自然、保护自然的欲望，可谓利益深远。可是目前我国标本行业方兴未艾，相关从业人员更是凤毛麟角。完备的剥制标本工艺流程仍在探索实践，遇到的问题仍需行业专家"量体裁衣"来共同解决。

参 考 文 献

白俊杰, 马进. 1999. 鲤鱼(*Cyprinus carpio*)生长激素基因克隆及原核表达. 中国生物化学与分子生物学报, 15(3): 409～412

曹海鹏, 杨先乐, 高鹏, 等. 2007. 鲟细菌性败血综合征致病菌的初步研究. 淡水渔业, 37(2): 53～56

曹静, 张凤枰, 宋军, 等. 2015. 养殖和野生长吻鮠肌肉营养成分比较分析. 食品科学, 36(2): 126～131

常剑波, 王剑伟, 曹文宣. 1995. 稀有鮈鲫胚胎发育研究. 水生生物学报, 19(2): 97～103

陈刚, 张健东, 吴灶和. 2004. 军曹鱼骨骼系统的研究. 湛江海洋大学学报, 24(6): 6～10

陈金平, 袁红梅, 王斌, 等. 2004. 史氏鲟 Sox9 基因 cDNA 的克隆及在早期发育过程不同组织中的表达. 动物学研究, 25(6): 527～533

陈金生, 吴生桂. 2003. 匙吻鲟小瓜虫病的观察与防治. 水利渔业, 23(1): 55

陈静, 梁银铨, 胡小建, 等. 2008. 匙吻鲟胚胎发育的观察. 水利渔业, 28(3): 34～36

陈细华. 2004. 中华鲟胚胎发育和性腺早期发育的研究. 广州: 中山大学博士学位论文

陈细华. 2007. 鲟形目鱼类生物学与资源现状. 北京: 海洋出版社

陈星玉. 1987. 黑斑狗鱼的骨骼系统及其食性适应. 河南师范大学学报, 56: 95～101

崔奕波. 1989. 鱼类生物能量学的理论与方法. 水生生物学报, 13(4): 369～383

崔奕波, 陈少莲, 王少梅, 等. 1995. 温度对草鱼能量收支的影响. 海洋与湖沼, 26(2): 169～174

崔奕波, 解绶启. 1998. 鱼类生长变异的生物能量学机制. 中国科学院院刊, (6): 453～455

崔奕波, 吴登 J R. 1990. 真鲚的能量收支各组分与摄食量、体重及温度的关系. 水生生物学报, 14(3): 193～204

戴阳军, 刘峥兆, 王雪锋, 等. 2012. 野生与养殖鳡鱼肌肉的营养成分比较. 食品科学, 33(17): 258～262

戴志远. 1993. 吃鱼、ω-3 脂肪酸与防治心血管病. 海洋水产科技, 1: 28～30

邓敏, 何建国, 左涛, 等. 2000. 鳜鱼传染性脾肾坏死病毒 (ISKNV) PCR 检测方法的建立及虹彩病毒新证据. 病毒学报, 1216(4): 365～369

冯广朋, 庄平, 章龙珍, 等. 2004. 我国鲟鱼养殖现状及发展前景. 海洋渔业, 26(4): 317～320

傅朝军, 刘宪亭, 鲁大椿, 等. 1983. 中华鲟人工蓄养和催情试验. 淡水渔业, (4): 38～40

傅朝君, 刘宪亭, 鲁大椿, 等. 1985. 葛洲坝下中华鲟人工繁殖. 淡水渔业, (1): 1～5

盖力强, 高欣, 安瑞永, 等. 2006. 鲟鱼常见疾病的防治. 河北渔业, (8): 38～42

高宇, 袁改玲, 李大鹏, 等. 2010. 杂交鲟和匙吻鲟 HSP70 cDNA 克隆与序列分析. 华中农业大学学报, 29(1): 85～89

郝世超, 黄璞祎, 于洪贤. 2008. 摄食水平对杂交鲟生长的影响. 东北林业大学学报, 36(12): 43～45

何为, 陈慧. 2000. 我国人工养殖鲟鱼的疾病防治. 中国水产, (7): 26～28

胡光源, 石振广, 张忠亮. 2011. 达氏鳇总 DNA 提取初探. 黑龙江水产, (2): 27～28

胡鸿钧, 李晓英, 魏印心, 等. 1980. 中国淡水藻类. 上海: 上海科学技术出版社

胡佳, 汪登强, 危起伟. 2011. 施氏鲟、达氏鳇及其杂交子代的分子鉴定. 中国水产科学, 17(1): 21～29

胡先成, 赵云龙, 周忠良. 2008. 盐度对河川沙塘鳢稚鱼生化组成及能量收支的影响. 水产科学, 27(3): 109～112

黄峰, 严安生. 1999. 黄颡鱼的含肉率及鱼肉营养评价. 淡水渔业, 29(10): 3～6

黄建盛, 陈刚, 张健东, 等. 2010. 摄食水平对卵形鲳鲹幼鱼的生长和能量收支的影响. 广东海洋大学学报, 30(1): 18～22

黄琪琰. 1993. 水产动物疾病学. 上海: 上海科学技术出版社: 112～113

江新, 田家元, 万建义. 1988. 中华鲟卵人工授精和脱粘技术初步研究. 水生态学杂志, (6): 25～26

姜礼燔. 1988. 环境污染对中华鲟鳃、味蕾及肝脏的毒理组织学研究. 水产科学, 7(2): 1～5

姜祖辉, 王俊, 唐启升. 1999. 菲律宾蛤仔生理生态学研究 I. 温度、体重和摄食状态对耗氧率及排氨率的影响. 海洋水产研究, 20(1): 40～44

蒋汉明, 张凤珍, 翟静, 等. 2005. ω-3 多不饱和脂肪酸与人类健康. 预防医学论坛, 11(1): 65～69

傑特拉弗 T A, 金兹堡 A C. 1958. 鲟鱼类的胚胎发育与其养殖问题. 北京: 科学出版社

金兹堡 A C, 傑特拉弗 T A. 1957. 鲟鱼类的胚胎发育. 北京: 科学出版社

柯福恩, 胡德高, 张国良, 等. 1985. 葛洲坝下中华鲟产卵群体性腺退化的观察. 淡水渔业, (4): 38～40

雷思佳, 李德尚. 2000. 温度对台湾红罗非鱼能量收支的影响. 应用生态学报, 11(4): 618～620

雷思佳, 叶世州, 李德尚, 等. 1999. 盐度对台湾红罗非鱼能量收支的影响. 华中农业大学学报, 18(3): 256～259

李强. 2007. 人工养殖鲟鱼需重点防治的几种疾病. 中国渔业报—科技视野, (4): 1～2

李文靖, 何顺福, 陈晓澄. 2009. 哺乳动物标本制作中皮张的鞣制. 四川动物, 28(4): 593～594

李文龙, 韩英, 石振广, 等. 2012. 达氏鳇稚幼鱼生长特性的研究. 大连海洋大学学报, 27(2): 125～128

李文龙, 石振广. 2008. 达氏鳇全人工繁殖取得成功. 中国水产, (5): 33

李文龙, 石振广, 王云山. 2003. 鲟鱼苗种早期死亡原因分析. 科学养鱼, (4): 9～10

李文龙, 石振广, 王云山, 等. 2009. 养殖达氏鳇人工繁殖的初步研究. 大连水产学院学报, (增刊): 157～159

李艳华, 危起伟, 王成友, 等. 2013. 达氏鳇胚后发育的形态观察. 中国水产科学, 20(3): 585～591

李云, 刁晓明, 陈林. 1997. 白鲟骨骼系统的补充修正. 西南农业大学学报, 19(1): 36～40

李治, 谢小军, 曹振东. 2005. 摄食对南方鲇耗氧和氨氮排泄的影响. 水生生物学报, 29(3): 247～252

李仲辉, 杨太有, 陈宏喜. 2008. 大头狗母鱼骨骼系统研究. 河南师范大学(自然科学版), 36(3): 105～107

梁利群, 孙效文, 董崇智. 2002. 5 种鲟、鳇鱼基因组 DNA 遗传多样性分析. 中国水产科学, 9(3): 273～276

梁琍, 冉辉, 桂庆平, 等. 2015. 锦江河野生黄颡鱼与养殖黄颡鱼营养品质分析及比较. 湖北农业科学, 54(18): 4544～4547

廖朝兴, 黄忠志. 1986. 草鱼在不同的状况下耗氧率的测定. 淡水渔业, (3): 14～16

林浩然. 1999. 鱼类生理学. 广州: 广东高教出版社: 210～212

刘红亮, 郑丽明, 刘青青, 等. 2013. 非模式生物转录组研究. 遗传, (8): 955～970

刘洪柏, 贾世杰. 2000. 史氏鲟的胚胎及胚后发育研究. 中国水产科学, 7(3): 5～10

刘家寿, 崔奕波, 杨云霞, 等. 2000. 体重和摄食水平对鳜和乌鳢身体的生化组成和能值的影响. 水生生物学报, 24(1): 19～25

刘绍平. 1997. 欧洲鲟类生物学概述. 淡水渔业, (3): 26～29

刘勇. 1988. 中华鲟人工繁育技术研究的现状和展望. 水生态学杂志, (4): 20～25

楼宝, 史会来, 毛国民, 等. 2008. 饥饿及恢复投饵过程中花鲈肌肉组成及非特异免疫水平的变化. 水产学报, 32(6): 929～939

卢猛, 邓衍柏, 范小龙, 等. 2011. 鱼类剥制标本制作的新技术. 中国兽医杂志, 47(4): 79～80

鲁大椿, 柳凌, 方建萍, 等. 1998. 中华鲟精液的生物学特性和精浆的氨基酸成分. 淡水渔业, 28(6): 18～20

鲁宏申, 刘建魁, 王云山, 等. 2011. 达氏鳇 1 龄幼鱼生长特性的初步研究. 水生态学杂志, 32(5): 78～81

罗相中, 邹桂伟, 潘光碧. 1997. 大口鲇耗氧率与窒息点的初步研究. 淡水渔业, 27(3): 21～23

罗永康. 2001. 7 种淡水鱼肌肉和内脏脂肪酸组成的分析. 中国农业大学学报, 6(4): 108～111

骆剑, 肖亚梅, 罗凯坤, 等. 2007. 中国大鲵(Andrias davidianus)的胚胎发育. 自然科学进展, 17(11): 1492～1499

马细兰, 张勇, 黄卫, 等. 2006. 尼罗罗非鱼生长激素及其受体的 cDNA 克隆与 mRNA 表达的雌雄差异. 动物学报, 52(5): 924～933

孟庆闻, 苏锦祥, 李婉端. 1987. 鱼类比较解剖. 北京: 科学出版社

孟彦, 肖汉兵, 张林, 等. 2007. 史氏鲟出血性败血症病原菌的分离和鉴定. 华中农业大学学报(自然科学版), 6(6): 822~826

米尔籍泰因. 1986. 鲟鱼养殖. 魏青山译. 武汉: 华中农业大学, 1~16

牛翠娟, 胡红霞, 罗静, 等. 2010. 史氏鲟和达氏鳇养殖亲鱼群体遗传多样性分析. 水产学报, 34(12): 1795~1798

潘炯华, 郑文彪. 1982. 胡子鲇的胚胎和幼鱼发育的研究. 水生生物学集刊, 7 (4): 437~444

潘连德. 2000. 养殖鲟鱼非寄生性疾病的诊断与控制. 淡水渔业, 30(6): 36~38

潘连德, 李淑云, 夏永涛. 2000a. 鲟鱼心外膜脓肿的病理学初步研究. 水生生物学报, (9): 563~565

潘连德, 孙玉华, 陈辉, 等. 2000b. 史氏鲟幼鱼肝性脑病组织病理学与细胞病理学研究. 水产学报, 24(1): 56~60

彭树峰, 王云新, 叶富良. 2008. 体重对斜带石斑鱼能量收支的影响. 水生生物学报, 32(6): 934~940

秦玉广, 陈秀丽, 朱永安, 等. 2010. 细菌性鱼病研究现状与展望. 井冈山大学学报, 31(3): 49~53

邱德依, 秦克静. 1995. 盐度对鲤能量收支的影响. 水产学报, 19(1): 36~42

曲秋芝, 马国军, 孙大江. 1996. 鲟鱼类及我国鲟鱼类研究的发展概况. 水产学杂志, 9(2): 78~84

任华, 蓝泽桥, 孙宏懋, 等. 2013. 欧洲鳇全人工繁殖技术研究. 江西水产科技, (1): 20~22

闫绍鹏, 杨瑞华, 冷淑娇, 等. 2012. 高通量测序技术及其在农业科学研究中的应用. 中国农学通报, 28(30): 171~176

沈美芳, 吴光红, 殷悦, 等. 2000. 塘养一龄和二龄暗纹东方鲀鱼体的生化组成. 水产学报, 24(5): 432~438

沈勤, 徐善良, 严小军, 等. 2008. 饲料及体重对大黄鱼排氨率影响的初步研究. 宁波大学学报(理工版), 21(3): 318~322

施德亮. 2012. 秦岭细鳞鲑早期发育研究. 武汉: 华中农业大学硕士学位论文

施志仪, 程千千, 宋佳坤, 等. 2010. 西伯利亚鲟 Sox9 基因 cDNA 全长克隆、序列分析及其表达检测. 水产学报, 34(5): 664~672

石振广. 2008. 达氏鳇人工繁殖和养殖关键技术研究. 青岛: 中国海洋大学博士学位论文, 1~121

石振广, 董双林, 鲁宏申, 等. 2008a. 人工养殖条件下达氏鳇杂交种生长特性的初步研究. 中国海洋大学学报, 38(1): 33~38

石振广, 董双林, 王云山, 等. 2008b. 我国鲟鱼养殖业现状及问题分析. 中国渔业经济, (2): 58~62

石振广, 王云山, 李文龙. 2000. 鲟鱼与鲟鱼养殖. 哈尔滨: 黑龙江科学技术出版社

四川省长江水产资源调查组. 1988. 长江鲟鱼生物学及人工繁殖研究. 成都: 四川科学技术出版社

宋超, 庄平, 章龙珍, 等. 2007. 野生及人工养殖中华鲟幼鱼肌肉营养成分的比较. 动物学报, 53(3): 502~510

宋平, 胡隐昌, 向筑, 等. 2002. 南方鲇生长激素完整 cDNA 的克隆及其 DNA 序列的分析. 水生生物学报, 26(3): 272~279

宋小晶. 2012. 大型布氏鲸皮张的鞣制与标本制作. 上海: 上海海洋大学硕士学位论文

苏怀栋, 陈圆圆, 龙微鑫, 等. 2012. 多种鱼类骨骼标本制作. 河北渔业, 7(223): 55~57

苏锦祥, 孟庆闻, 唐宇平. 1989. 团头鲂骨骼系统的发育. 水生生物学报, 13(1): 1~14

苏培义. 1993. 中国鲟形目鱼类的寄生虫及病害. 重庆水产, (1~2): 44~50

孙效文, 梁利群. 2001. 斑马鱼 SSLP 标记检测鲤鱼种间的遗传多态性. 中国水产学, 8(2): 5~6

孙耀, 张波, 郭学武, 等. 1999a. 日粮水平和饵料种类对真鲷能量收支的影响. 海洋水产研究, 20(2): 60~65

孙耀, 张波, 郭学武, 等. 1999b. 温度对真鲷能量收支的影响. 海洋水产研究, 20(2): 54~59

孙耀, 张波, 郭学武, 等. 1999c. 体重对黑鲷能量收支的影响. 海洋水产研究, 20(2): 66~70

孙耀, 张波, 郭学武, 等. 1999d. 鲐鱼能量收支及其饵料种类的影响. 海洋水产研究, 20(2): 96~100

泰德勒, 凯洛. 1992. 鱼类能量学——新观点. 王安利, 等译. 天津: 天津科技翻译出版公司: 1~5

唐启升, 孙耀, 张波, 等. 1999. 渤黄海底层经济鱼类的能量收支及其比较. 海洋水产研究, 20(2): 48~53

田甜, 杨元金, 王京树, 等. 2012. 鲜鱼病害研究进展. 湖北农业科学, (3): 559～562

田照辉, 徐绍刚, 王巍. 2012. 西伯利亚鲟热休克蛋白 HSP70 cDNA 的克隆、序列分析和组织分布. 大连海洋大学学报, 27(2): 150～157

童金苟, 朱嘉濠, 关海山. 2003. 鱼类性别决定的遗传基础研究概况. 水产学报, 27(20): 169～176

王荻, 刘红柏, 卢彤岩, 等. 2008. 鲟鱼病毒性疾病研究进展. 水产学杂志, 21(2): 84～89

王吉桥, 姜志强, 胡红霞. 1998. 主要养殖鲟鱼的生物学特性. 水产科学, 17(6): 34～38

王世权. 1999. 鲟鱼常见病的治疗. 中国水产, (10): 32～33

王书磊, 周宇, 朱雪梅. 2012. 几种因子对鱼类能量收支影响的研究进展. 中国渔业质量与标准, 2(4): 61～67

王树启, 许友卿, 丁兆坤. 2005. 生长激素对鱼类的影响及其在水产养殖中的应用. 水产科学, 24(7): 42～46

王巍, 朱华, 胡红霞, 等. 2009. 五种鲟鱼线粒体控制区异质性和系统发育分析. 动物学研究, 30(5): 487～496

王秀健, 赵恩羽. 1997. 史氏鲟受精卵国际长途托运实验. 水产学杂志, (2): 25～27

王有基, 胡梦红. 2004a. 人工养殖鲟鱼中的疾病与防治. 北京水产, (4): 32～34

王有基, 胡梦红. 2004b. 人工养殖鲟鱼的疾病与防治. 北京农业, (12): 26～27

王云山, 石振广, 李文龙, 等. 2002. 达化鳇人工繁殖技术初步研究. 水利渔业, 22(2): 8～9

韦家永, 薛良义. 2004. 鱼类生长激素的研究概况. 浙江海洋学院学报(自然科学版), (3): 56～59

文爱韵, 尤锋, 徐永立, 等. 2008. 鱼类性别决定与分化相关基因研究进展. 海洋科学, 32(1): 74～80

吴立新, 蔡勋, 陈炜. 2006. 饥饿和再喂食对泥鳅生化组成的影响研究. 生态学杂志, 25(1): 101～104

吴兴兵, 朱永久, 陈建武, 等. 2012. 小体鲟胚胎发育特征观察. 淡水渔业, 42(6): 61～67

吴玉波, 吴立新, 陈晶, 等. 2011. 饥饿对牙鲆幼鱼补偿生长、生化组成及能量收支的影响. 生态学杂志, 30(8): 1691～1695

武云飞, 吴翠珍. 1992. 青藏高原鱼类. 成都: 四川科学技术出版社: 67～69

西南师范学院生物系动物教研组. 1960. 白鲟鱼的解剖. 西南师范学院学报(自然科学版), (2): 79～83

线薇薇, 朱鑫华. 2001. 摄食水平对梭鱼的生长和能量收支的影响. 海洋与湖沼, 32(6): 612～620

谢小军, 邓利, 张波. 1998. 饥饿对鱼类生理生态学影响的研究进展. 水生生物学报, 22(2): 181～189

谢小军, 孙儒泳. 1992. 南方鲇的最大摄食率及其与体重和温度的关系. 生态学报, 12(3): 225～231

刑莲莲, 杨贵生, 高武, 等. 1997. 乌鳢骨骼系统的解剖. 内蒙古大学学报(自然科学版), 28(5): 678～686

徐革锋, 杜佳, 张永泉, 等. 2010. 哲罗鱼(♀)与细鳞鱼(♂)杂交种胚胎及仔稚鱼发育. 中国水产科学, 17(4): 630～638

徐继林, 朱艺峰, 严小军, 等. 2005. 养殖与野生大黄鱼肌肉脂肪酸组成的比较. 营养学报, 27(3): 256～257

徐克清, 陈锦富, 郝淑英, 等. 1966. 一种拟马颈鱼虱在中国的发现. 动物学报, 18(2): 220

徐绍钢, 杨贵强, 王跃智, 等. 2010. 温度对溪红点鲑耗氧率、排氨率和窒息点的影响. 大连水产学院学报, 25(1): 93～96

徐云, 马珪. 2009. 不同饵料对三疣梭子蟹生长和能量收支的影响. 中国海洋大学学报, 39(Sup.): 353～358

许静. 2011. 雅鲁藏布江四种特有裂腹鱼类早期发育的研究. 武汉: 华中农业大学硕士学位论文

杨贵强, 张立颖, 徐绍刚, 等. 2012. 不同规格哲罗鱼幼鱼摄食前后排氨率的研究. 江西大学学报, 34(4): 791～794

杨婧. 2012. 中国林木种质资源 DNA 指纹图谱构建现状. 北京农业, 15: 157～158

杨学明, 张立, 黄光华, 等. 2008. 革胡子鲶生长激素基因克隆与序列同源分析. 西南农业学报, 21(2): 483～486

杨严鸥, 崔奕波, 熊邦喜, 等. 2003. 建鲤和异育银鲫摄食不同质量饲料时的氮收支和能量收支比较. 水生生物学报, 27(6): 572～578

杨严鸥, 解绶启, 熊邦喜, 等. 2004. 饲料质量对丰鲤和奥尼罗非鱼氮及能量收支的影响. 水生生物学报, 28(4): 337~342

杨严鸥, 姚峰, 舒娜娜, 等. 2007. 养殖密度对黄颡鱼生长、饲料利用和能量收支的影响. 饲料工业, 28(24): 31~33

杨严鸥, 姚峰, 余文斌. 2006. 不同性别沙塘鳢体重与生化组成和能值的关系. 淡水渔业, 36(4): 26~28

杨治国, 李明彦, 胡安华. 2001. 鲟鱼细菌性败血症的治疗. 淡水渔业, (2): 34~35

叶福良, 张健东. 2002. 鱼类生态学. 广州: 广东教育出版社: 64~69

易继舫, 陈声栋. 1990. 施氏鲟人工繁殖技术的研究. 水生态学杂志, (5): 26~28

易继舫, 刘灯红, 唐大明. 等. 1999. 蓄养中华鲟的性腺发育与人工繁殖初报. 水生生物学报, 23(1): 85~86

易继舫, 万建义, 田家元, 等. 1988. 中华鲟人工繁殖催产技术研究. 水生态学杂志, 8(5): 28~32

尹洪滨, 孙中武, 孙大江. 2004b. 五种养殖鲟、鳇鱼 DNA 含量的比较. 上海水产大学学报, 13(2): 111~114

尹洪滨, 孙中武, 孙大江, 等. 2004a. 6 种养殖鲟鳇鱼肌肉营养成分的比较分析. 大连水产学院学报, 19(2): 92~96

尹家胜, 匡友谊, 常玉梅, 等. 2006. 达氏鳇不同发育期胚胎对低温的耐受研究. 应用生态学报, 17(4): 703~708

尤宏争, 杨增强, 葛珊珊, 等. 2009. 盐度对星斑川鲽幼鱼肌肉生化组成及能量收支影响的研究. 河北渔业, 5: 16~19

袁立强, 李伟纯, 马旭洲, 等. 2008. 瓦氏黄颡鱼肌肉营养成分的分析和评价. 大连水产学院学报, 23(5): 391~396

曾朝辉. 2003. 鲟鱼苗早期暴发性疾病的病因分析. 哈尔滨: 东北林业大学硕士学位论文

曾地刚, 陈秀荔, 谢达祥, 等. 2013. 基于高通量测序的凡纳滨对虾的转录组分析. 基因组学与应用生物学, 32(3): 308~313

曾祥玲, 林小涛, 夏新建, 等. 2011. 摄食水平对食蚊鱼生长、卵巢发育和能量收支的影响. 中国水产科学, 18(4): 828~835

张波, 孙耀, 唐启升. 2000. 饥饿对真鲷生长及生化组成的影响. 水产学报, 24(3): 206~210

张德志, 王军红. 2009. 鲟鱼养殖中的疾病防治研究. 水产科技情报, 36(1): 14~17

张凤枰, 宋军, 张瑞, 等. 2012. 养殖南方大口鲶肌肉营养成分分析和品质评价. 食品科学, 33(17): 274~278

张觉民. 1985. 黑龙江省渔业资源. 哈尔滨: 黑龙江朝鲜族民族出版社

张觉民. 1995. 黑龙江鱼类志. 哈尔滨: 黑龙江科学技术出版社: 24~36

张觉民, 何志辉. 1992. 内陆水域渔业资源调查手册. 北京: 农业出版社

张亢西. 1984. 苏联鲟鱼业及其现代生物学技术综述. 淡水渔业, (6): 39~43

张亢西. 1986. 冬季俄国鲟和欧洲鳇垂体及性腺状况. 淡水渔业, (4): 41~42

张敏, 张波, 李春雁. 1999. 海洋鱼类生化组成及能量含量的研究. 华中农业大学学报, 18(3): 256~259

张四明. 1997. 分子生物学技术及其在渔业科学中的应用. 水产学报, 121(增刊): 97~105

张四明, 晏勇, 邓怀, 等. 1999. 几种鲟鱼基因组大小、倍体的特征及鲟形目细胞进化的探讨. 动物学报, 45(2): 200~206

张为民, 张勇, 李欣, 等. 2003. 斜带石斑鱼生长激素 cDNA 克隆及其在大肠杆菌的融合表达. 水产学报, 27(5): 392~396

赵凤岐, 曹谨玲, 刘青. 2009. 西伯利亚鲟败血症病理学观察与病原学研究. 水生生物学报, 33(2): 316~323

赵海涛, 陈永祥, 胡思玉, 等. 2012. 昆明裂腹鱼骨骼系统解剖. 四川动物, 31(2): 269~273

赵文. 2005. 鳗鲡的生物学及养殖技术. 大连: 大连海事大学出版社

赵文. 2011. 养殖水域生态学. 北京: 中国农业出版社: 1~336

赵文. 2016. 水生生物学. 北京: 中国农业出版社: 1~336

赵文, 高峰英, 石振广. 2014. 达氏鳇肌肉组织转录组测序和功能分析. 水产学报, 38(9): 1255~1262

赵文, 殷旭旺, 王珊. 2005. 盐水轮虫的生物学及海水培养利用. 北京: 科学出版社

赵晓霞. 2011. 基于 RNA 测序技术的马氏珠母贝珍珠囊转录组及数字基因表达谱分析. 湛江: 广东海洋大学硕士学位论文

周洪琪, 潘兆龙, 李世钦, 等. 1999. 摄食和温度对草鱼氮排泄影响的初步研究. 上海水产大学学报, 8(4): 293～296

朱小明, 王兴春, 姜晓东, 等. 2002. 饥饿状态下大黄鱼幼鱼能量收支的研究. 厦门大学学报(自然科学版), 41(4): 509～512

朱晓鸣, 解绶启, 崔奕波. 2000. 摄食水平对异育银鲫生长及能量收支的影响. 海洋与湖沼, 31(5): 471～476

朱晓鸣, 解绶启, 崔奕波, 等. 2001. 摄食水平和性别对稀有鉤鲫生长的能量收支的影响. 海洋与湖沼, 32(3): 240～247

朱欣, 王存国. 2002. 鲟鱼常见病害的防治. 中国水产, (4): 84～85

朱欣, 肖慧, 张德志, 等. 2012. 达氏鳇南移培育成熟及全人工繁殖. 水产科学, 3(11): 46～49

朱鑫华, 缪锋线, 薇薇. 2001. 鱼类补偿生长及其对资源生态学特征的影响. 水产学报, 25(3): 265～269

朱永久, 危起伟, 杨德国, 等. 2005. 中华鲟常见病害及其防治. 淡水渔业, 35(6): 47～50

Agellon L B, Davies S L, Lin C M, et al. 1988. Rainbow trout has two genes for growth hormone. Mol Rep Develop, 1: 11～17

Airaksinen S, Råbergh C M, Sistonen L, et al. 1998. Effects of heat shock and hypoxia on protein synthesis in rainbow trout (*Oncorhynchus mykiss*) cells. J Exp Biol, 201: 2543～2551

Allen J R M, Wootton R J. 1982. The effect of ration and temperature on the growth of three-spined stickleback, *Casterosteus aculeatus* L. Journal of Fish Biology, 20: 409～422

Allen K O. 1974. Effects of stocking density and water exchange rate on growth and survivals of channel catfish *Ictalurus punctatus* in circular tanks. Aquaculture, 4: 29～39

Anathy V, Venugopal T, Koteeswaran R, et al. 2001. Cloning sequencing and expression of cDNA encoding growth hormone from Indian catfish (*Heteropneustes fossilis*). J Bio Sci, 26: 315～324

Anderson E R. 1984. Artificial propagation of lake sturgeon *Acipenser fulvescens* (Rafinesque), under hatchery conditions in Michigan. Fisheries Research Report, 43

Arakawa C K, Deering R E, Higman K H. 1990. Polymerase chain reaction (PCR) amplification of a nucleoprotein gene sequence of infectious haematopoietic necrosis virus. Dis Aquat Org, 8: 165～170

Barannikova I A, Fadeeva T A. 1982. Gonadotropic function of the pituitary of the Sevryuga, *Acipenser stellatus* during the marine period of life. J lchthyol, 22: 110～115

Barannikova I, Baunova L V, Gruslova L, et al. 2003. Steroids in sturgeon's migration regulation. Fish Physiology and Biochemistry, 28: 263～264

Bardi Jr R W, Chapman F A, Barrows F T. 1998. Feeding trials with hatchery-produced Gulf of Mexico sturgeon larvae. Prog Fish-Cult, 60: 25～31

Basu N, Todgham A E, Ackerman P A, et al. 2002. Heat shock protein genes and their functional significance in fish. Gene, 295: 173～183

Bausinger H, Lipsker D, Ziylan U, et al. 2002. Endotoxin-freeheatshock protein 70 fails to induce APC activation. Eur J Immunol, 32: 3708～3713

Begr L. 1948. On the position of the Acipenserifomes in the system of fishes. Turdy Zool, 7: 7～57 (in Russian)

Bemis W, Findeis E, Grande L. 1997. An overviews of Acipenserifomes. Environ Biol Fish, 148: 25～71

Ber R, Daniel V. 1992. Structure and sequence of the growth hormone encoding gene from Tilapia nilotica. Gene, 113: 245～250

Bidwell C A, Kroll K J, Severud E, et al. 1991. Identification and preliminary characterization of white sturgeon, *Acipenser transmontanus*, vitellogenin mRNA. Gen Comp Endocrinol, 83: 415～424

Binkowski F P, Czesklleba D G. 1980. Methods and techniques for collecting and culturing lake sturgeon eggs and larvae. Trans Am Fish Soc (submitted)

Birstein J V. 1993. Sturgeons and Paddleifsh: threatened fishes in need of eonsevraiton. Cons Biol, 7(4): 773～787

Birstein J V, Bemis J R. 1997. The threatened status of Acipenseriformes Pecies: a summary. Enviornmental Biology of fishes, 48: 427～435

Black E C. 1958. Energy stores and metabolism in relation to muscular activity in fishes. *In*: Larkliu P A. The Investigation of Fishpower Problems. Vancouver: University of British Co Columbia: 51～57

Blacklidge K H, Bidwell C A. 1993. Three ploidy levels indicated by genome quantification in Acipenseriformes of North America. Journal of Heredity, 84(6): 427～430

Blumberg R, Powrie F. 2012. Microbiota, disease, and back to health: a metastable journey. Science Translational Medicine, 4(137): 137rv7

Boone A N, Vijayan M M. 2002. Constitutive heat shock protein 70 (HSC70) expression in rainbow trout hepatocytes: effect of heatshock and heavy metal exposure. Comp Biochem Physiol C Toxicol Pharmacol, 132: 223～233

Boyle J, Blackwell J. 1991. Use of polymerase chain reaction to detect latent channel catfish virus. Am J Vet Res, 52: 1965～1968

Brett J R, Groves T D D. 1979. Physiological energeties. *In*: Hoar W S, Randall D L, Brett J R. Fish Physiology. Vol. VIII. New York: Academic Press: 279～352

Bronzi P, Rosenthal H, Arlati G, et al. 1999. A brief overview on the status and prospects of sturgeon farming in Western and Central Europe. Journal of Applied Ichthyology, 15(4-5): 224～227

Bronzi P, Boglione C. 2007. Aspects of early development in the Adriatic sturgeon *Acipenser naccarii*. Journal of Applied Ichthyology, 15(4-5): 207～213

Buckingham J C, Döhler K D, Wilson C A. 1978. Activity of the pituitary-adrenocortical system and thyroid gland during the oestrous cycle of the rat. Journal of Endocrinology, 78(3): 359～366

Buckley J, Kynard B. 1981. Spawning and rearing of shortnose sturgeon from the Connecticut River. Progressive Fish-Culturist, 42: 74～76

Buddington R K, Doroshov S I. 1984. Feeding trials with hatchery produced white sturgeon juveniles (*Acipenser transmnntanus*). Aquaculture, 36: 237～243

Campbell A C, Buswell J A. 1983. The intestinal microflora of farmed Dover sole (*Solea solea*) at different stages of fish development. Journal of Applied Microbiology, 55(2): 215～223

Cang Y S, Liu C S, Huang F L, et al. 1992. The primary structures of growth hormone of three cyprinid species: bighead carp, silver carp, and grass carp. Gen Comp Endocrinol, 87(3): 385～393

Carneiro P C F, Urbinati E C. 2001. Salt as a stress response mitigator of matrinxã, Brycon cephalus (Günther), during transport. Aquac Res, 32(12): 297～304

Chao C B, Yang S C. 2002. A nested PCR for the detection of grouper iridovirus in Taiwan (TGIV) in cultured hybrid grouper, giant seaperch and largemouth bass. Journal of Aquatic Animal Health, 14: 104～113

Chao S C, Pan F M, Cheng W C. 1989. Purification of carp growth hormone and cloning of the complementary DNA. Biochim Biophys Act, 1007(2): 233～236

Charlon N, Alami-Durante H. 1991. Supplementation of artificial diets for common carp (*Cyprinus carpio* L.) larvae. Aquaculture, 93(2): 167～175

Chelomina G, Rozhkovan K, Ivanov S, et al. 2008. Discrimination of interspecific hybrids in natural populations of Amur sturgeon fish by means of multilocus RAPD-PCR markers. Cytol Genet, 42: 342~350

Chiang E, Pai C, Wyatt M, et al. 2001. Two sox9 genes on duplicated zebrafish chromosomes: expression of similar transcription activators in distinct sites. Developmental Biology, 231(1): 149~163

Claramunt R M, Wahl D H. 2000. The effects of abiotic and biotic factors in determining larval fish growth rates: a comparison across species and reservoirs. Transactions of the American Fisheries Society, 129(3): 835~851

Clausen R G. 1963. Oxygen consumption in freshwater fishes. Ecology, 17(2): 216~226

Comes E, Gruber S H. 1994. Effect of ration size on growth and gross conversion efficiency of young lemon sharks, *Negaprion brevirosmis*. Journal of Fish Biology, 44: 331~341

Congiu L, Dupanloup I, Patarnello T, et al. 2001. Identification of interspecific hybrids by amplified fragment length polymorphism: the case of sturgeon. Mol Ecol, 10: 2355~2359

Congiu L, Fontana F, Patarnello T, et al. 2002. The use of AFLP in sturgeon identification. J Appl Ichthyol, 18: 286~289

Conte F S, Doroshov S I, Lutes P B, et al. 1988. Hatchery Manual for the White Sturgeon *Acipenser transmontanus* Richardson, with Application to other North American Acipenseridae. Cooperative extension Publication: University of CA Manual: 104

Coppe A, Pujolar J M, Maes G E, et al. 2010. Sequencing, de novo annotation and analysis of the first Anguilla anguilla transcriptome: EeelBase opens new perspectives for the study of the critically endangered European eel. Biomed Central Genomics, 11(1): 635

Coy N J. 1979. Freshwater fishing in south-west Australia. Jabiru Books.

Cui Y B, Liu J K. 1990a. Comparison of energy budget among six telelosts-I food consumption, faecal production and nitrogenous excretion. Camp Biochan Physiol, 96(A): 163~171

Cui Y, Chen S, Wang S. 1994. Effect of ration size on the growth and energy budget of the grass carp. Ctenopharyngodon idella Val Aquaculture, 123: 95~107

Cui Y, Liu J. 1990b. Comparison of energy budget among six teleosts-II, metabolic rates. Comp Biochem Physiol, 97: 169~174

Cui Y, Wootton R J. 1988. Pattern of energy allocation in the minnow, *Phoxinus phoxinus* (L.)(Pisecs: Cyprinidae). Funct Ecol, 2: 7~62

Cytryn E, Rijn J V, Schramm A, et al. 2005. Identification of bacteria potentially responsible for oxic and anoxic sulfide oxidation in biofilters of a recirculating mariculture system. Appl Environ Microbiol, 71(10): 6134~6141

Dabrowski K, Kaushik S J, Fauconneau B. 1985. Rearing of sturgeon (*Acipenser baeri* Brandt) larvae. Ⅰ. Feeding trial. Aquaculture, 47: 185~192

Davydova S I. 1968. *In vitro* maturation of sturgeon oocytes. In Dokl Akad Nauk SSSR, 750~752

Deane E E, Woo N Y S. 2004. Differential gene expression associated with euryhalinity in sea bream (*Sparus sarba*). Am J Physiol Regul Integr Comp Physiol, 287: 1054~1063

Demand J, Lüders J, Höhfeld J. 1998. The carboxy-terminal domain of Hsc70 provides binding sites for a distinct set of chaperone cofactors. Mol Cell Biol, 18(4): 2023~2028

Deng X. 2000. Artificial reproduction and early life stages of the green sturgeon (*Acipenser medirostris*). Davis: University of California MS Thesis, 63

Dettlaff T A. 1961. The ovulation and activation of oocytes of Acipenseridae fishes *in vitro*. Sympos Germ Cells and Dev Int Inst Embryol Fond Milano, 141~144

Dettlaff T A, Skoblina M N. 1969. The role of germinal vesicle in the process of oocyte maturation in Anura and Acipenseridae. Ann Embryol Morphog Suppl, 1: 133~151

Di Lauro M N, Krise W F, Fynn-Aikins K. 1998. Growth and survival of lake sturgeon larvae fed formulated diets. Progressive Fish Culturist, 60: 293~296

Donaldson E M. 1981. The pituitary interrenal axis as an indicator of stress in fish. *In*: Pickering A D. Stress and Fish. London: Academic Press: 11~47

Dong Y, Dong S, Meng X. 2008. Effects of thermal and osmotic stress on growth, osmoregulation and Hsp70 in sea cucumber (*Apostichopus japonicus* Selenka). Aquaculture, 276: 179~186

Doroshov S I, Clark W H, Lutes P B, et al. 1983. Artificial propagation of the white sturgeon (*A. transmontanus* Richardson). Aquaculture, 32: 93~104

Doroshov S I, Lutes P B. 1984. Preliminary data on the induction of ovulation in the white strugeon *Acipenser transmontanus*. Aquaculture, 38: 221~227

Downs C A, Fauth J E, Woodley C M. 2001. Assessing the health of grass shrimp (*Palaeomonetes pugio*) exposed to natural and anthropogenic stressors: a molecular biomarker system. Mar Biotechnol, 3: 380~397

Eli M, Galina V, Shi W, et al. 2009. Sequencing and de novo analysis of a coral larval transcriptome using 454 GSFlx. Biomed Central Genomics, 102(19): 1~18

Elliott J A. 1995. A comparison of thermal polygons for British freshwater teleosts. Freshwater Forum, 5(3): 178~184

Ellis K A, Innocent G, Grove-White D, et al. 2006. Comparing the fatty acid composition of organic and conventional milk. Journal of Dairy Science, 89(6): 1938~1950

Ellis R J. 1993. The general concept of molecular chaperones. Philos Trans R Soc Lond B, 339: 257~261

Evgrafova V N, Drobysheva E B, Semenkova T B. 1982. The rearing of Siberian sturgeon juveniles on different diets. Rybn Khoz (Moscow), 2: 37~38 (In Russian)

Feng J B, Hu C Q, Peng L, et al. 2010. Microbiota of yellow grouper (*Epinephelus awoora*, Temminck & Schlegel, 1842) fed two different diets. Aquaculture Research, 41(12): 1778~1790

Fu Y, Li C, Liu F, et al. 2014. Cloning, sequencing of the HSC70 gene in Ctenopharyngodon idella. Wuhan Univ J Nat Sci, 19: 235~244

Gamperl A K, Vijayan M M, Pereira C, et al. 1998. β-receptors and stress protein 70 expression in hypoxic myocardium of rainbow trout and chinook salmon. Am J Physiol Regul Integr Comp Physiol, 274: 428~436

Gao Z X, Luo W, Liu H, et al. 2012. Transcriptome analysis and SSR/SNP markers information of the blunt snout bream (*Megalobrama amblycephala*). Public Library of Science One, 7(8): e42637

Garg R, Patel R K, Tyagi A K, et al. 2011. De novo assembly of chickpea transcriptome using short reads for gene discovery and marker identification. DNA Research, 18(1): 53~63

Garrett J. 1983. Huffman editor report to the legislature. Department of agriculture, trade & consumer protection and natural resource. *In*: Post G W. Textbook of Fish Health. Neptune City: TFH. Publications Inc: 7

Gawlicka A, Mc Laughlin L, Hung S S O, et al, 1996. Limitations of carrageenan microbound diets for feeding white sturgeon, *Acipenser transmontanus*, larvae. Aquaculture, 141: 245~265

Georgiadis M P, Hedrick R P, Campwnter T E. 2001. Factors influencing transmission, onset and severity of outbreaks due to white sturgeon iridovirus in a commercial hatchery. Aquaculture, 194: 21~35

Georgiadis M P, Hedrick R P, Johnson W O, et al. 2000. Risk factors for outbreaks of disease attributable to white sturgeon iridovirus and white sturgeon herpesvirus-2 at a commercial sturgeon farm. American Journal of Veterinary Research, 61(10): 1232~1240

Georgopoulos C, Welch W J. 1993. Role of the major heatshock proteins as molecular chaperones. Annu Rev Cell Biol, 9: 601~634

Gerking S D. 1955. Endogenous nitrogen excretion of bluegill sunfish. Physiol Zool, 28 (4): 283~289

Gisbert E, Williot P. 1997. Larval behaviour and effect of the timing of initial feeding on growth and survival of Siberian sturgeon (*Acipenser baeri*) larvae under small scale hatchery production. Aquaculture, 156: 63~76

Gisbert E, Williot P, Castell'o-Orvay F. 2000. Influence of egg size on growth and survival of early stages of Siberian sturgeon (*A. baeri*) larvae under small scale hatchery conditions. Aquaculture, 183: 83~94

Gold A R, Hyatt A D, Hengstberger S H. 1995. A polymerase chain reaction (PCR) to detect epizootic haematopoietic necrosis virus and Bohle iridovirus. Dis Aquat Org, 22: 211~215

Goncharov B F. 2003. Application of the model system of hormonal stimulation of the sturgeon oocyte maturation and ovulation *in vitro* for solving some fundamental and applied problems. Russian Journal of Developmental Biology, 34(2): 75~83

Goncharov B F, Igumnova L V, Polupan I S, et al. 1991a. Induced oocyte maturation, ovulation and spermiation in sturgeons (Acipenseridae) using synthetic analogue of gonadotropin-releasing hormone. Acipenser Cemagref Bordeaux, 351~364

Goncharov B F, Igumnova L V, Polupan I S, et al. 1991b. The comparison of the effects of synthetic analog of gonadotropin-releasing hormone and pituitary glands of sturgeon fishes on maturation of sex products in sturgeon fishes. Ontogenez, 22: 514~524

Goncharov N P, Tavadyan D S, Powell J E, et al. 1984. Levels of adrenal and gonadal hormones in rhesus monkeys during chronic hypokinesia. Endocrinology, 115(1): 129~135

Guarda F, Bertoja G, Zoccarato I. et al. 1997. Spontaneous steatitis of epicardial fat in farmed white sturgeon *Acipenser transmontanus*. Aquaculture, 158(3): 167~177

Hale M C, McCormick C R, Jackson J R, et al. 2009. Next-generation pyrosequencing of gonad transcriptomes in the polyploid lake sturgeon *Acipenser fulvescens*: the relative merits of normalization and rarefaction in gene discovery. 10(1): 203

Hamer B, Hamer D P, Müller W E G, et al. 2004. Stress-70 proteins in marine mussel *Mytilus galloprovincialis* as biomarkers of environmental pollution: a field study. Environ Int, 30: 873~882

Han S F, Liu Y C, Zhou Z G, et al. 2011. Analysis of bacterial diversity in the intestine of grass carp (*Ctenopharyngodon idellus*) based on 16S rDNA gene sequences. Aquaculture Research, 42(1): 47~56

Hedrick R P, Groff J M, Mcdowell T. 1990. An iridovirus infection of the integument of the white sturgeon *Acipenser transmontanus*. Dis Aquat Org, 8: 39~44

Hedrick R P, Mcdowell T S, Groff J M, et al. 1991. Iso-lation of an epitheliotropic herpesvirus from white sturgeon *Acipenser transmontanus*. Disease of Aquatic Organisms, 11: 49~56

Hedrick R P, Mcdowell T S, Groff J M. 1992. Isolation and properties of an iridovirus-like agent from white sturgeon *Acipenser transmontanus*. Dis Aquat Org, 12: 75~87

Hedrick R P, Speas J, Kent M L, et al. 1985. Adeno-like virus associated with a disease of cultured white sturgeon (*Acipenser transmontanus*). Can J Fish Aquat Sci, 42: 1321~1325

Hua Y P, Wang D. 2005. A review of sturgeon virosis. Journal of Forestry Research, 16(1): 79~82

Huh J W, Kim Y H, Park S J, et al. 2012. Large-scale transcriptome sequencing and gene analyses in the crab. Eating macaque (*Macaca fascicularis*) for biomedical research. Biomed Central Genomics, 13(1): 163

Ivanina A V, Sokolova I M, Sukhotin A A. 2008. Oxidative stress and expression of chaperones in aging mollusks. Comp Biochem Physiol B: Biochem Mol Biol, 150: 53～61

Jeukens J, Renaut S, St-Cyr J, et al. 2010. The transcriptomics of sympatric dwarf and normal lake whitefish (*Coregonus clupeaformis* spp. Salmonidae) divergence as revealed by next-generation sequencing. Molecular Ecology, 19(24): 5389～5403

Ji P F, Liu G M, Xu J, et al. 2012. Characterization of common carp transcriptome: sequencing, de novo assembly, annotation and comparative genomics. Public Library of Science One, 7(4): e35152

Jin M, Otaka M, Okuyama A, et al. 1999. Association of 72-kDa heatshock protein expression with adaptation to aspirin in rat gastric mucosa. Dig Dis Sci, 44: 1401～1407

Jobling M. 1983. Growth studies with fish-overcoming the problem of size variation. J Fish Biol, 22: 153～157

Jobling M. 1994. The Fish Bioenergetics. London: Chapman and Hall: 309

Johansen S D, Karlsen B O, Furmanek T, et al. 2011. RNA deep sequencing of the Atlantic cod transcriptome. Comparative Biochemistry and Physiology Part D Genomics Proteomics, 6(1): 18～22

Kamler E. 1992. Early Life History of Fish: An Energetics Approach. London: Chapman & Hall, Van Nostrand Reinhold [distributor]

Kaur S, Cogan N, Pembleton L, et al. 2011. Transcriptome sequencing of lentil based on second-generationtechnology permits large-scale unigene assembly and SSR marker discovery. Biomed Central Genomics, 12(1): 265

Kiang J G, Tsokos G C. 1998. Heat shock protein 70 kDa: molecular biology, biochemistry, and physiology. Pharmacol Ther, 80: 183～201

Kikuchui K, Takeda S, Honda H, et al. 1992. Nitrogenous excretion of juvenile and young Japanese flounder. Nippon Suisan Cakkaishi, 58 (12) : 2329～2333

Kim D H, Brunt J, Austin B. 2007. Microbial diversity of intestinal contents and mucus in rainbow trout (*Oncorhynchus mykiss*). Journal of Applied Microbiology, 102(6): 1654～1664

Krivobok M I, Tarkovskaya O I. 1970. Some metabolic features of the sturgeon and stellate sturgeon during early development stages. Voprosy Ikhtiologii, 10: 469～474

Kwak K T, Gardner I A, Farver T B, et al. 2006. Rapid detection of white sturgeon iridovirus（WSIV）using a polymerase chain reaction (PCR) assay. Aquaculture, 254(1-4): 92～101

Lang L, Miskovic D, Lo M, et al. 2000. Stress-induced, tissue-specific enrichment of hsp70 mRNA accumulation in *Xenopus laevis* embryos. Cell Stress Chaperones, 5(1): 36～44

Lapatra S E, Jones G R, Shewmaker W D, et al. 1995a. Immunological response of white sturgeon to a rhabdovirus of Salmonid fish. The Sturgeon Quarterly, 3(2): 809

Lapatra S E, Lauda K A, Jones G R, et al. 1995b. Characterization of IHNV isolates associated with neurotropism. Vet Res, 26: 433～437

Law M S, Cheng K W, Fung T K, et al. 1996. Isolation and characterization of two distinct growth hormone cDNAs from the goldfish, *Carassius auratus*. Arch Biochim Biophys, 330(1): 19～23

Le Have M B, Gendron A M, Verdon R, et al. 1992. Reproduction, early life history, and characteristics of the spawning grounds of the lake sturgeon (*Acipenser fulvescens*) in Des Prairies and L'Assumption rivers, near Montreal, Quebec. Canadian Journal of Zoology, 70: 1681～1689

Lee C S, Lim C, Iii D M G, et al. 2015. Gastrointestinal Microorganisms of Fish and Probiotics. Dietary Nutrients, Additives, and Fish Health. Hoboken, NJ: John Wiley & Sons, Inc: 283～303

Lemaire C, Warit S, Panyim S. 1994. Giant catfish (*Pangasianodo gigas*) growth hormone-encoding cDNA: cloning and sequencing by one-side polymerase chain reaction. Gene, 149(2): 271~276

Ley R E, Hamady M, Lozupone C, et al. 2008. Evolution of mammals and their gut microbes. Science, 320(5883): 1647~1651

Lin Y Q, Zheng Y C, Ji H, et al. 2009. Cloning and tissue expression of HSP90 partial cDNA sequence in grass carp. Fish Sci, 28(8): 439~442

Lindberg J C. 2006. Feeding preferences and behavior of larval and juvenile white sturgeon, *Acipenser transmontanus*. Davis: Diss Abstr Int B Sci Eng, 49Ph. D dissertation, Univ Calif, 68

Lindberg J C, Doroshov S I. 1986. Effect of diet switch between natural and prepared foods on growth and survival of white sturgeon juveniles. 9th. Annual Larval Fish Conference, Port Aransas. Trans Am Fish, 115: 166~171

Liu J, Yang W J, Zhu X J, et al. 2004. Molecular cloning and expression of two HSP70 genes in the prawn, *Macrobrachium rosenbergii*. Cell Stress Chaperones, 9(3): 313~323

Livak K J, Schmittgen T D. 2002. Analysis of relative gene expression data using realtime quantitative PCR and the $2^{-\triangle\triangle Ct}$ method. Methods, 25: 402~408

Llobrera A T, Gacutan R Q. 1987. Aeromonas hydrophila associated with ulcerative disease epizootic in Laguna de Bay, Philippines. Aquaculture, 67(3): 273~278

Lopez-lastra M, Gonzatez M, Jashes M. 1994. A detection method for infectious pancreatic necrosis virus (IPNV) based of reverse transcription (RT)-polymerase chain reaction (PCR). J Fish Dis, 17: 269~282

Ludwig A. 2008. Identification of Acipenseriformes species in trade. J Appl Ichthyol, 24: 2~19

Ludwig A, Arndt U, Lippold S, et al. 2008. Tracing the first steps of American sturgeon pioneers in Europe. BMC Evol Biol, 8(1): 221~252

Ludwig A, Belfiore N M, Pitra C, et al. 2001. Genome duplication events and functional reduction of ploidy levels in sturgeon (*Acipenser, Huso* and *Scaphirhynchus*). Genetics, 158(3): 1203~1215

Lutes P B. 1985. Oocyte maturation in white sturgeon, *Acipenser transmontanus*: some mechanism and applications. Environmental Biology of Fishes, 14(1): 87~92

Macconnell E, Hedrick R P, Hudson C, et al. 2001. Iden-tification of an iridovirus in cultured pallid (*Scaphirhynchus albus*) and Shovelnose sturgeon (*S. platorynchus*). Fish Health Newsletter, 29(1): 1~3

Manchado M, Salas-Leiton E, Infante C, et al. 2008. Molecularcharacterization, gene expression and transcriptional regulation of cytosolic HSP90 genes in the flatfish Senegalese sole (*Solea senegalensis* Kaup). Gene, 416: 77~84

Manzerra P, Rush S J, Brown I R. 1997. Tissue-specificdifferencesinheatshock protein hsc70 and hsp70 in the control and hyperthermicr abbit. J Cell Physiol, 170: 130~137

Mao J, Tham T N, Gentry G A, et al. 1996. Cloning, sequence analysis of expression of the major capsid protein of the iridovirus from virus 3. Virology, 216(2): 431~436

Mao J, Wang J, Chinchar G D. 1999. Molecular characterization of a ranavirus isolated from largemouth bass *Micropterus aslmoides*. Dis Aquat Org, 37: 107~114

Margolis L. 2011. The effect of fasting on the bacterial flora of the intestine of fish. Journal of the Fisheries Board of Canada, 10(2): 62~63

Markarova I A, Alekperov A P, Zarbalina T S. 1991. Present status of the spawning run of sheap sturgeon, *Acipenser nudiventris*, in the Kura River. J Ichthyol, 31: 17~22

McCreery B R, Licht P, Barnes R, et al. 1982. Actions of agonistic and antagonistic analogs of gonadotropin releasing hormone (Gn-RH) in the bullfrog Rana catesbeiana. General and Comparative Endocrinology, 6(4): 511~520

Mcmmsen T P, French C J, Hochachka P W. 1980. Sites and pattens of protein and amino acid utilization during the spawning migration of salmon. Can J Zool, (58): 1785~1799

Medale F, Blanc D, Kaushik S J. 1991. Studies on the nutrition of Siberian sturgeon, *Acipenser baeri*. II. Utilization of dietary non- protein energy by sturgeon. Aquaculture, 93: 143~154

Meyer-Burgdorff K H, Osman M F, Gunther K D. 1989. Energy metabolism in *Oreochromis niloticus*. Aquacultune, 79: 283~291

Mohler J W, Fynn-Aikins K, Barrows R R. 1996. Feeding trials with juvenile Atlantic sturgeons propagated from wild broodstock. Prog Fish-Cult, 58: 173~177

Monaco G, Buddington R K, Doroshov S I. 1981. Growth of white sturgeon *Acipenser transmontanus* under hatchery conditions. World Maricul Soc, 12: 113~121

Morimoto R I, Tissières A, Georgopoulos C. 1990. Stress Proteins in Biology and Medicine. New York: CSHL Press, Cold Spring Harbor: 1~36

Moy-Thomas J A，Miles R S. 1981. 古生代鱼类. 刘宪亭, 刘玉海, 王俊卿译. 北京: 科学出版社: 1~263

Mu W J, Wen H S, Li J F, et al. 2013. Cloning and expression analysis of a HSP70 gene from Korean rockfish (*Sebastes schlegeli*). Fish Shell-Fish Immunoly, 35: 1111~1121

Munro P O, Barbour A, Blrkbeck T H. 1994. Comparison of the gut bacterial flora of start-feeding larval turbot reared under different conditions. Journal of Applied Microbiology, 77(5): 560~566

Nagahama Y. 1983. The functional morphology of teleost gonads. Fish physiology, 9: 223~275

Navarrete P, Mardones P, Opazo R, et al. 2008. Oxytetracycline treatment reduces bacterial diversity of intestinal microbiota of *Atlantic salmon*. Journal of Aquatic Animal Health, 20(3): 177~183

Neal F, Gordon N F, Clark B. 2004. Heat shock proteins and immune response, the challenges of bringing autologous HSP-based vaccines to commercial reality. Methods, 2(1): 63~69

Ni M, Wen H S, Li J F, et al. 2014. Two HSPs gene from juvenile Amur sturgeon (*Acipenser schrenckii*): cloning, characterization and expression pattern to crowding and hypoxia stress. Fish Physiol Biochem, 40: 1801~1816

Nikol'skaya N G, Sytina L A. 1974. The zone of temperature adaptations for development of sturgeon egg in the Lena River Abstr Reporting Session of the Central Sturgeon Farming Research Institute (in Russian), 108~109

Nishizawa T, Kmori T, Tnakai P, et al. 1994. Polymerase chain reaction (PCR) amplification of RNA of striped jack necrosis virus (SJNNV). Dis Aquat Org, 18: 103~107

Oshima S, Hata J, Segawa C. et al. 1996. A method for direct amplification of uncharacterized DNA viruses and for development of a viral polymerase chain reaction assay: application to the red sea bream iridovirus. Anal Biochem, 242 : 15~19

Otaka M, Okuyama A, Otani S, et al. 1997. Differential induction of HSP60 and HSP72 by different stress situations in rats (correlation with cerulein-induced pancreatitis). Dig Dis Sci, 42: 1473~1479

Palmisano A N, Winton J R, Dickhoff W W. 2000. Tissue-specific induction of HSP90 mRNA and plasma cortisol response in chinook salmon following heat shock, seawater challenge, and handling challenge. Mar Biotechnol, 2: 329~338

Parauka F M, Troxel W J, Chapman F A, et al. 1991. Hormone-induced ovulation and artificial spawning of Gulf of Mexico sturgeon (*Acipenser oxyrhynchus* Desotoi). Prog Fish Cult, 53: 113~117

Pemberton J M, Kidd S P, Schmidt R. 1997. Secreted enzymes of *Aeromonas*. FEMS Microbiology Letters, 152(1): 1~10

Peng G G, Zhao W, Shi Z G, et al. 2016. Cloning HSP70 and HSP90 genes of Kaluga (*Huso dauricus*) and the effects of temperature and salinity stress on their gene expression. Cell Stress and Chaperones, 21: 349~359

Pereiro P, Romero A, Dios S, et al. 2012. High-throughput sequence analysis of turbot (*Scophthalmus maximus*) transcriptome using 454-pyrosequencing for the discovery of antiviral immune genes. Public Library of Science One, 7(5): e35369

Piano A, Franzellitti S, Tinti F, et al. 2005. Sequencing and expression pattern of inducible heat shock gene products in the European flat oyster, *Ostrea edulis*. Gene, 361: 119～126

Picchietti S, Mazzini M, Taddei A R, et al. 2007. Effects of administration of probiotic strains on galt of larval gilthead seabream: immunohistochemical and ultrastructural studies. Fish & Shellfish Immunology, 22(1～2): 57～67

Plumb J A. 2002. Great lakes fishery commission 2002 project completion Report, Fisheries and Illinois Aquaclture Center Sout Rern Iillinois Vniversity Carbondale. IL 62901-6511, 103～108

Poiesz B J, Dube S, Jones B, et al. 1997. Comparative performances of enzyme-linked immunosorbent, western blot, and polymerase chain reaction assays for human T- lymphotropic virus type II infection thatis endemic among Indians of the Gran Chaco region of South America. Transfusion, 37: 52～59

Postlethwait J H. 1998. Vertebrate genome evolution and the zebra fish gene map. Nature genetics, 18 : 345～349

Purkett Jr，Charles A. 1963. Artificial propagation of paddlefish. The Progressive Fish-Culturist, 25(1): 31～33

Rafail S Z. 1968. A statistical analysis of ration and growth relationship of plaice (*Pleuronectes platessa*) . Journal of the Fisheries Research Board of Canada, 25: 717～732

Rahman M A, Mak R, Ayad H, et al. 1998. Expression of a novel piscine growth hormone gene results in growth enhancement in transgenic tilapia. Transgenic Research, 7: 357～369

Rengpipat S, Phianphak W, Piyatiratitivorakul S, et al. 1998. Effects of a probiotic bacterium on black tiger shrimp *Penaeus monodon*, survival and growth. Aquaculture, 167(3-4): 301～313

Rengpipat S, Rukpratanporn S, Piyatiratitivorakul S, et al. 2000. Immunity enhancement in black tiger shrimp (*Penaeus monodon*) by a probiont bacterium (bacillus s11). Aquaculture, 191(4): 271～288

Rentier-Delrue F, Swennen D, Philippart J C, et al. 1989. Tilapia growth hormone: molecular cloning of cDNA and expression in *Escherichia coli*. DNA, 8: 271～278

Ringo E, Sperstad S, Myklebust R, et al. 2006. Characterisation of the microbiota associated with intestine of Atlantic cod (*Gadus morhua* L.). Aquaculture, 261(3)：829～841

Romero J, Navarrete P. 2006. 16S rDNA-based analysis of dominant bacterial populations associated with early life stages of coho salmon (*Oncorhynchus kisutch*). Microbial Ecology, 51(4): 422～430

Saitou N, Nei M. 1987. The neighbor-joining method: a new method for reconstructing phylogenetic trees. Mol Biol Evol, 4: 406～425

Salem M, Rexroad C E, Wang J N, et al. 2010. Characterization of the rainbow trout transcriptome using Sanger and 454-pyrosequencing approaches. Biomed Central Genomics, 11(1): 564

Savas S. 2005. Effect of bacterial load in feeds on intestinal microflora of Seabream (*Sparus aurata*) larvae and juveniles. The Israeli Journal of Aquaculture Bamidgeh, 57(1): 3～9

Scheufler C, Brinker A, Bourenkov G, et al. 2000. Structure of TPR domain-peptide complexes: critical elements in the assembly of the Hsp70-Hsp90 multichaperone machine. Cell, 101: 199～210

Sekine S, Mizukami T, Nishi T, et al. 1985. Cloning and expression of cDNA for salmon growth hormone in *Escherichia coli*. Proc Natl Acad Sci USA, 82: 4306～4310

Semenkova T B. 1983. Growth, survival and physiological indices of juvenile Lena river sturgeon, *Acipenser baeri* stenorhynchus. A Nikolsky, grown on food 'Ekvizo'. *In*: Ostroumova I N. Problems in Fish Physiology and Nutrition. Leningrad: Ministry of Fish Management: 107～111

Semmens K J, Shelton W L. 1986. Opportunities in paddlefish aquaculture. The paddlefish: status, management, and propagation. American Fisheries Society, North Central Division, Special Publication, 7: 106~113

Shigekawa K J, Logan S H. 1986. Economic analysis of commercial hatchery production of sturgeon. Aquaculture, 51: 299~312

Singh R P, Srivastava A K. 1985. Effect of different ration levels on the growth and the gross conversion efficiency in a silurid catfish, *Hetenopnerestes fossilis* (Block). Bulletin of the Institute of Zoology, Academia Sinica, 24: 69~74

Skoblina M N. 1970. An Experimental Study of the Role of Nucleus in the Process of Oocyte Maturation in Amphibians and Sturgeons. Author's Abstract of Candidate's Dissertation, Moscow. Google Scholar

Smith T I J, Dingley E K, Lindsey R D, et al. 1985. Spawning and culture of shortnose sturgeon, *Acipenser brevirostrum*. J World Aquacult Society, 16: 104~113

Smith T I, Dingley E K, Marchette O E. 1980. Induced spawning and culture of Atlantic sturgeon. Prog Fish-Cult, 42: 147~151

Sokolov L I. 1966. Maturation and fecundity of Siberian sturgeon *Acipenser baeri* Brandt of the Lena River. Vopr Ikhtiologii, 5: 70~81

Sørensen J G, Kristensen T N, Loeschcke V. 2003. The evolutionary and ecological role of heat shock proteins. Ecol Lett, 6: 1025~1037

Spanggaard B, Huber I, Nielsen J, et al. 2000. The microflora of rainbow trout intestine: a comparison of traditional and molecular identification. Aquaculture, 182(1-2): 1~15

Steffens W, Jähnichen H, Fredrich F. 1990. Possibilities of sturgeon culture in central Europe. Aquaculture, 89: 101~122

Stephen R, Ronald H, Juatine H. 2003. Diagnosis of sturgeon iridovirus infection in farmed white sturgeon in British Columbia. Can Vet J, 44 (4): 327~328

Stoeck E, Barrettn N, Heinz F X, et al. 1989. Efficiency of the polymerase chain reaction for the detection of human immunodeficiency virus type (HIV-1) DNA in the lymphocytes of infected persons: comparison to antigen-enzyme-linked immunosorbent assay and virus isolation. J Med Virol, 29: 249~255

Stroganov N S. 1949. Maturation of sterlet in ponds and under experimental conditions. Vestn MGU, 5: 95~106

Sugita H, Fukumoto M, Koyama H, et al. 1988. Changes in the fecal microflora of goldfish *Carassius auratus* with the ora administration of oxytetracycline. Nihon-Suisan-Gakkai-Shi, 54(12): 2181~2187

Takamatsu N, Kanda H, Ito M, et al. 1997. Rainbow trout SOX9: cDNA cloning, gene structure and expression. Gene, 202 (2): 167~170

Tamura K, Dudley J, Nei M, et al. 2007. MEGA4: molecular evolutionary genetics analysis (MEGA) software version 4. 0. Mol Biol Evol, 24: 1596~1599

Tang Y, Lin C M, Chen T T, et al. 1993. Structure of the channel catfish growth hormone gene and its evolutionary implications. Mol Mar Biol Biotechnol, 2: 198~206

Trust T J, Sparrow R A H. 1974. The bacterial flora in the alimentary tract of freshwater salmonid fishes. Can J Microbiol, 20(9): 1219~1228

Uchii K, Matsui K, Yonekura R. et al. 2006. Genetic and physiological characterization of the intestinal bacterial microbiota of bluegill (*Lepomis macrochirus*) with three different feeding habits. Microbial Ecology, 51(3): 277~284

Vander R E, Smith M S, Visagic H M. 1996. Comparison of the polymerase chain reaction and serology for the diag nosis of HTLV-1 infection. J Infect, 32: 109~112

Vayssier M, Leguerhier F, Fabien J F. 1999. Cloning and analysis of a *Trichinella briotovi* gene encoding a cytoplasmic heat shock protein of 72 kD. Parasitology, 119: 81~93

Veshchev P V. 1991. Characteristics of spawning stocks and reproduction of Volga stellate sturgeon, *Acipenser stellatus*, under new ecological conditions. J Ichthyol (Engl Transl Vopr Ikhtiol), 31: 121～132

Waagner D, Heckmann L H, Malmendal A, et al. 2010. Hsp70 expression and metabolite composition in response to short-term thermal changes in Folsomia candida (Collembola). Comp Biochem Physiol A Mol Integr Physiol, 157: 177～183

Wan W J, Wang J T, Shi C B, et al. 2007. Gene expression of HSP70 in greens word tail *Xiphophorus helleri* exposed to *Vibrio alginolyticus*. J Dalian Fish Univ, 22: 330～334

Ward N L, Steven B, Penn K, et al. 2009. Characterization of the intestinal microbiota of two antarctic notothenioid fish species. Extremophiles, 13(4): 679～685

Wartson L R, Yun S C, Groff J M. 1995. Characteristics and pathogenicity of a novel herpesvirus isolated from adult and subadult white sturgeon *Acipenser transmontanus*. Dis Aquat Org, 22: 199～210

Watson L R, Groff J M, Hedrick R P. 1998a. Replication and pathogenesis of white sturgeon iridovirus (WSIV) in experimentally infected white sturgeon *Acipenser transmontanus* juveniles and sturgeon cell lines. Dis Aquat Org, 32: 173～184

Watson L R, Milani A, Hesdrick R P. 1998b. Effects of water temperature on experimentally-induced infections of juvenile white sturgeon (*Acipenser transmontanus*) with the white sturgeon iridovirus (WSIV). Aquaculture, 166: 213～228

Wegele H, Müller L, Buchner J. 2004. Hsp70 and Hsp90-arelay team for protein folding. Rev Physiol Biochem Pharmacol, 151: 1～44

Welch N J. 1993. Heat shock proteins functioning as molecular chaperones: their roles in normal and stressed cells. Philos Trans R Soc Lond B, 339: 327～333

Werner I. 2004. The influence of salinity on the heat-shock protein response of *Potamocorbula amurensis* (Bivalvia). Mar Environ Res, 58: 803～807

Williot P, Sabeau L, Gessner J. 2001. Sturgeon farming in Western Europe: recent developments and perspectives. Aquatic Living Resources, 14(6): 367～374

Wing K N, Hung S O. 1994. Amino acid composition of whole body, egg and selected tissues of white sturgeon (*Acipenser transmontanus*). Aquaculure, 126(3-4): 329～339

Wirgin I, Waldman J, Stabile J, et al. 2002. Comparison of mitochondrial DNA control region sequence and microsatellite DNA analysis in estimating population structure and gene flow rates in Atlantic sturgeon *Acipenser oxyrinchus*. Appl Ichthyol, 18(4～6): 313～319

Xie S Q, Cui Y B, Yang Y X, et al, 1997. Energy budget of Nile tilapia (*Oreochromis niloticus*) in relation size. Aquaculture, 154: 57～68

Yano Y, Nakayama A, Yoshida K. 1995. Population sizes and growth pressure responses of intestinal microfloras of deep-sea fish retrieved from the abyssal zone. Applied & Environmental Microbiology, 61(12): 44～80

Yenari M A, Giffard R G, Sapolsky R M, et al. 1999. The neuroprotective potential of heat shock protein 70 (HSP70). Mol Med Today, 5: 525～531

Yoshimizu M, Kimura T, Sakai M. 1976. The intestinal microflora of fish reared in fresh water and sea water. Nsugaf, 42: 91～99

Zahra Asgharzadeh B, Mojazi Amiri A, Abbas Alizadeh S. 2005. The examination of the possibility of *Huso huso* meat rearing in earthen ponds. 5th International Symposium on Sturgeon, AQ8, 19～20

Zakhartsev M, De Wachter B, Johansen T, et al. 2005. Hsp70 is not a sensitive indicator of thermal limitation in *Gadus morhua*. J Fish Biol, 67: 767~778

Zhang S M, Wang D Q, Zhang Y P. 2003. Mitochondrial DNA variation effective female population size and population history of the endangered Chinese sturgeon, *Acipenser sinensis*. Conserv Genet, 4(6): 673~683

Zhang S M, Zhang Y P, Zhang X Z, et al. 2000. Molecular phylogenetic systematics of twelve species of Acipenseriformes based on mtDNA ND4L-ND4 gene sequence analysis. Sci Chn: Ser C-Life Sci, 43(2): 129~137

Zhu Z Y, He L, Chen T T. 1992. Primary-structural an evolutionary analyses of the growth hormone gene from Crass Carp. Eur J Biochemistry, 207: 643~648

图 版

彩色图版请扫二维码查看

图版 I

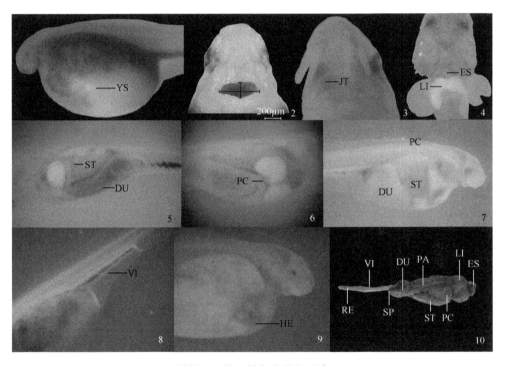

图版 I 　达氏鳇仔鱼外部形态

Plate I　Appearance of *Huso dauricus* larva

1. 0天仔鱼，×5；2. 2天仔鱼，×10；3. 10天仔鱼，×10；4. 16天仔鱼，×5；5. 7天仔鱼，×5；6. 8天仔鱼，×5；7. 2天仔鱼，×5；8. 1天仔鱼，×5；9. 1天仔鱼，×5；10. 1龄幼鱼，×5；YS.卵黄囊；JT.颌齿；LI.肝；ES.食道；ST.胃；DU.十二指肠；PC.幽门盲囊；VI.螺旋瓣肠；HE.心脏；PA.胰；SP.脾；RE.直肠

1. 0-day-old larva, ×5; 2. 2-day-old larva, ×10; 3. 10-day-old larva, ×10; 4. 16-day-old larva, ×5; 5. 7-day-old larva, ×5; 6. 8-day-old larva, ×5; 7. 2-day-old larva, ×5; 8. 1-day-old larva, ×5; 9. 1-day-old larva, ×5; 10. 1-old juvenile, ×5; YS.Yolk　sac; JT. Jaw teeth; LI.Liver; ES. Esophagus; ST. Stomach; DU. Duodenum; PC. Pyloric caeca; VI. Valvula intestine; HE. Heart; PA. Pancreas; SP. Spleen; RE. Rectum

图版 II

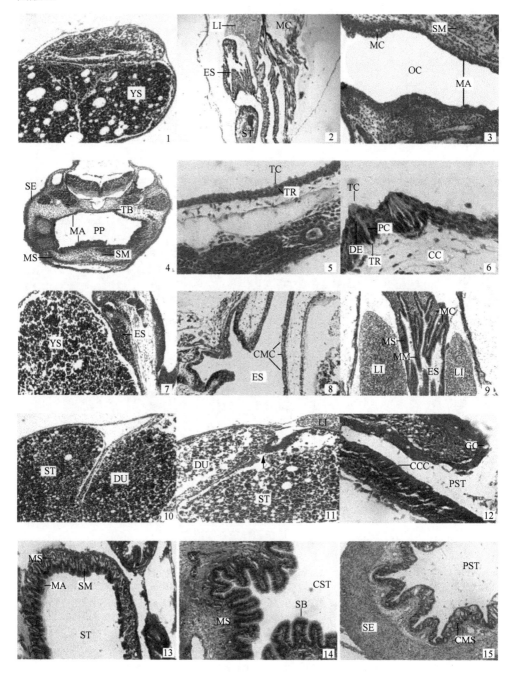

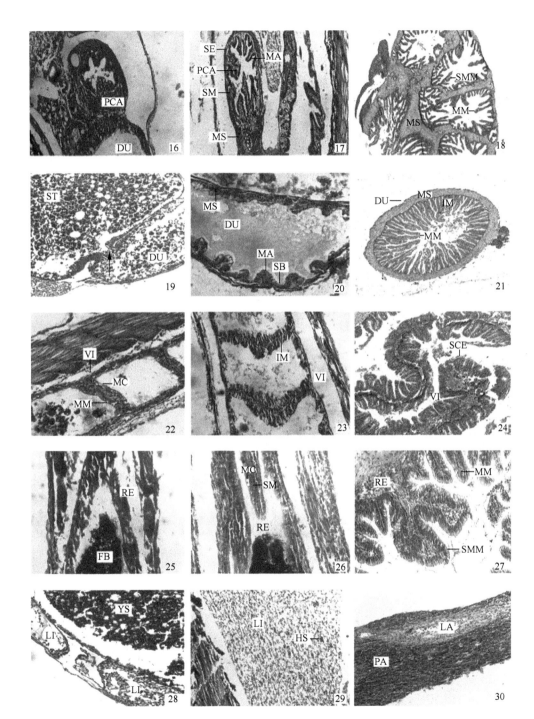

图版 II　达氏鳇消化系统胚后发育组织学观察

Plate II　Histological studies on digestive system in larval *Huso dauricus*

1.9 天仔鱼横切，×4；2.13 天仔鱼纵切，×5；3.3 天仔鱼纵切，×20；4.4 天仔鱼横切，×10；5.8 天仔鱼横切，×40；6.18 天仔鱼横切，×40；7.1 天仔鱼纵切，×40；8.18 天仔鱼纵切，×10；9.16 天仔鱼纵切，×10；10.2 天仔鱼纵切，×4；11.4 天仔鱼纵切，×20；12.8 天仔鱼横切，×40；13.17 天仔鱼纵切，×20；14.1 龄幼鱼纵切，×5；15.1 龄幼鱼横切，×10；16.4 天仔鱼横切，×4；17.4 天仔鱼纵切，×5；18.1 龄幼鱼纵切，×5；19.2 天仔鱼纵切，×5；20.7 天仔鱼横切，×20；21.1 龄幼鱼横切，×5；22.2 天仔鱼纵切，×10；23.9 天仔鱼纵切，×20；24.1 龄幼鱼横切，×10；25.3 天仔鱼纵切，×40；26.17 天仔鱼纵切，×20；27.1 龄幼鱼横切，×20；28.4 天仔鱼纵切，×20；29.12 天仔鱼纵切，×20；30.1 龄幼鱼纵切，×20；YS.卵黄囊；LI.肝；ES.食道；ST.胃；OC.口腔；MC.黏液细胞；PP.前咽；MA.黏膜层；SM.黏膜下层；MS.肌肉层；SE.浆膜层；TB.味蕾；TR.齿根；TC.齿冠；PC.齿髓腔；CC.软骨细胞；DE.齿质；CMC.杯状黏液细胞；MM.黏膜褶；SMM.次级黏膜褶；DU.十二指肠；CCC.纤毛柱状细胞；PST.幽门部胃；GC.胃腺泡；CST.贲门部胃；SB.纹状缘；CMS.环形肌肉；PCA.幽门盲囊；IM.固有膜；VI.螺旋瓣肠；SCE.单层柱状上皮；RE.直肠；FB.摄食栓；HS.肝血窦；PA.胰；LA.胰岛

1. Cross section of 9-day-old larva, ×4; 2. Longitudinal section of 13-day-old larva, ×5; 3. Longitudinal section of 3-day-old larva, ×20; 4. Cross section of 4-day-old larva, ×10; 5. Cross section of 8-day-old larva, ×40; 6. Cross section of 18-day-old larva, ×40; 7. Longitudinal section of 1-day-old larva, ×40; 8. Longitudinal section of 18-day-old larva, ×10; 9. Longitudinal section of 16-day-old larva, ×10; 10. Longitudinal section of 2-day-old larva, ×4; 11. Longitudinal section of 4-day-old larva, ×20; 12. Cross section of 8-day-old larva, ×40; 13. Longitudinal section of 17-day-old larva, ×20; 14. Longitudinal section of 1-old juvenile, ×5; 15. Cross section of 1-old juvenile, ×10; 16. Cross section of 4-day-old larva, ×4; 17. Longitudinal section of 4-day-old larva, ×5; 18. Cross section of 1-old juvenile, ×5; 19. Longitudinal section of 2-day-old larva, ×5; 20. Cross section of 7-day-old larva, ×20; 21. Cross section of 1-old juvenile, ×5; 22. Longitudinal section of 2-day-old larva, ×10; 23. Longitudinal section of 9-day-old larva, ×20; 24. Cross section of 1-old juvenile, ×10; 25. Longitudinal section of 3-day-old larva, ×40; 26. Longitudinal section of 17-day-old larva, ×20; 27. Cross section of 1-old juvenile, ×20; 28. Longitudinal section of 4-day-old larva, ×20; 29. Longitudinal section of 12-day-old larva, ×20; 30. Longitudinal section of 1-old juvenile, ×20; YS. Yolk sac; LI. Liver; ES. Esophagus; ST. Stomach; OC. Oris cavity; MC. Mucous cell; PP. Prepharynx; MA. Mucosa; SM. Submucosa; MS. Muscularis; SE. Serosa; TB. Taste bud; TR. Tooth root; TC. Tooth cap; PC. Pulp cavity; CC. Cartilage cell; DE. Dentine; CMC. Cup-shaped mucinous cells; MM. Mucous membrane; SMM. Sub mucous membrane; DU. Duodenum; CCC. Ciliated columnar cell; PST. Pyloric stomach; GC. Gastric cavity; CST. Cardia stomach; SB. Striated border; CMS. Circular muscle; PCA. Pyloric caeca; IM. Intrinsic membrane; VI. Valvula intestine; SCE. Single columnar epithelium; RE. Rectum; FB. Feeding bolt; HS. Hepatic sinusoid; PA. Pancreas; LA. Langerhans

图版III

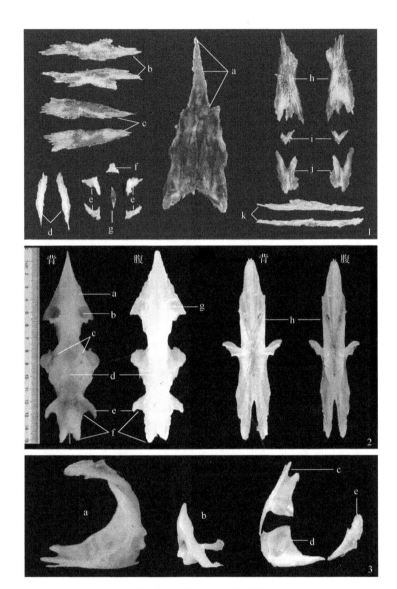

图版III　达氏鳇骨骼系统

Plate III　Skeletal system of *Huso dauricus*

1a.吻部小骨片；1b.额骨；1c.顶骨；1d.蝶耳骨；1e.眶上骨；1f.上枕骨；1g.中额骨；1h.翼耳骨；1i.鳞片骨；1j.后
颞骨；1k.侧筛骨；2a.嗅窝；2b.眼窝；2c.三叉神经孔；2d.软骨颅；2e.后颞骨软骨；2f.枕骨软骨区；2g.犁骨；
2h.副蝶骨；3a.肩带；3b.乌喙部软骨；3c.乌喙骨；3d.匙骨；3e.上匙骨

1a. Ossiculi rostralia; 1b. Frontal; 1c. Parietal; 1d. Sphenoticum; 1e. Supraorbitale; 1f. Supraoccipitale; 1g. Mid-frontal;
1h. Pterotic; 1i. Squama; 1j. Posttemporal; 1k. Later ethmoid; 2a. Olfactory fossa; 2b. Eye socket; 2c. Trigeminal foramen;
2d. Chondrocranium; 2e. Posttemporal cartilage; 2f. Occipital cartilage area; 2g. Vomer; 2h. Parasphenoid; 3a. Pectoral
girdle; 3b. Coracoidea cartilage; 3c. Scapulocoracoid; 3d. Cleithrum; 3e. Supracleithrum

图版Ⅳ

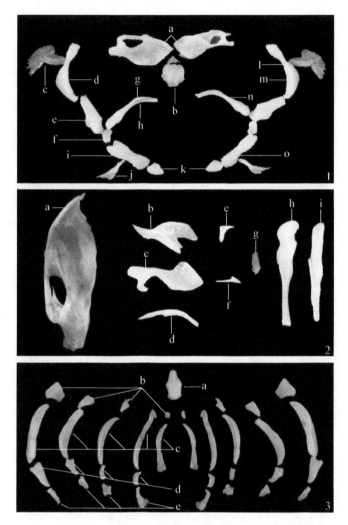

图版Ⅳ 达氏鳇骨骼系统

Plate Ⅳ Skeletal system of *Huso dauricus*

1a.上颌；1b.基舌骨；1c.下鳃盖骨；1d.舌颌骨；1e.续骨；1f.上舌骨；1g.齿骨；1h.米克尔氏软骨；1i.角舌骨；1j.鳃条骨；1k.下舌骨；1l.舌颌骨骨化部；1m.舌颌骨软骨部；1n.下颌骨；1o.角舌软骨骨化部分；2a.上颌；2b.颚方骨；2c.腭方软骨；2d.上颌骨；2e.方轭骨；2f.辅上颌骨；2g.前关节骨；2h.米克尔氏软骨；2i.齿骨；3a.基舌骨；3b.下鳃软骨；3c.角鳃软骨；3d.上鳃软骨；3e 咽鳃软骨

1a. Maxillary part; 1b. Basihyoideum; 1c. Suboperculum; 1d. Hyomandibulare; 1e. Symplectic; 1f. Epihyoideum; 1g. Dentary; 1h. Cartilago meckeli; 1i. Ceratohyale; 1j. Branchiostegl; 1k. Hypohyal; 1l. Hyomandibulare ossification part; 1m. Hyomandibulare cartilage part; 1n. Mandible; 1o. Ceratohyaleossification part; 2a. Maxillary part; 2b. Palatinum; 2c. Palatinum cartilage; 2d. Maxilla; 2e. Quadratojugal; 2f. Supramaxilla; 2g. Prearticulare; 2h. Cartilago meckeli; 2i. Dentary; 3a. Basihyoideum; 3b. Hypobranchial; 3c. Ceratobranchial; 3d. Epibranchial; 3e. Pharyn-gobranchial

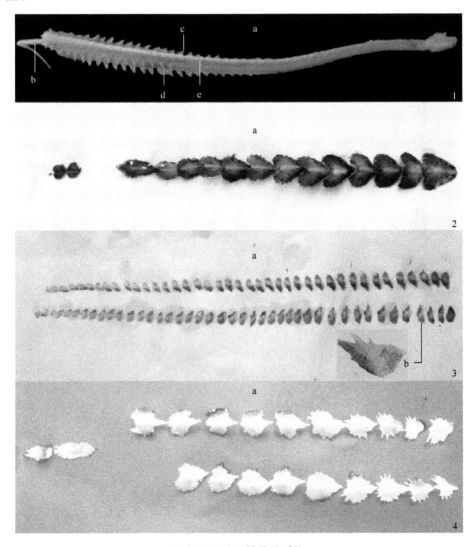

图版 V　达氏鳇骨骼系统

Plate V　Skeletal system of *Huso dauricus*

1a.脊柱；1b.脊索；1c.基腹片；1d.间腹片；1e.基背片；2a.背骨板；3a.侧骨板；3b.第 4 片骨板；4a.腹骨板

1a. Vertebral column; 1b. Notochord; 1c. Basisternum; 1d. Intersternite; 1e. Basidorsal; 2a. Back scale;

3a. Lateral scale; 3b. The fourth piece of lateral scale; 4a. Ventral scale

图版Ⅵ

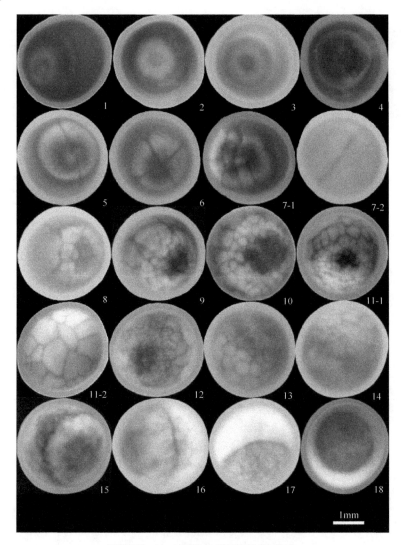

图版Ⅵ 达氏鳇养殖群体的胚胎发育

PlateⅥ Embryonic development of culture population in *Huso dauricus*

1.精子入卵初期(0.25h)；2.两极转动期(0.3h)；3.卵周隙形成期(0.7h)；4.胚胎隆起期(2.5h)；5.第 1 次卵裂期(3.5h)；6.第 2 次卵裂期(4.5h)；7.第 3 次卵裂期(5.5h)；8.第 4 次卵裂期(6.5h)；9.第 5 次卵裂期(7.5h)；10.第 6 次卵裂期(8.5h)；11.多裂期(9.5h)；12.囊胚早期(11.5h)；13.囊胚中期(15h)；14.囊胚晚期(18h)；15.原肠初期(21h)；16.原肠早期(23h)；17.原肠中期(29h)；18.大卵黄栓期(33h)

1. Fertilized eggs (0h)；2. Pole conversion period (0.3h)；3. Perivitelline space formation (0.7h)；4. Blastodisc formation (2.5h)；5. 2-cell stage (3.5h)；6. 4-cell stage (4.5h)；7. 8-cell stage (5.5h)；8. 16-cell stage (6.5h)；9. 32-cell stage (7.5h)；10. 64-cell stage (8.5h)；11. Morula stage (9.5h)；12. Initial blastula stage (11.5h)；13. Mid-blastula stage (15h)；14. Late blastula stage (18h)；15. Initial gastrula stage (21h)；16.Early gastrula stage (23h)；17. Mid-gastrula stage (29h)；18. Big yolk plug stage (33h)

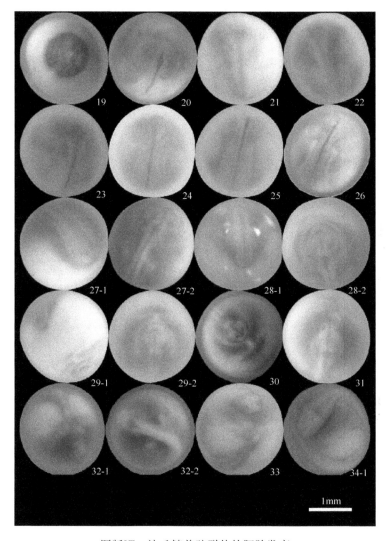

图版Ⅶ 达氏鳇养殖群体的胚胎发育

Plate Ⅶ Embryonic development of culture population in *Huso dauricus*

19.小卵黄栓期(38h);20.隙状胚孔期(43h);21.神经胚早期(46h);22.宽神经板期(47h);23.神经褶靠拢期(49h);24.神经胚晚期(51h);25.闭合神经管期(52h);26.眼泡形成期(54h);27.尾芽形成期(60h);28.尾芽分离期(67h);29.短心管期(73h);30.长心管期(78h);31.听板形成期(87h);32.肌肉效应期(93h);33.心跳期(101h);34.尾到头部期(114h)

19. Small yolk plug stage(38h); 20. Lyriform blastopore formation(43h); 21. Early neurula stage(46h); 22. Wide neural plate formation(47h); 23. Neural fold closing stage(49h); 24. Late neurula stage(51h); 25. Neural tube closing stage (52h); 26. Eye bud formation(54h); 27. Caudal bud appearance(60h);28. Caudal bud separating stage(67h); 29. Short-tubular heart formation(73h); 30. Long-tubular heart formation(78h); 31. Otic placode appearance(87h); 32. Stage of muscular effect(93h); 33. Stage of heart beating(101h); 34. The tail touches the head(114h)

图版Ⅷ

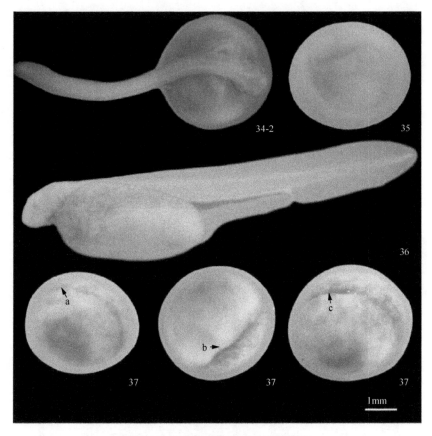

图版Ⅷ 达氏鳇养殖群体的胚胎发育

Plate Ⅷ Embryonic development of culture population in *Huso dauricus*

34.尾到头部期(114h)；35.出膜前期(127h)；36.出膜期(136~160h)；37a.背唇；37b.侧唇；37c.腹唇

34. The tail touches the head(114h)；35. Hatching prophase(127h)；36. Hatching(136~160h), the time after fertilization are shown in brackets; 37a.Dorsal lip; 37b. Lateral lip; 37c. Ventral lip

图版Ⅸ

1. 1龄达氏鳇幼鱼

1. *Huso dauricus* of 1 age

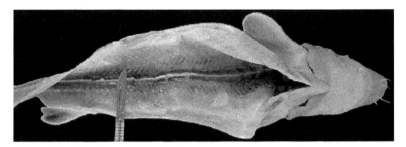

2. 皮肉剥离完毕
2. Strip away the skin and flesh

3. 制作好的假体
3. The finished prosthesis

4. 标本造景
4. Specimens of landscape

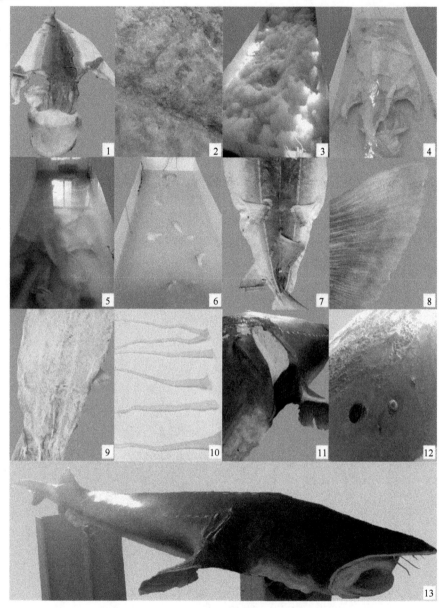

图版 X　达氏鳇成鱼剥制标本制作工艺流程

Plate X　Process on the taxidermy of large-sized

1.剥制；2.脱脂；3.浸灰；4.脱灰；5.浸酸；6.鞣制；7,8.展鳍；9.防腐；

10.制作假须；11.补色；12.安装义眼；13.达氏鳇标本

1. Taxidermy; 2. Degreasing; 3. Liming; 4. Ash removal; 5. Pickle acid; 6. Tanning; 7,8. Fixed fin; 9. Embalmed;

10. Making false whiskers; 11. Colour; 12. Install the eye; 13. Taxidermy of large-sized *Huso dauricus*